大水深复杂地形空间信息高精度监测技术

程海云　董先勇　梅军亚　郑亚慧　张世明◎著

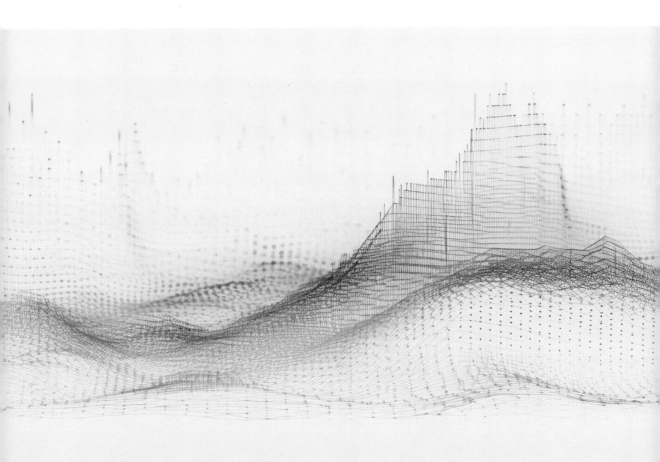

河海大學出版社
HOHAI UNIVERSITY PRESS
·南京·

图书在版编目（Ｃ I Ｐ）数据

大水深复杂地形空间信息高精度监测技术 / 程海云
等著. -- 南京：河海大学出版社，2023.8
　　ISBN 978-7-5630-8253-7

　　Ⅰ. ①大… Ⅱ. ①程… Ⅲ. ①水下地形测量 Ⅳ.
①P229.1

　　中国国家版本馆 CIP 数据核字(2023)第 113585 号

书　　名	大水深复杂地形空间信息高精度监测技术
作　　者	程海云　董先勇　梅军亚　郑亚慧　张世明
书　　号	ISBN 978-7-5630-8253-7
责任编辑	章玉霞
特约校对	袁　蓉
装帧设计	徐娟娟
出版发行	河海大学出版社
地　　址	南京市西康路 1 号(邮编:210098)
电　　话	(025)83737852(总编室)　　(025)83722833(营销部)
	(025)83787107(编辑室)
经　　销	江苏省新华发行集团有限公司
排　　版	南京布克文化发展有限公司
印　　刷	江苏凤凰数码印务有限公司
开　　本	787 毫米×1092 毫米　1/16
印　　张	18
字　　数	413 千字
版　　次	2023 年 8 月第 1 版
印　　次	2023 年 8 月第 1 次印刷
定　　价	138.00 元

前言
preface

　　精确的水体信息为防洪减灾、发电、航运、河湖治理、水生态保护等提供重要的数据基础,为科学研究和科学决策提供了有力、可靠、准确的基础支撑。当前,无论水文泥沙科学研究还是水资源调度利用,都对水体地理信息数据提出了更为严格、更高标准的要求。我国内陆河流水体蓄水成库后,呈现地形地貌复杂、陡深河谷、水体温跃层变化大、大水深、泥沙冲淤等特点,现有的监测技术体系与复杂库岸情况已不相适应,无法有效保证监测数据的时效性和准确性。

　　中国三峡建工(集团)有限公司、水利部长江水利委员会水文局(以下简称长江委水文局)、长江水利委员会水文局长江上游水文水资源勘测局(以下简称长江委水文上游局)等企事业单位常年从事长江流域大型水利水电工程设计、建设、水域勘测及泥沙研究等科研生产工作,积累了丰富的工作经验。依托高精度大水深复杂地形空间多维信息监测技术研究项目,重点针对陡深型河段测深、山区复杂库岸地理要素信息获取等技术难题,通过理论研究、技术研发与工程应用相结合的方法开展了全面系统的研究,取得了多项技术创新。

　　本书全面系统阐述了高精度大水深复杂地形空间多维信息监测技术的基本概念、基本原理、技术内容与技术创新;简述了陡深型河段测深、山区复杂库岸地理要素信息获取的基本理论;结合金沙江大型水利工程复杂水库河道特性,叙述了该项技术工作的基本内容与特点、技术方法体系、技术创新与进展,形成了较完整的高精度大水深复杂地形空间多维信息监测技术体系,适用我国大中型水利工程复杂地形的水库河道综合监测。

　　第一章简要介绍了研究背景和必要性,包括当前国内外研究现状;研究的试验区域、数据源和主要方法;研究思路和具体工作内容。第二章介绍了研究的基础理论和相关知识,旨在为研究数据的获取、处理、分析、应用等提供测绘基准。第三章到第六章全面阐述了陡深型河段测深技术综合研究。其中,第三章分析了水体温度、水体含沙量和河床底质等因子对测深精度的影响;第四章、第五章分别介绍了单波束测深、多波束测深技术研究进展;第六章介绍了多种测深手段的融合研究。第七章系统阐述了山区复杂库岸地理要素激光扫描组合获取技术,在分别介绍地面激光扫描技术、背包式激光扫描技术、船载激光扫描技术和机载激光扫描技术的基础上,详述了组合激光扫描技术外业实施、点云数据融合,形成综合测量方案。第八章详细介绍了复杂地形下的点云数据预处理、数据滤波、特征地形提取、成果整理及成果质量的理论和方法。第九章针对当前研究现状、研究形成的系列成套技术进行了全面归纳总结和简要介绍。

本书由中国三峡建工（集团）有限公司、长江委水文局、长江委水文上游局等单位共同完成，由程海云、董先勇、梅军亚、郑亚慧和张世明主持编写，程海云审定。全书共九个章节，第一章由马耀昌撰写；第二章由秦蕾蕾、杜泽东共同撰写；第三章和第七章由董宇、何友福、李启涛共同撰写；第四章由胥洪川、孙征安共同撰写；第五章由杨柳撰写；第六章由孙振勇、樊小涛、冯国正共同撰写；第八章由包波撰写；第九章由樊小涛撰写。

长江委水文上游局的康婷婷高工、刘少聪高工参与了全书的组稿和统稿工作，武汉大学测绘学院赵建虎教授及其学术团队对本书专业技术体系等提出了宝贵意见，特此致谢！感谢河海大学出版社为本书出版所做的工作！

由于本书作者水平有限，加之编写时间仓促，书中疏漏和不足之处在所难免，敬请专家和读者批评指正。

作者

2023 年 03 月

目录
contents

第一章
绪论

1.1 研究背景和必要性

1.1.1 研究背景

习近平总书记强调"河川之危、水源之危是生存环境之危、民族存续之危","保护江河湖泊,事关人民群众福祉,事关中华民族长远发展"。河川水源信息与国计民生息息相关,人类利用的淡水资源主要集中在内陆河流。河流信息是确保统筹山水林田湖草系统治理、流域经济高质量发展的基础。

长江流域蕴蓄着全国约 36% 的水资源、约 48% 的可开发水资源,占长江流域面积 58.6% 的上游更是我国重要的生态屏障和资源支撑,在我国经济发展中占有重要的战略地位。目前,长江上游建成的乌东德、白鹤滩、溪洛渡、向家坝、三峡、葛洲坝水电站,装机总量 7 万余千瓦,总库容达 900 亿 m^3。其中,金沙江下游乌东德、白鹤滩、溪洛渡、向家坝四座水电站,装机总量 4 655 万千瓦,相当于两个三峡水电站;总库容约 446 亿 m^3,防洪库容与三峡水库相当。长江上游水电的陆续开发,形成了以三峡水库为核心、以金沙江下游梯级水库为主要骨干的长江上游水库群,对国家能源安全、双碳目标、防汛抗旱、水资源、水生态保护等具有重要意义。我国水库群规模之大、涉及范围之广、影响之深远、公众关注程度之高是国内外其他工程难以比拟的。

长江上游水库群的联合调度运用,将对金沙江下游梯级水库、三峡水库入库水沙条件和水库淤积等带来深远影响。科学、合理地安排金沙江下游梯级水电站水文泥沙观测范围、项目、频次、方法、技术,及时、准确、系统地掌握第一手观测资料,对水库长期使用、水库运行调度、水库泥沙问题研究以及回答社会关注的焦点与热点问题等都是十分必要的。项目技术团队以长江上游金沙江白鹤滩水电站库区为应用实例,开展了高精度大水深复杂地形空间多维信息监测技术研究,成果可推广应用到其他流域水库地理信息采集。

本书计算数据因四舍五入原则,存在微小数值偏差。

1.1.2　研究必要性

受测深设备、波束角效应、水中声速和测深方法等影响,水下地形测量精度较陆地地形测量精度至少低一个数量级,且随着水深的增加成比例降低。河库型水电站建成运行后,库区水深大幅增加,如金沙江下游梯级水电站水库最大水深达 245 m,按照 1% 深度比例误差计算,地形测量误差最大将达到 2.5 m;加之,库区河段地形倾角多在 30°左右,局部边坡甚至达到 90°,波束角效应将进一步放大误差,甚至导致测深结果失真,严重影响了水下地形测量成果的可信度。为提高水文泥沙监测精度、科学准确地开展水库冲淤变化分析和研究,迫切需要开展复杂地形下大水深测深技术研究工作。

山区河段河道库岸坡度大、地形狭窄且破碎、植被覆盖度高,地形复杂,传统的人工走测难度大、效率低、风险高、地形表达信息量不足且失真率高;摄影测量高程精度低,受植被遮挡无法获取全地形,数据处理自动化程度低。三维激光扫描技术具有精度高、穿透性能强、数据获取效率和分辨率高等优势,为山区河段复杂库岸地形的高精度、全覆盖获取提供了条件,但也存在地形数据冗余度高、异常或非地形回波剔除难度大等不足。为保障水文泥沙监测精度,提高数据处理效率及质量,有必要开展山区复杂库岸地理要素激光扫描耦合获取技术的研究。

当前,我国正在大力推动数字孪生流域和数字孪生工程建设,通过基础水文数据,构建仿生数学模型,对物理流域全要素和水利治理管理活动全过程进行数字化映射、智能化模拟。而水库泥沙问题是制约水库长期安全高效运行的关键技术难题之一,水文泥沙监测成果是水库智慧模拟、科学调度、健康运营、水库综合效能发挥的基础支撑。高精度、高分辨的空间多维信息监测技术研究对构建数字孪生流域和数字孪生工程也具有十分重要的意义。

1.1.3　国内外研究现状

1.1.3.1　水下地形

20 世纪 20 年代,单波束测深技术开始被应用到水深测量中,使得水深测量取得巨大飞跃。单波束测深仪通过换能器垂直向下发射单波束水声信号,测量声波到水底的往返时间,然后根据已知声速得出所测水深。单波束测深仪是一种较高精度的测深声呐,其性能适中、价格低廉、使用便捷,是使用最广泛的测深设备。目前,国外生产测深仪的公司有 Teledyne Technologies Ltd.(美国)、SyQwest Inc.(美国)、Meridata Finland Inc.(芬兰)等,国内的中国船舶集团第七一五研究所、中国科学院声学研究所、无锡市海鹰加科海洋技术有限公司、江苏中海达海洋信息技术有限公司和上海华测导航技术有限公司等研究所和公司也开发出了一系列的国产单波束测深仪。单波束测深仪主要分为高频、双频和低频三种,不同声波频率的单波束测深仪,其水下换能器尺寸相差较大,测量范围和适用的工作场景也各不相同。国内外典型单波束测深仪见表 1.1-1。

表 1.1-1　典型单波束测深仪一览表

类型	型号	测量范围/m	声波频率/kHz	最大允许误差/m
高频	SDE-28S	0.3～600	200	0.01±0.1%D
	SDE-230	0.3～600	200	0.01±0.1%D
	HY1660	0.3～50	208	0.01±0.1%D
	HY1601	0.3～300	208	0.01±0.1%D
	D230	0.3～300	200	0.01±0.1%D
	D380	0.3～600	100～750	0.01±0.1%D
双频	SDE-28D	高频 0.3～600 低频 0.8～2 000	高频 100～800 低频 10～50	0.01±0.1%D
	Echotrac MK Ⅲ	高频 0.2～200 低频 0.5～1 500	高频 100～1 000 低频 3.5～50	0.01±0.1%D 0.10±0.1%D
	HY1602	高频 0.5～300 低频 1～2 000	高频 208 低频 24	0.01±0.1%D 0.1±0.1%D
	HY1680	高频 0.3～300 低频 0.6～1 000	高频 208 低频 24	0.01±0.1%D 0.1±0.1%D
	D580	低频 0.5～2 000 高频 0.3～600	低频 20/25 高频 100～750	0.01±0.1%D
	HD380	低频 0.5～2 000 高频 0.3～600	低频 10～50 高频 100～750	0.01±0.1%D
低频	Kongsberg EA600	11 000	12	—
	Teledyne	2.0～11 000	3	—
	Odom Hydrotrac	1.0～6 000	12	0.18±0.1%D

　　单波束测深仪采用垂直向下的单波束声波,受波束角效应、载体姿态、动吃水等影响,在地形坡度较大、水深较大区域,会产生较大误差。另外,单波束测深仪属于点测量,当进行较大区域测量时,需要反复测量,耗时耗力。为了改善单波束测深的局限性,1956年夏季,多波束测深思想在美国被首次提出。多波束测深能够在一个收发周期内对海底多个点的深度进行测量,且与单波束垂直测深技术相比,多波束测深数据的分辨力更高,并且可以极大地提高大面积水域的地形测量效率。多波束测深技术打破了传统测深理论的限制,给世界海洋测深技术带来了质的飞跃。

　　多波束测深是多波束形成技术在勘测海底地形领域的一项重要应用,多波束测深系统是声呐的最新形式之一。多波束测深系统是当代海洋基础勘测中的一项高新技术产品,它的诞生标志着海洋测深技术发生了根本性的变革。不同于单波束测深仪,多波束测深系统是一种由多传感器组成的复杂系统,它采取多组阵和广角度发射与接收信号,形成条幅式高密度水深数据,是计算机技术、导航定位技术和数字化传感器技术等多种技术的高度集成,是一种全新的高精度全覆盖式测深系统。与传统单波束测深仪相比,多波束测深系统在波束发射接收方式、海底信号获取与数据处理技术等方面出现了大量革新,实现了测深技术史上一次革命性突破,形成了新的海底地形测量技术框架,使其在测深原理、系统构成、射线几何学、误差来源、校改正技术和勘测方法等方面形成了鲜明的特点。

目前,国外深水多波束测深技术比较成熟,已经实现深水多波束测深系统的系列化,主要的深水多波束测深系统生产厂商主要有 L3 ELAC Nautik、Teledyne(ATLAS)和 Kongsberg 等几家公司。到 20 世纪 90 年代初,我国有关部门从国防安全和海洋开发的战略需要出发,委托哈尔滨工程大学主持,海军海洋测绘研究所和原中船总 721 厂参加,联合研制了用于中海型的多波束测深系统,使我国成功跻身于世界具有独立开发与研制多波束测深系统的少数国家之列。国内外典型多波束测深仪见表 1.1-2。

表 1.1-2　典型多波束测深仪一览表

类型	型号	发射频率/kHz	发射波束宽度	测量水深/m	最大条带宽/倍水深
国外	R2Sonic - 2024	200～400	0.5°×0.5°	500	—
	L3 ELAC SeaBeam3012	12	1°、2°	50～11 000	5.5
	Teledyne HydroSweep DS	14～16	0.5°、1°、2°	10～11 000	5.5
	Kongsberg EM122	12	0.5°、1°、2°	20～11 000	6
国内	HT - 300S - W	300	1.5°×1.5°	1～150	4～6
	HT - 300S - P	300	3°×1.5°	1～120	4～6
	HT - 180D - SW	180	1.3°×1.3°	1～500	10～12

虽然多波束测深仪在技术性能上有着单波束测深仪无法比拟的优势,但是,多波束测深系统比单波束测深系统要复杂得多,体积庞大,成本也高很多,且多波束测深边缘及浅水区域误差较大,其主要原因是:①水体声速剖面结构变化直接导致声波的传播轨迹发生变化,因声线折射引起传播路径发生改变,波束角度越大,水深越大,声线折射引起的误差越大;②由于声能量混响,在边缘波束及浅水区域易产生声学噪点及多次回波干扰,导致测深精度低。

1.1.3.2　库岸地形

三维激光扫描技术集光、机、电等各种技术于一身,它是由传统测绘计量技术并经过精密的传感工艺整合及多种现代高科技手段集成而发展起来的,是对多种传统测绘技术的概括及一体化,具有效率高、精度高、非接触测量、信息获取大、植被穿透性强等优势,在基础测绘、工程测量、变形测量、数字城市、铁路、公路、考古研究等领域得到广泛应用。三维激光扫描技术的兴起,使得测量数据获取方式发生巨大改变,将传统单点测量模式推进至面式扫描模式,在数据获取效率、数据采集范围、数据源的准确性、测量作业安全性和自动化等方面实现全面提升。

目前,国外三维激光扫描技术发展成熟,在数字孪生流域、数字高程模型(DEM)、建筑模型重构等领域得到了广泛应用,主要生产商有 RIEGL(奥地利)、LEICA(瑞士)、Optech(加拿大)、Z+F(德国)、Trimble(美国)。与国外相比,国内三维激光扫描技术的研究及应用比较晚。随着三维激光扫描技术的广泛使用,以及在国家的大力扶持下,我国也开始大力推进相关产业发展,北京北科天绘科技有限公司、中海达、镭神技术(深圳)有限公司、北京数字绿土科技股份有限公司等公司相继推出了自己的产品。国内外典型三维激光扫描仪见表1.1-3。

表1.1-3 典型三维激光扫描仪一览表

类型	型号	测距范围/m	视场范围	单点测距精度/mm	最大扫描速率/万点
国外	RIEGL VZ-2000i	2 000	100°×360°	5	100
	ScanStation2	2~300	270°×360°	6	50
	Optech Polaris LR	20 000	120°×360°	4	50
国内	R-Fans-16	200	30°×360°	3	32
	HS1000i	1 000	100°×360°	5	50
	MS03	2 000	120°×360°	20	66.7

三维激光扫描技术是摄影测量与遥感领域具有革命性的成就之一,它是继GNSS定位技术之后的又一项伟大发明。随着GNSS定位技术、惯性导航技术、数字摄影测量技术、激光扫描技术的快速发展,三维激光扫描技术加快了高精度移动测量技术的发展。在这样的背景下,移动测量系统应运而生。按照搭载平台的不同,移动测量系统可分为星载移动测量系统、机载移动测量系统、车载移动测量系统、船载移动测量系统及背包式移动测量系统。为实现隐蔽、植被遮挡区域全覆盖的点云数据获取,研究三维激光扫描组合测量技术具有重要意义。

1.2 研究思路与主要内容

1.2.1 研究思路

当前工程概况下自然地理环境发生了剧烈变化,针对水电站库区陡岸大水深地形、山区复杂库岸存在的问题,综合现有技术及研究成果,提出研究内容,对存在的问题进行关键技术研究,从而形成成套高精度大水深复杂地形空间多维信息监测技术,项目研究技术路线见图1.2-1。

项目以我国重大水利水电工程为重点研究对象,形成高精度大水深复杂地形空间多维信息监测技术体系,更好地应用于河流湖泊的水文泥沙高精度监测工作;形成测深方法体系,包括大水深下的单波束和多波束组合测深方法,受水库调节影响水位脉动的测深方法;形成一套适用于内陆河流河道库岸地形组合测量方案,建立山区复杂库岸地形的点云质量综合评价体系。

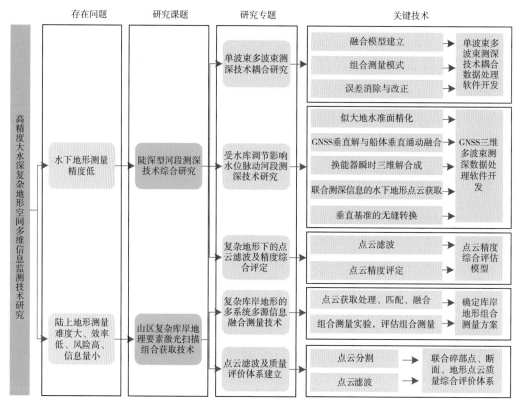

图 1.2-1　研究技术路线

1.2.2　主要研究内容

1.2.2.1　陡深型河段测深技术综合研究

陡深型河段测深技术主要从以下三个方面进行试验研究。

（1）单波束多波束测深技术耦合研究

受声线弯曲的影响，多波束测深时边缘波束的数据质量较低，而单波束测深受声线弯曲的影响比较小。结合多波束覆盖面大和声速剖面误差对单波束影响相对较小的特点，完成单波束与多波束的耦合测量方法，包括组合测量模式、误差消除与改正、融合模型建立的研究，单波束多波束测深技术耦合数据处理软件开发等。

（2）受水库调节影响水位脉动河段测深技术研究

完成似大地水准面精化、全球导航卫星系统（GNSS）垂直解与船体垂直涌动的融合技术、换能器瞬时三维解的合成技术、联合测深信息的水下地形点云获取技术、垂直基准的无缝转换技术等的研究，GNSS三维多波束测深数据处理软件开发。

（3）复杂地形下的点云滤波及精度综合评定

研究完成复杂地形下的点云滤波方法，联合设备、测量参数和水体环境参数的点云精度评定方法,联合理论精度与实测精度的地形点云精度综合评估模型。

1.2.2.2　山区复杂库岸地理要素激光扫描组合获取技术

（1）复杂库岸地形的多系统多源信息融合测量技术

开展各类方法的点云获取处理、匹配、融合技术与方法的研究,对给出的组合测量和数据处理方法开展实验验证,评估组合测量技术,并确定适用于长江流域河道库岸地形"多测合一"测量方案。

（2）点云滤波及质量评价体系建立

开展研究适用于复杂库岸地形的点云分割方法、点云数据滤波方法,建立联合碎部点、断面、地形等基础资料的点云质量综合评价体系。

1.3　研究区域、数据源及主要方法

1.3.1　研究区域

项目研究单位自 20 世纪 50 年代始,常年从事长江流域水域泥沙观测与研究工作,2008 年起在金沙江下游梯级水电站进行有针对性、系统的水文泥沙监测,监测范围从观音岩水电站坝址至宜宾干支流河段超过 1 000 km(图 1.3-1),观测项目主要包括进出库水沙观测、水位观测、水道地形观测、固定断面观测、重点河段河道演变观测、水库淤积物干容重观测、河床组成勘测调查、坝下游水沙测验等,全面性、系统性地收集了长系列水

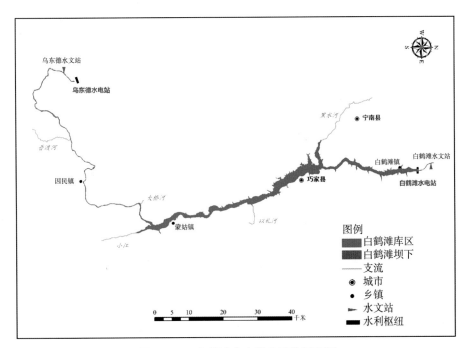

图 1.3-1　白鹤滩水电站库区监测范围

库水文泥沙资料。基于上述海量丰富的地理信息数据背景,研究区域选择了白鹤滩库区典型区域,复杂多样的地形特征为试验研究数据采集提供了极佳的实验场所。

白鹤滩水电站地处云贵高原西北,库区左岸行政隶属四川省凉山彝族自治州辖县宁南县、会东县;右岸位于云南省昭通市巧家县、曲靖市会泽县、昆明市东川区。库区地处云贵低纬高原、金沙江河谷深切割地带,海拔高差大,地形地貌复杂。气候为亚热带与温带共存的高原立体气候,其主要特点是日照时数多,蒸发旺盛;雨量集中,干湿季分明;气温年较差小,日较差大;冬暖无严寒,夏短无酷暑,四季如春。已有气象资料显示,白鹤滩库区一年有 200 多天大风天气,主要集中在每年 10 月底至次年 4 月份。白鹤滩水电站建成发电后,库区蓄水江面拓宽,尤其是葫芦口至格勒河段,江面最宽达 4.9 km,宽阔的江面和大风产生的大浪对水文泥沙监测极为不利,也产生了较大的安全隐患。

白鹤滩库区基本地貌类型多为侵蚀褶断高山与中山,其中水库区坝前段及库尾段主要为高山峡谷区,部分测区由于施工,高边坡偶有落石,加之蓄水初期崩岸、垮塌、滑坡、泥石流等地灾多发,浅滩、淤泥、荆棘、陡崖遍布,架设仪器可选择的场地少,测量环境相对恶劣。中间段(葫芦口以上,小江入汇口以下)地形较为开阔,地势相对平缓。白鹤滩水库在正常蓄水位 825 m 时,干流回水长度约为 180 km。库区内有五条大的支流,左岸为大桥河、黑水河,右岸为以礼河、小江和普渡河。库区两岸均有重建道路通行,陆上交通比较便利。水路方面,坝址下游、变动回水区及库尾的滩王老君滩、大龙滩等连续急滩,浪高滩急,船只行驶困难,安全风险极高。

1.3.2　数据源

(1) 陆上数据

2021 年度金沙江白鹤滩库区地形测量为本底地形测量,对数据成果的精度和可靠性要求高,同时由于其高山河谷、地形陡峭的特殊作业环境,采用全站仪、RTK 等传统作业手段,作业效率低、成本大,很多区域作业人员无法到达,难以全面精准获取地形数据,因此采用了直升机机载 LiDAR 测绘技术。该技术在国内外测绘领域应用得比较成熟,同时白鹤滩库区植被稀疏、地物较少,客观上给该项技术应用创造了有利条件,利用机载 LiDAR 施测的白鹤滩库区陆上地形具有较高的精确度,可将 2021 年白鹤滩本底地形的机载 LiDAR 点云数据作为本项研究的比较基准数据。2021 年、2022 年金沙江下游河道白鹤滩库区水文泥沙监测子项固定断面观测的陆上数据采用全站仪或 RTK 测量,数据精确度高,可在验证无变化的前提下,作为本次研究的基准数据源。

根据研究区域的地形地貌状况,在开阔区域、植被覆盖区域和峭壁等人迹难至的区域,分别采用无人机机载 LiDAR、背包式激光扫描和测站式地面三维激光扫描技术,对库岸地形开展组合式测量,获取多样化数据源。

(2) 水下数据

2021 年金沙江白鹤滩库区水文泥沙观测(地形测量)蓄水前水深较浅,采用单波束测量方法,获取了白鹤滩库区 1∶2 000 水下地形、固定断面数据。

2022年金沙江白鹤滩坝下5 km河段地形测量采用无验潮与传统水位观测的方式分别获取了1：2 000水下地形数据。

2023年金沙江白鹤滩库区巧家河段分别采用单波束、多波束测量,获取了该河段不同测深仪器设备、不同测量技术手段等的水下地形数据。

上述水下数据可为本次项目研究提供多元化数据源。

1.3.3　主要方法

（1）测深精度改正方法

结合多波束及单波束测深特性、金沙江下游梯级水电站测深特性,本次研究主要算法模型包括单波束波束角效应改正、多波束边缘波束压制、单-多波束数据融合。单波束波束角效应改正通过测深仪回声数据最强回波对水深数据进行校对、坡度拟合、潮位改正;根据建立的数学几何模型,实现对河道断面的单波束测量波束角效应的水深改正,得到断面成果数据集。多波束边缘波束压制研究从多波束边缘波束测深异常的波束入射角和传播时间两个因素出发,以相同位置的单波束测深系统测深结果为参考,寻求出多波束扫测断面地形在不同入射角和传播时间下的偏差量,构建与波束入射角度、传播时间相关的测深改正模型,实现多波束边缘波束测深异常的削弱。该方法从机理上彻底解决多波束边缘波束测深异常的削弱难题,无论边缘波束地形变化平缓还是复杂,均能实现测深异常的削弱和真实地形的获取。为了将单波束和多波束数据融合,可以以某种数据源为基准或者将二者按比例向中间靠拢来消除二者之间的系统误差,然后可根据两种数据的精度、不确定度进行赋权,通过加权平均的方法实现公共区域测量成果的融合。

水电站坝下游、变动回水区等河段,受水库调节影响,水位呈非恒定无序变化,主要采用局部区域高程拟合技术,利用GNSS可实现高精度的三维测量,可有效消除水位观测误差,并削弱涌浪、动吃水引入的水深测量误差。

（2）点云滤波方法

三维激光扫描技术精度高,具备较强的植被穿透能力、非接触测量等优势,能很好地适应山区型水库岸坡地形测绘。但对于白鹤滩库区地形地貌复杂,现有点云滤波算法效率低、陡峭地形适用性不强等问题,通过优化单一的地形高程滤波方法,提出联合点云RGB、反射强度和高程信息的岸坡植被综合滤除方法,准确地识别出了植被及其分布,较准确地滤除植被信息,获得地形点云,提高点云对地形描述的可靠性。并选取包括表面曲率、高斯曲率、平均曲率、高程标准差和坡度在内的参数,量化描述了地形的复杂程度、起伏程度以及褶皱程度等几何特征,结合布料模拟滤波方法,提出基于地形特征的自适应布料模拟滤波,来实现地形点云的滤波。

（3）多源信息融合方法

由于背包式、机载激光点云测量及水陆一体化测量采用不同的系统,所测量的三维点云数据精度也不一致,因此在公共测量覆盖区容易出现地形数据不一致的情形,具体表现为相邻拼接区域地势变化陡变,等高线出现拐点或复杂化,扫描点云成果和 RTK 测量点相差较大等,因此在公共测量覆盖区需要进行多源点云数据的融合。一般来说,有两种融合方法:一种是低精度点云数据向高精度点云数据校正;另一种是根据精度进行定权,通过加权平均的方法实现公共区域测量成果的融合。

第二章
测量基础

2.1 概述

水下地形是水下地貌和地物的总称,水下地貌反映了水底的起伏变化形态,而地物包括人工设施以及与周边总体地表起伏存在变化趋势差异的特征物,如暗礁、沟槽等,受水层阻隔,人们往往不能对水下地物进行预判和有针对性观测,而只能通过探测技术予以识别。因此,无论是地貌形态,还是特征地物,总是通过某种物理机制的距离测量方式实施探测,即根据测距方式实现水下信息的定位,同时水中测距还为相关载体的位置确定提供技术手段。

电磁波在真空和空气中具有优良的传播特性,却不能有效穿透液体。人类在生产和生活实践中发现了声波(含超声波,下同)在水中传播具有良好特性,因此,自 20 世纪初以来的 100 多年,声波探测逐渐取代传统的人工器具测深,成为水下观测的主要手段,也为水下定位与导航、海洋监测等提供了广泛的服务。本章的目的是介绍水声学和水声技术的基本原理,为后续内容奠定必要的理论和技术基础。

本章主要从测深的基础知识,结合作者在测量中的案例,简要介绍高精度大水深环境的测量方法。

2.2 水声学基础

2.2.1 声波的基本概念

声波表现为在弹性介质中压力场的微小振动,主要是指介质微团沿压力场变化方向向前和向后小幅度运动,介质微团围绕平衡位置往复运动时引起邻域内介质的压缩和舒张,使连续介质形成稠密和稀疏两种空间分布状态,从而在压力场变化方向上介质的压缩与舒张状态相互交替变化,形成压力场变化或介质状态变化的波动式传播,这种波动即声波。压力的变化产生于振动源,即声源。因此,声波产生的条件为振动源和连续弹性介质,二者缺一不可。显然,声波是以纵波的形式传播的,如图 2.2-1 所示。

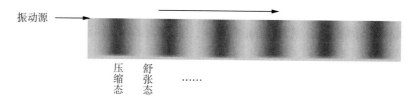

振动源 →

压缩态 舒张态 ……

图 2.2-1　声波的产生及传播

需要说明的是,声波的传播是振动源引起的压力变化场中介质稠密和稀疏状态的传播,而不是介质本身的大范围运动。显然,声波是一种机械波,而且是纵波。当振动源做周期性振动时,所产生的声波也是周期性的。振动源的振动频率就是声波传播的频率,记为频率 f。无论是纵波,还是横波,其波动方程均可描述为

$$P(x,t)=P_m(x)\cos(2\pi ft+\theta) \tag{2.2-1}$$

式中:x 为空间位置,对于声波传播的直线、平面或三维空间,其位置分别为对应维度的坐标;t 为时间;$P_m(x)$ 为 x 处的声压幅值;θ 为与位置 x 有关的振动相位。

声波的传播速度决定于传播介质的类型及其变化,而与声波的频率无关。当然,不同的声波频率对应不同的波长 λ,频率为 f 的声波周期为

$$T=\frac{1}{f} \tag{2.2-2}$$

记声波传播速度为 C,则波长与频率和周期的关系为

$$\lambda=C\cdot T=\frac{C}{f} \tag{2.2-3}$$

和光波、电磁波一样,声波按频率分类。通常频率介于 $20\sim20\,000$ Hz 的声波为可听声波,而频率低于和高于该频段的声波分别为次声波和超声波。现代声学研究声波频率的范围已达 $10^{-4}\sim10^{14}$ Hz。

声波在其传播的空间区域形成声场,将声波自声源发出,代表声波传播方向的直线或曲线称为声线,其轨迹称为声线轨迹。在声场中某一时刻介质质点振动相位(位移)相同的各点的声线轨迹构成波阵面。在均匀介质中波阵面可呈球形、平面和柱面等形态,这些声波分别称为球面波、平面波和柱面波。不同类型波阵面的声波决定于声源的几何和物理结构。当然,在非均匀介质中,在声波传播的过程中波阵面和声线轨迹均存在变形。而在声源一定距离外,球面波可近似视为平面波。

瞬时声压的最大值称为峰值声压,对于固定频率的简谐声波,其最大声压为式(2.2-1)中的声压幅值 $P_m(x)$。而定义一个周期内的平均声压为有效声压 P_e,则

$$P_e = \sqrt{\frac{1}{T}\int_0^T P^2(t)\,dt} \tag{2.2-4}$$

根据式(2.2-1)的声波表达式,推得

$$P_e = \frac{P_m}{\sqrt{2}} \tag{2.2-5}$$

在声波频率和传播速度给定的情况下,式(2.2-1)可写为

$$P(x,t) = P_m(x)\cos\left[\omega(t-\frac{x}{C})\right] \tag{2.2-6}$$

2.2.2 声波收发原理

1. 声波形成

声源是声场产生的重要条件,声源辐射能量形成声场。点声源辐射的声波无方向性。无论依据何种物理原理制作的水声换能器,均设计为一定的形状和尺寸,因此,实际应用的换能器不是也不能视为点声源,但可以将其看作由无数点声源组合而成的。根据波的干涉原理,由多声源发出的声波传播至空间某一点时,将形成波(振动)的合成,合成的效果是在不同的方向上,波的能量不同,可以使声能主要聚集在某一设定的角度范围内,这种现象就是换能器的方向特性,即指向性(Directivity),它是在水下地形测量中有效和合理使用换能器的重要指标参数。因为通过设计,可增强换能器所需探测方向的声能,从而提高在特定方向的测量距离;同时,接收回波也有一定的方向性,从而提高测定目标方向的准确性。此外,发射和接收均具有方向性,可以避免探测方向之外的噪声干扰,提高探测的抗干扰能力和目标识别的灵敏度。

一个无指向性的声脉冲在水中发射后,以球形等幅度远离发射源传播,所以各方向上的声能相等,这种均匀传播称为等方向性传播(Isotropic Expansion),发射阵也叫等方向性源(Isotropic Source)。当向平静的水面扔入一颗小石头时,就会产生这种类似波形,如图 2.2-2 所示。

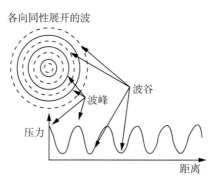

图 2.2-2 声波的等方向性传播

因为这种声波是等方向性传播,没有固定的指向性,所以在水下测深时不能使用这种声波,必须利用发射基阵使声波指向特定的方向。在了解指向性之前,首先介绍声波的相长干涉和相消干涉。

当两个相邻的发射器发射相同的各向同性的声信号时,声波将互相重叠或干涉,如图 2.2-3 所示。两个波峰或两个波谷之间的叠加会增强波的能量,这种叠加增强的现象称为相长干涉;波峰与波谷的叠加正好互相抵消,能量为零,这种互相抵消的现象称为相消干涉。一般地,相长干涉发生在距离每个发射器相等的点或者整波长处,而相消干涉发生在相距发射器半波长或者整波长加半波长处。水听器则需要放置在相长干涉处。

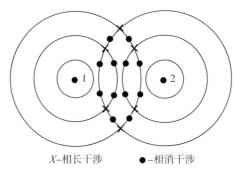

X-相长干涉   ●-相消干涉

图 2.2-3   声波的干涉

如换能器声基元间距 d(图 2.2-4 中 S_1、S_2 两点的距离)是 $\lambda/2$(半波长),此时,相长干涉发生在 $\theta=0°$ 和 $\theta=180°$ 的位置;相消干涉发生在 $\theta=90°$ 和 $\theta=270°$ 的位置。

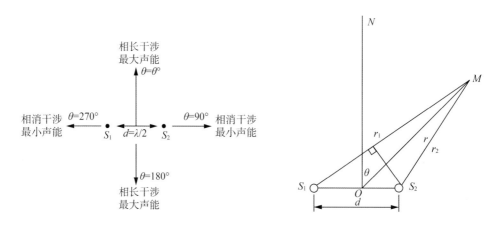

图 2.2-4   两发射器相距 $\lambda/2$ 时的相长和相消干涉　　**图 2.2-5   双点声源**

设有两个声压幅值和位相均相等的点声源 S_1、S_2,二者间的距离为 d,连线的中点记为 O。远场空间任一点 M 至 S_1、S_2 和 O 点的距离分别为 r_1、r_2 和 r,如图 2.2-5 所示。点声源 S_1 和 S_2 均发射 $P=P_m\cos\omega$ 的声信号,声压传播到 M 点时的声压 P_1 和 P_2 分别为

$$P_1 = P_m \cos \omega \left(t - \frac{r_1}{C} \right) = P_m \cos (\omega t - kr_1) \tag{2.2-7}$$

$$P_2 = P_m \cos \omega \left(t - \frac{r_2}{C} \right) = P_m \cos (\omega t - kr_2) \tag{2.2-8}$$

其中，$k = \dfrac{\omega}{C} = \dfrac{2\pi}{\lambda}$。

根据波的叠加原理，在 M 点的合成声压为

$$P = P_1 + P_2 = P_m \left[\cos(\omega t - kr_1) + \cos(\omega t - kr_2) \right]$$
$$= 2P_m \cos \left(\omega t - k \frac{r_1 + r_2}{2} \right) \cos \left(-k \frac{r_1 - r_2}{2} \right) \tag{2.2-9}$$

因为 M 为远场点，$r \gg d$，可近似认为声线 r_1、r_2 近似平行，则有 $\dfrac{r_1 + r_2}{2} \approx r$，$\dfrac{r_1 - r_2}{2} = \dfrac{\Delta r}{2} \approx \dfrac{1}{2} d \sin\theta$，在此 $\Delta r = r_1 - r_2 \approx d \sin\theta$，为研究点的波程差。因此，$M$ 点的合成声压可改写为

$$P = 2P_m \cos \left(\frac{\pi d \sin\theta}{\lambda} \right) \cos(\omega t - kr) = P_{m0}(\theta) \cos(\omega t - kr) \tag{2.2-10}$$

由此可见，经过声波合成，合成声压的幅值 $P_{m0}(\theta)$ 随角度 θ 而变，即合成声波是空间中的变幅波动。其中，θ 为双点声源的中垂线 ON 与 OM 线的夹角。

当 $\dfrac{\pi d \sin\theta}{\lambda} = n\pi, n = 0, 1, 2, \cdots$，即波程差 $\Delta r \approx d \sin\theta = n\lambda = 2n \cdot \dfrac{\lambda}{2}$ 时，合成声压取极大值。也就是说，当波程差为半波长的偶数倍时，合成声压因波的同相叠加而增强。

当 $\dfrac{\pi d \sin\theta}{\lambda} = \dfrac{(2n+1)}{2}\pi, n = 0, 1, 2, \cdots$，即波程差 $\Delta r \approx d \sin\theta = (2n+1) \cdot \dfrac{\lambda}{2}$ 时，合成声压取极小值，即 $P = 0$。也就是说，当波程差为半波长的奇数倍时，两声波在合成过程中总因位相相反而相互抵消。

这样，在 $\theta = 0°$ 处，有最大声压幅值 $2P_m$，在其他方向上，$0 < \sin\theta < 1$，合成声压幅值比 $\theta = 0°$ 方向的声压小，从而形成了声波辐射时的方向特性。

2. 声波的接收

入射到接收换能器表面的声波对换能器表面产生一个声压，在此声压的作用下，换能器表面发生振动，此振动转换成交变电信号，这就是声波的接收。

接收换能器具有方向特性，可以避免方向性角度范围以外的方向上的噪声进入接收机，即压制了其他方向上的噪声，提高了接收信噪比；另外可以利用接收换能器方向特性进行目标的定向。

一般情况下，作用在接收换能器表面的声压并不等于入射波声压（此声压为自由场声压），这是换能器引起声波散射的结果。因此，接收换能器表面的实际声压应该等于入射波声压与散射波声压的叠加。

换能器表面通常可以认为是硬边界。在硬边界上入射波振速在法线方向上的分量与反射波振速在法线方向上的分量之和等于零。当声波垂直入射时，应当有 $v_i + v_r = 0$。

声波的反射可以认为是接收换能器以振速 v_r 向外辐射声波，介质对辐射面有一个反作用力：

$$F_r = -v_r \cdot Z_r = v_i Z_r \tag{2.2-11}$$

式中：Z_r 为辐射声阻抗。

接收换能器表面受到的合力为入射波在换能器表面的作用力和反射波在换能器表面的作用力之和。记换能器表面积为 S，则入射波在换能器表面的声压为 $P_i S$，从而作用在换能器表面的声压合力为

$$F = F_i + F_r = P_i S + v_i Z_r \tag{2.2-12}$$

对于平面波，因为有 $v_i = \dfrac{P_i}{\rho_0 C_0}$，故有

$$F = P_i S + \frac{P_i}{\rho_0 C_0} Z_r \tag{2.2-13}$$

接收换能器表面的声压 P 为

$$P = \frac{F}{S} = P_i \left(1 + \frac{Z_r}{\rho_0 C_0 S}\right) = k P_i \tag{2.2-14}$$

式中：k 为换能器接收声波的畸变系数，$k = 1 + \dfrac{Z_r}{\rho_0 C_0 S} = 1 + \dfrac{R_r + i X_r}{\rho_0 C_0 S}$。

由此可见，接收换能器表面的声压 P 和入射波（自由场）声压 P_i，不仅在数值上不同，在相位上也不同。

接收换能器的表面总声强与入射波声强的比例系数（即畸变系数 k）与换能器的尺寸有关。当换能器表面尺寸与声波波长相比较小时，换能器对于声波不是一个显著的障碍，反射作用小，故 $k \approx 1$；当表面尺寸足够大时，换能器对于声波是一个显著的障碍，这时换能器表面对声波的反射强度近似与入射波的强度相等，故 $k \approx 2$，$P \approx 2P_i$。

以圆形换能器为例，当接收换能器直径 d 与声波波长 λ 的比值小于 $\dfrac{1}{4}$ 时，可以认为 $k \approx 1$。当 $\dfrac{d}{\lambda} \geqslant \dfrac{3}{2}$ 时，$k \approx 2$。k 值与 $\dfrac{d}{\lambda}$ 的关系曲线如图 2.2-6 所示。

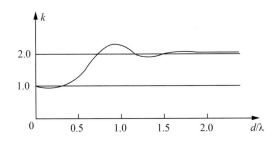

图 2.2-6 畸变系数与换能器尺寸参数的关系

2.2.3 水声换能器

依据水声测距技术开展水下地形测量,声波的发射和接收是依靠水声换能器完成的。水声换能器是实现电能和机械能相互转换的器件。在发射状态,它能将电磁振荡能量转换成机械振动能量,从而推动水介质向外辐射声波,这样的水声换能器称为发射换能器。这类能量类型转换器件感受到的声波能量可以引起器件的机械振动,并将机械振动转换为电、磁振荡信号,通常称其为接收换能器或水听器。当今的水声探测,往往将收、发换能器综合为一个整体,完成声波的收发两种功能。

换能器的换能原理涉及材料科学和机械(机电)工程的相关知识,换能器的能量转换原理基本上依据的是换能器件的磁致伸缩效应、压电效应和电致伸缩效应。

1. 磁致伸缩换能器

磁致伸缩换能器是利用某些铁磁体(例如纯镍、镍钴合金以及铁氧化体等)材料的磁致伸缩效应而制成的。用铁磁体作为线圈的铁芯,当高频电流通过线圈时,随着铁芯中磁场强度周期性的变化,铁芯的长度就做周期性的伸缩。这种换能器的频率一般不太高,约几万赫兹,声强可达每平方厘米几十瓦,非常坚固耐用,且能经受高温,如图 2.2-7 所示。

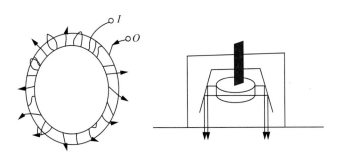

图 2.2-7 磁致伸缩换能器

2. 压电式换能器

压电式换能器是指用压电材料(如石英、酒石酸钾钠、磷酸钾、钛酸钡以及磷酸二氢铵)制成的换能器。压电材料受到周期性压缩时,就会在两端面出现周期性的电压,所以称之为压电效应。反之,把周期性电压加在压电材料上,压电材料就会做伸缩的机械振动。这种换能器能产生高频超声波,频率从几十千赫兹到几十兆赫兹,甚至达到 10^{10} Hz,产生的声强也很大,在换能器表面可达到每平方厘米数十瓦,而且易于聚焦,产生更大声强,如图 2.2-8 所示。

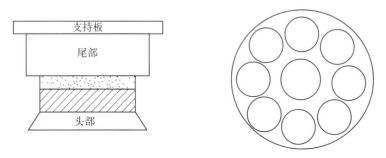

图 2.2-8 压电式换能器

3. 电致伸缩换能器

电致伸缩换能器利用一种陶瓷材料制作而成,其工作原理是反压电效应,利用电场的变化使陶瓷(绝缘体)的尺寸做周期性的伸缩,如图 2.2-9 所示。

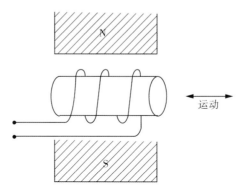

图 2.2-9 电致伸缩换能器

2.3 测深基准场

水下地形在水流的作用下是不断变化的,无法像岸上地形观测那样能有一个稳定的、可以方便测量出的高精度真值,作为测深技术研究的基准,因此水深测量的精度评定较为困难。现阶段,室内检定水槽可以解决如测深仪器检定方面的难题,但与真实测量环境差别较大。室外的精度评定主要适用于浅水区域,评定方法是以测深锤、测深杆量测值作为真值与测深仪进行比较,对于深水区域的测深精度评定暂无有效可靠的方法。

三峡及上游大型水库库区河段水深大,回声测深仪测深精度评定采用当前常用方式均不能得到解决,其主要难题在于缺乏与实际作业环境及水深当量的基准,因此测深精度研究的首要问题就是建立高精度的真实场景的测深基准场。

利用三峡水库处于汛限水位和乌东德、白鹤滩水库蓄水前的有利时机,开展大孔径回声增强型水下基准点建设,基准点创新性地采用大孔径悬空横置管状声波反射器阵列,采用陆上测量的方式测量其高精度的空间位置坐标;蓄水后,淹没于水底,作为水库大水深测深技术研究的基准。

同时在三峡水库水位处于汛限水位、乌东德水库蓄水前,开展了典型库段内高精度库岸地形测量,获得高精度的本底地形及成体系的水下基准值,共同形成水库高精度水下测深基准场,并用来开展精密大水深测深技术研究,以此评定水库大水深测深技术在测深精度方面的进步。

测深基准场的建设为高精度测深提供了精度评定基准,主要体现在两个方面:

(1)提供真实大水深测量环境。测深基准场提供的真实测量环境主要包括不同水体特性、不同河床形状、不同的测量气候环境以及大水深等,所提供的环境就是实际的测量环境。

(2)提供精准的平面位置以及高程值。测深基准场建设完成后均采用高精度的陆上测量方式进行平面和高程测量,其精度远高于水深测量要求,完全可以作为水深测量的"真值"。

在测深基准场建设时充分考虑了河底形态、水深、水温等特点,以点、面(若干线组成)形式分别建设了三峡、乌东德以及白鹤滩测深基准场,满足了三峡及上游大型水库测深研究需求。

2.3.1　三峡测深基准场

1. 基准场选址

为满足多种测深设备校准技术的需要,三峡测深基准场布设了多种形式的基准点和基准面。基准点包括水工建筑物基准点和悬空空腔基准点,基准面包括平坦基准纵断面和标准斜坡基准面,如图 2.3-1 所示。

(1)基准点

①水工建筑物基准点布设在三峡大坝上游隔流堤上,利用隔流堤堤顶平坦水泥地面布设了一个 5 m×5 m 正方形基准点。

②悬空空腔基准点布设在靖江溪口外江中小岛顶部,通过埋设钢制管状声波增强型反射器的方式布设了两个 3 m×3 m 基准点。

(2)基准面

①在三峡大坝上游隔流堤上,利用隔流堤堤顶的平坦水泥地面布设了 3 个平坦基准纵断面。

②标准斜坡基准面分别布设在沙湾三峡坝区海事处和伍相庙航道水尺处。其中沙湾斜坡基准面坡度约为 6°,伍相庙斜坡基准面坡度约为 33°。

图 2.3‑1　三峡水库高精度水下基准场

2. 基准点建设

（1）单个基准点由多组悬空横置管状声波增强型反射器（以下简称"反射器"）与钢支架等组成。

（2）反射器采用直径为 10 cm 的圆形无缝钢管，壁厚超过 3 mm，用相同厚度的截面形状钢板满焊密封反射器两端，并进行了水密封性试验，试验合格后组装成长×宽为 3 m×3 m 的标面。

（3）钢支架使用壁厚为 5 mm、直径为 10 cm 的钢管制作而成，两端不用密封。在钢管一端焊接法兰盘。在岩石上开挖出深度大于 30 cm 的坑洞，在坑洞底部钻孔并打入膨胀螺丝，连接法兰盘后将螺帽焊死。最后用水泥将坑洞填充密实。

（4）采用实时动态（RTK）方式精确测量标面四个角点及标志中心的平面坐标，采用全站仪正倒镜方式施测其高程，同时采用四等水准的精度观测检核四个角点间的高差及两个标面中心点的高差，以检核测距三角高程观测精度，最后生成三维点位图。

3. 基准面建设

（1）隔流堤基准面建设

隔流堤基准面由 3 个平坦基准断面组成。采用陆上测量方式施测基准断面，获得高精度的基准断面成果，如图 2.3‑2、图 2.3‑3 所示。

①图根控制布设：隔流堤基准面共布设了 GL01～GL06 共 6 个图根控制点，作为基准断面 G01～G03 的左右端点。平面坐标均采用 RTK 方式测得，高程采用全站仪正倒镜方式施测。

②基准断面测量：基准断面 G01～G03 采用全站仪正倒镜方式施测，点距按 5 m

图 2.3-2　隔流堤基准面

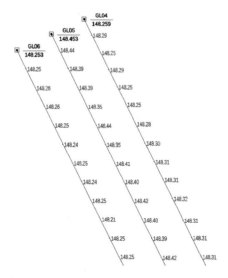

图 2.3-3　隔流堤基准面点位(单位:m)

控制。

（2）沙湾基准面建设

沙湾基准面由 1 个斜坡基准面和 1 个基准断面组成。采用陆上测量方式按 1∶500
比例尺施测斜坡基准面和基准断面,获得了高精度的基准面局部地形图和基准断面成
果,见图 2.3-4。

①图根控制布设:沙湾基准面共布设图根控制点 3 个,分别为 SW01、SW02、SW03,
其平面坐标均采用 RTK 方式测得,SW01、SW02 的高程通过四等水准往返测的方式自

图 2.3-4　沙湾基准面

高程引据点 HDQX03 引测。SW03 的高程采用全站仪正倒镜方式测得。

②基准断面测量：基准断面 SW01（断面端点 SW01、SW03），采用全站仪正倒镜方式施测，点距按 5 m 控制。

③基准面测量：采用全站仪正倒镜方式按 1：500 比例尺施测基准面局部地形。

沙湾斜坡基准面高程观测范围涵盖 146～177 m，坡度约为 6°，观测大比例中线纵断面（1：500）及 5 m×5 m 格网地形。

（3）伍相庙基准面建设

伍相庙基准面由 1 个斜坡基准面和 1 个基准断面组成。采用陆上测量方式按 1：500 比例尺施测斜坡基准面和基准断面，获得了高精度的基准面地形图和基准断面成果，如图 2.3-5 所示。

图 2.3-5　伍相庙基准面

①图根控制布设：伍相庙基准面布设图根控制点 3 个，分别为伍相庙水位站校 20、伍相庙水位站校 21、WS01，平面坐标采用 RTK 方式测得，伍相庙水位站校 20、伍相庙水位站校 21 高程已知，等级为三等，WS01 高程采用全站仪正倒镜方式测得。

②基准面和基准断面测量：基准断面 WX01（断面端点 WX01L1 与 WX01L2）以及基准面地形点采用全站仪正倒镜方式测量三维坐标，最后获得基准断面 WX01 的断面成果与伍相庙斜坡基准面地形图。

2.3.2 乌东德测深基准场

乌东德测深基准场由 3 处校准场及 2 个坝前基准点组成。其中 3 处校准场是利用库区原有的规则人工建筑物或构筑物，高精度观测若干基准线或基准面，并通过修建 2 个大孔径回声增强测深基准点，共同形成乌东德测深基准场。

1. 校准场建设

根据实地踏勘，共选择龙街、皎平渡、坝前三处作为校准场选址地。在乌东德库区变动回水区始端，选定龙街车渡码头建立测深校准场；在常年回水区，选定皎平渡红军长征渡江纪念馆建立测深校准场；在坝前选择标准斜坡及平台 2 处作为基准面。并选择地质条件稳定、地形坡度有代表性的河段观测断面 5 条，作为测深基准线，如图 2.3-6、图 2.3-7、图 2.3-8 所示。

图 2.3-6 龙街车渡码头测深校准场

图 2.3-7　皎平渡红军长征渡江纪念馆测深校准场

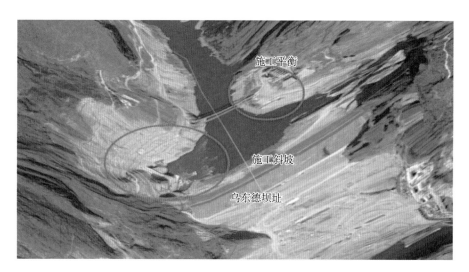

图 2.3-8　乌东德坝前测深校准场

2. 基准点建设

在乌东德水文站旧址选择 WJD1 与 WJD2，作为水库测深基准点，如图 2.3-9 所示。

（1）现场选址及基础处理

WJD1 基准点规格为 6 m×6 m，WJD2 基准点规格为 6 m×9 m，现场基础如为泥土，则挖深 1 m 并夯实；如为岩石，则打入钢钎焊接槽钢，竖立槽钢并用混凝土浇筑。

（2）外部建设

基准点顶面沿水流方向每隔 0.24 m 焊接 120 mm×60 mm×5 mm 的方管，方管两端密封焊接。方管表面刷银色防锈漆，再刷蓝色漆。测深基准场平均高度约为 1 m，方管表面高差小于 0.5 cm,如图 2.3-10 所示。

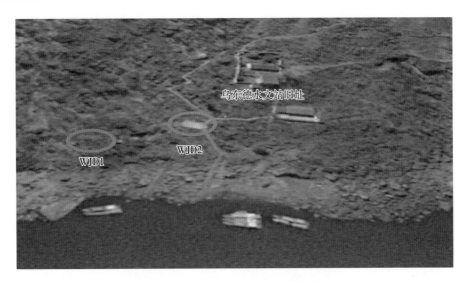

图 2.3-9　乌东德水文站旧址测深基准点

图 2.3-10　测深基准点建成图

（3）控制测量

在施工过程中利用全站仪严格控制顶面安装水平度,建设结束后利用全站仪观测四角点及中心三维坐标。

2.3.3 白鹤滩测深基准场

同乌东德测深基准场类似,白鹤滩测深基准场由 2 处校准场及 1 个基准点组成,利用库区原有的规则人工建筑物或构筑物,高精度观测若干基准线或基准面,并建成大孔径回声增强测深基准点,完成白鹤滩测深基准场建设。

1. 白鹤滩坝前测深校准场

在白鹤滩坝址上游 2.5 km 左岸选定施工营地停车场建立测深校准场,见图 2.3-11。

白鹤滩电站施工营地停车场

图 2.3-11 白鹤滩坝前测深校准场

2. 以礼河测深校准场

在白鹤滩库区常年回水区支流以礼河右岸、距离河口 700 m 处选定以礼河大桥施工营地建立测深校准场,如图 2.3-12 所示。

以礼河大桥施工营地

图 2.3-12 以礼河测深校准场

3. 华弹水文站人工设建基准点

基准点选址完成后,在现场进行放样,开挖深 1 m 的基坑并夯实,竖立槽钢并用混凝土浇筑。如图 2.3-13 所示。

图 2.3-13　基础埋桩

（1）外部建设。基准点顶面每隔 0.12 m 焊接 120 mm×60 mm×6 mm 的槽钢。槽钢表面刷银色防锈漆,再刷蓝色漆。测深基准场平均高度约 0.8 m,槽钢表面高差小于 0.1 cm。如图 2.3-14 所示。

图 2.3-14　外部建设

（2）控制测量。在施工过程中利用全站仪严格控制顶面安装水平度,建设结束后利用全站仪观测四角点及中心三维坐标。如图 2.3-15 所示。

2.4　山区河道 GNSS 控制测量技术

西部山区河道河谷狭窄,特别是在水电站坝址区域,峡谷两岸边坡高陡,GNSS 信号遮挡严重,低空对流层残余误差影响大,GNSS 实时解算精度只能达到数厘米甚至分米级,静态后处理也仅为厘米级精度。前期建立的乌东德水电站 CORS 系统难以满足施工放样、变形监测等位置服务精度需求,研究发现,这与低空对流层影响、CORS 基站数量少等因素有关。

图 2.3-15　控制测量

影响 GNSS 定位的误差主要有卫星端误差、接收机端误差和传播路径误差三种。其中，卫星端误差包括卫星轨道误差、卫星钟差等误差；接收机端误差主要有接收机钟差、多路径效应等误差；传播路径误差主要指对流层误差和电离层误差。RTK 采用双差相对定位模式对基准站和流动站进行二次差分以后，会消除接收机和卫星端公共误差，即消除卫星轨道误差、卫星钟差和接收机钟差。

山区峡谷河段 GNSS 测量基线短、高差大，因此采用单基站服务策略，利用 RTK 短基线双差算法消除和削弱大部分误差，残余误差主要是对流层残余误差。因此，算法研究主要包括基准站数据质量分析、CORS 系统框架坐标计算、事后 RTK 初步试算、电离层延迟误差分析、对流层延迟误差分析、常用对流层延迟处理策略分析、新的对流层延迟模型建立等方面，本章节选取乌东德水电站 CORS 系统实例进行详细说明。

2.4.1　基准站数据质量

根据对乌东德水电站峡谷地区建立的 6 个基准站、5 个监测站 2019 年 11 月 8—18 日共计 11 天观测数据的质量分析，所有测站数据可用率超过 99.8%，观测完好性较好；所有测站 $MP1$ 和 $MP2$ 均小于 0.25，平均值约为 0.16 和 0.12，表明接收机观测质量较好，各站多路径效应影响较小。大多数测站周跳比大于 1 000 小于 2 000。各测站平均卫星数除 N5 测站外，均超过 20 颗。表 2.4-1 为部分基准站某观测时间段的数据质量。

表 2.4-1 基准站数据质量

测站	质量指标					o/slips	平均卫星数/次采样			
	观测历元	完好观测历元	完好观测比/%	多路径影响 MP1/m	多路径影响 MP2/m		总数	C	G	R
N1	8 640	8 635	99.94	0.16	0.12	1 000	21.7	11.3	6.1	4.3
N2	8 640	8 640	100	0.20	0.16	1 322	26.8	13.9	7.5	5.4
N3	8 640	8 628	99.86	0.18	0.16	1 507	23.8	12.8	6.6	4.4
N4	8 640	8 627	99.85	0.20	0.16	2 065	28.7	14.5	8.2	6.0
N5	8 640	8 626	99.84	0.16	0.13	1 437	19.2	9.8	5.4	4.0
N6	8 640	8 628	99.86	0.23	0.17	872	27.6	14.1	7.8	5.7
P1	8 640	8 627	99.85	0.13	0.12	1 726	21.2	10.7	6.1	4.4
P2	8 640	8 628	99.85	0.14	0.12	1 347	22.4	12.0	6.1	4.3
P3	8 640	8 633	99.92	0.15	0.12	5 472	27.3	14.0	7.8	5.5
P4	8 640	8 625	99.83	0.09	0.10	5 249	27.4	14.1	7.7	5.6
P5	8 640	8 627	99.85	0.13	0.13	1 814	24.0	12.0	6.4	4.6

注:C 表示北斗卫星系统;G 表示 GPS;R 表示 GLONASS。下同。

从观测结果可知:

(1) N5 测站受周边环境影响,可用卫星数明显少于其他测站;

(2) N6 测站周跳比明显较其他测站差,经现场查勘发现,该站点附近有林木,树冠高出天线,影响了信号接收;

(3) 大多数测站周跳比小于 2 000,对实时 GNSS 数据处理要求较高;

(4) 所有测站多路径效应影响较小,观测值质量较好。

2.4.2 框架坐标计算

采用 GAMIT 10.7 解算基准站原始观测数据,并采用武汉大学 PowerADJ 科研版软件进行网平差,获取乌东德水电站 CORS 系统各测站 CGCS2000 框架下坐标。数据处理结果显示:N5 站、P1 站、P2 站和 P5 站坐标结果精度略差,其中最差的为 N5 站,其垂直方向精度为 2.8 cm;其次为 P1 站和 P5 站,其垂直方向精度为 2.3 cm;P2 站的垂直方向精度为 2.0 cm。4 个测站的水平方向精度均优于 1 cm。

2.4.3 对流层延迟误差分析

对流层延迟包括静力学延迟(干延迟)和湿延迟两部分,其中湿延迟大约为静力学延迟的 1/20。P2 站高程约为 900 m,N4 站高程约为 1 600 m。由图 2.4-1 可知,P2 站的静力学延迟为 2.05~2.07 m,N4 站的静力学延迟为 1.90~1.92 m。两个测站由于高程不同,引起的静力学延迟差异约为 15 cm。

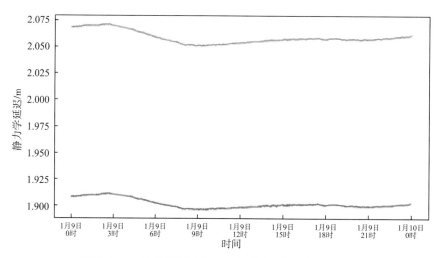

图 2.4-1　P2 站(橙色)和 N4 站(蓝色)静力学延迟对比

P2 和 N4 两个测站湿延迟估值结果如图 2.4-2 所示。P2 站和 N4 站的湿延迟相差为 1～2 cm,而且高程低的 P2 站的湿延迟比高程稍高的 N4 站的湿延迟更大,变化也更剧烈。

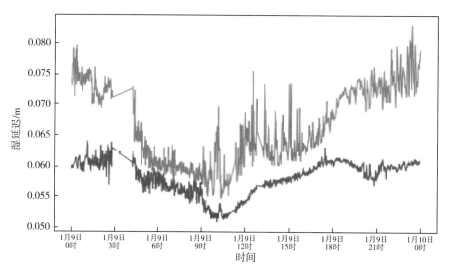

图 2.4-2　P2 站(橙色)和 N4 站(蓝色)湿延迟对比

对流层延迟主要分布在 10 km 以下空间,而且越靠近地表,对流层延迟越大,因此当基准站和流动站之间的高差较大时,两个站间的对流层延迟会出现较大的不同。若 RTK 解算数学模型未顾及因高差而导致的对流层延迟或模型化误差残余部分较大,则会对 RTK 定位造成较大的影响。因此,在高山峡谷典型地表特征的乌东德坝区,对流层延迟是影响 RTK 定位的主要因素。

2.4.4　电离层延迟误差分析

因测区范围较小,测站间距最大不超过 3 km。电离层主要分布在 50～1 000 km 的高度,进行原始观测值双差处理可以极大削弱电离层延迟误差,地表高差对双差电离层延迟的影响十分微小。如图 2.4-3 所示,P2 站和 N4 站间以 PRN 为参考星的双差电离层延迟小于 1.5 cm,均方根误差(RMSE)小于 3 mm。由于 GNSS 载波相位观测值的测量精度本身为毫米级,因此该系统双差电离层延迟可以忽略不计。

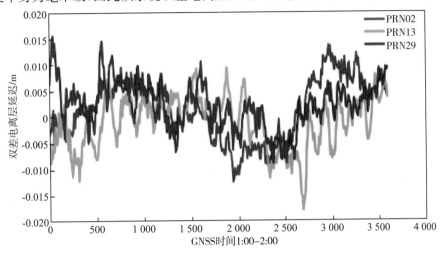

图 2.4-3　P2—N4 站间双差电离层延迟

2.4.5　事后 RTK 初步试算

基准站间基线的整周模糊度能够实时固定是实现 RTK 实时动态定位的关键,因此站间的 RTK 模糊度固定率和内符合精度可以有效反映 CORS 系统服务质量。内符合精度采用样本值与组内样本均值比较的方法,即首先计算每组数据的平均值,再计算平均值与每个样本值的较差。考虑到乌东德坝区特殊的地理环境,双差对流层延迟不可忽略,下面选取基准站间高差最大的两个测站 N5 和 N6、高差最小的两个测站 N4 和 N6、均位于左岸的高差较小的 N1 和 N5、都位于右岸的高差较小但距离较远的 N2 和 N6 以及其他几组数据进行事后 RTK 解算分析,时间选择为观测时段内某日 1—2 点,分析结果见表 2.4-2。

表 2.4-2　事后 RTK 试算结果

流动站	基准站	时段	固定率/%	内符合精度均值/m		
				N	E	U
N5	N6	1:00—2:00	92.5	0.081 6	0.057 2	0.218 4
N4	N6	1:00—2:00	100	0.002 6	0.002 2	0.218 4
N1	N5	1:00—2:00	90.3	0.100 3	0.254 2	0.907 0
N2	N6	1:00—2:00	99.7	0.002 7	0.003 6	0.021 3

注:N 表示北;E 表示东;U 表示高。下同。

上述分析结果表明：

（1）高差最大的两个测站 N5 和 N6 间 RTK 模糊度固定率为 92.5％。内符合精度不稳定，情况较好时，内符合精度在水平方向约为 1 cm，垂直方向约为 5 cm；但在某些情况下，精度降低到 10 cm，这可能与峡谷地带多变的天气状况相关。

（2）N4 和 N6 两个测站地势较高，高差较小，模糊度固定率为 100％，水平方向精度优于 1 cm，垂直方向精度优于 2 cm。

（3）N1 和 N5 两个测站高差较小，均位于左岸，RTK 模糊度固定率为 90.3％，固定率最差。内符合精度不稳定，情况较好时，水平方向精度优于 2 cm，垂直方向精度优于 2 cm；情况较差时，水平、垂直方向精度均超过 4 cm。

（4）N2 和 N6 两个测站高差较小，均位于右岸，RTK 模糊度固定率为 99.7％。水平方向精度优于 1 cm，垂直方向精度优于 2 cm。

2.4.6 对流层延迟处理策略分析

在 RTK 定位中，对流层延迟常用的处理策略有以下三种：①忽略；②基于经验气象模型的对流层延迟改正；③基于实测气象元素的对流层延迟改正。

其中，在距离较短、高差较小的情况下，由于基准站和流动站两端的对流层延迟基本一致，因此可以忽略。对于测区而言，由于布设了较多的气象站，因此可以采用经验对流层延迟模型或实测对流层延迟进行改正。图 2.4-4 展示了在对高差为 1 000 m 的某两个测站进行 RTK 定位，忽略对流层延迟、采用经验对流层延迟模型和利用实测气象元素计算对流层延迟模型时，对应的定位误差情况。

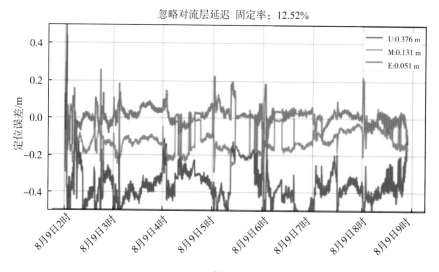

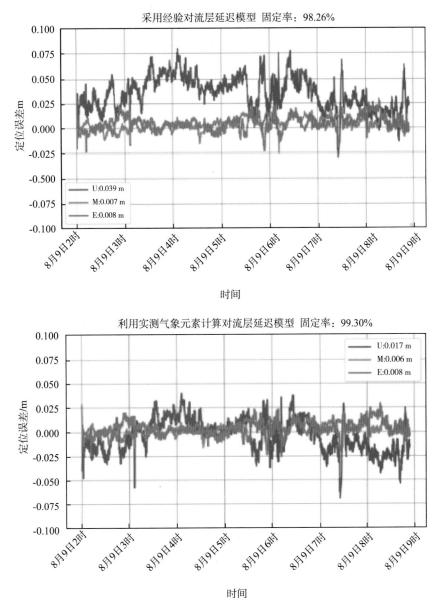

图 2.4-4　不同对流层延迟处理策略定位结果

由上图可见,采用实测气象元素计算对流层延迟模型的定位误差最小,精度最高。

2.5　带状河流坐标转换技术

我国采用的是平面坐标、高程基准分离的坐标体系,准确可靠的坐标转换参数是动态激光扫描系统数据融合匹配的关键。长江上游大型水库群水网复杂,河道蜿蜒曲折,支汊丛生,河道平面形态复杂,高程变化异常。目前大范围坐标转换,使用最广的是布尔莎(Bursa)三维七参数转换模型。坐标转换区域越大,坐标转换精度越低,为提高转换精度,须将转换区域划分为多个转换分区。然而,分区过多,后续相关数据处理烦琐。因此,准确、可靠的坐标转换分区及控制点选取至关重要。经实践研究,提出了一种顾及高程异常趋势线及河流形态的坐标转换分区方法。

2.5.1 方法原理

顾及高程异常趋势线及河流形态的坐标转换分区方法原理见图2.5-1。具体流程如下:

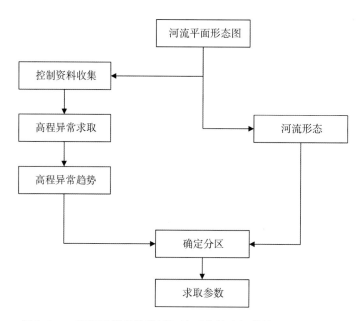

图2.5-1 高程异常趋势线及河流形态的坐标转换分区方法流程

（1）结合河流沿程控制点高程异常趋势线及河流平面形态,确定坐标转换分区范围及坐标转换控制点。

（2）高程异常趋势线确定:根据含有目标坐标及GNSS坐标系统的同名控制点的高程异常及河道里程,建立里程-高程关系曲线,然后利用最小二乘法确定高程异常趋势线。

（3）分区确定:根据趋势线斜率的正负值进行首次分区,如精度满足要求则止,否则,进一步细分,直到满足精度要求为止。结合区域高程异常趋势线及河道平面形态的交集确定最终分区。

2.5.2 解决案例

试验河段平面形态见图2.5-2。
利用收集的控制点计算高程异常值及其河道里程,结果见表2.5-1。

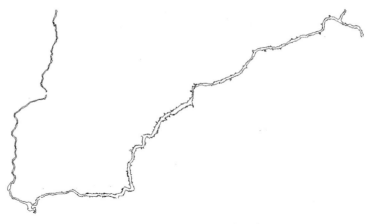

图 2.5-2 试验河段平面形态分布图

表 2.5-1 异常控制点及计算表

点名	大地高/m	正常高/m	高程异常/m	里程/km	点名	大地高/m	正常高/m	高程异常/m	里程/km
1	45.056	78.326	−33.270	0.00	21	0.327	34.284	−33.957	62.58
2	88.028	121.292	−33.264	3.22	22	11.097	45.087	−33.990	63.70
3	102.137	135.376	−33.239	6.18	23	47.713	81.671	−33.959	69.54
4	21.748	55.059	−33.311	9.77	24	15.319	49.321	−34.002	74.35
5	43.282	76.595	−33.314	13.06	25	9.058	43.001	−33.943	77.92
6	61.761	95.140	−33.379	16.07	26	47.136	81.027	−33.892	78.64
7	−0.604	32.752	−33.356	19.03	27	14.705	48.717	−34.012	80.46
8	24.089	57.446	−33.357	22.24	28	41.784	75.732	−33.948	82.80
9	355.049	388.348	−33.299	27.32	29	−0.838	33.275	−34.113	86.35
10	20.634	54.019	−33.385	28.26	30	19.769	53.943	−34.174	89.55
11	37.385	70.696	−33.311	32.40	31	22.796	56.979	−34.183	91.18
12	30.741	64.094	−33.354	37.81	32	47.290	81.457	−34.167	91.21
13	54.552	87.989	−33.437	40.86	33	5.869	40.425	−34.556	100.50
14	35.011	68.578	−33.567	44.28	34	12.856	47.441	−34.585	103.55
15	43.123	76.773	−33.650	46.99	35	14.142	48.798	−34.656	104.05
16	10.579	44.269	−33.690	49.40	36	47.935	82.561	−34.627	104.19
17	16.086	49.870	−33.784	52.58	37	16.026	50.598	−34.572	104.50
18	−6.580	27.209	−33.789	52.76	38	14.640	49.219	−34.579	105.17
19	47.519	81.380	−33.861	55.59	39	25.945	60.542	−34.597	105.99
20	43.617	77.501	−33.884	62.57	40	7.722	42.314	−34.592	107.44

点名	大地高/m	正常高/m	高程异常/m	里程/km	点名	大地高/m	正常高/m	高程异常/m	里程/km
41	7.505	42.147	−34.642	107.47	64	44.154	78.193	−34.039	135.89
42	18.188	52.801	−34.613	108.84	65	34.571	68.632	−34.061	135.97
43	44.761	79.313	−34.552	109.10	66	29.951	64.039	−34.088	137.35
44	7.498	42.074	−34.576	110.16	67	46.951	80.901	−33.950	141.31
45	21.250	55.810	−34.560	110.17	68	29.645	63.571	−33.926	144.13
46	11.330	45.922	−34.592	111.57	69	36.619	70.548	−33.929	144.18
47	11.080	45.581	−34.501	112.64	70	44.117	78.098	−33.981	145.54
48	14.479	48.978	−34.499	113.48	71	40.861	74.825	−33.964	145.98
49	26.531	60.969	−34.439	114.21	72	48.705	82.720	−34.015	146.78
50	10.572	45.151	−34.579	115.08	73	43.133	77.094	−33.961	147.66
51	15.736	50.059	−34.323	117.62	74	38.810	72.772	−33.962	148.78
52	25.524	59.888	−34.364	118.93	75	53.203	87.161	−33.958	149.59
53	21.251	55.564	−34.313	118.95	76	40.316	74.325	−34.009	151.07
54	22.014	56.202	−34.188	121.07	77	38.620	72.603	−33.983	152.42
55	15.603	49.794	−34.191	123.13	78	38.016	71.998	−33.982	152.96
56	13.741	47.922	−34.181	123.15	79	37.747	71.750	−34.003	154.24
57	40.257	74.439	−34.182	125.14	80	40.805	74.840	−34.035	154.98
58	20.689	54.803	−34.114	127.12	81	47.251	81.285	−34.034	156.50
59	16.839	50.993	−34.154	127.84	82	41.372	75.439	−34.067	157.19
60	21.793	55.875	−34.082	130.50	83	38.335	72.346	−34.011	157.89
61	33.105	67.185	−34.080	131.09	84	40.890	75.083	−34.194	159.46
62	21.401	55.474	−34.073	132.62	85	59.650	93.875	−34.226	161.44
63	32.912	66.947	−34.035	134.47	86	46.768	81.028	−34.260	162.88

根据河道里程及高程异常,确定里程-高程异常关系线,见图 2.5-3。

根据图 2.5-3,确定高程异常趋势线及分区,见图 2.5-4。

结合河流形态及高程异常趋势线,确定最终分区,见图 2.5-5。

经精度评定,坐标转换内符合平面精度为±0.04 m,高程精度为±0.03 m;外符合平面精度为±0.04 m,高程精度为±0.05 m。满足项目生产需求。

顾及高程异常趋势线及河流形态的坐标转换分区方法,提高了坐标转换效率,避免了传统分段方法造成的高程异常趋势截断误差,提高了坐标转换参数求取精度,进而提高了坐标转换精度。

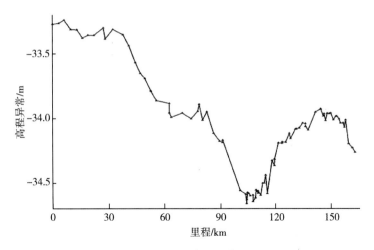

图 2.5-3 里程-高程异常关系线

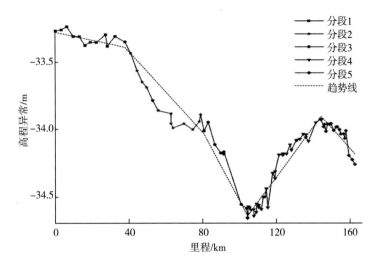

图 2.5-4 高程异常趋势线及分区

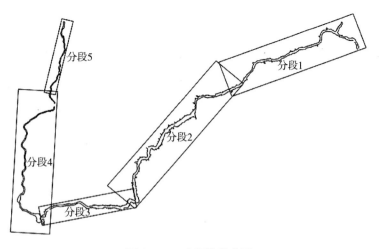

图 2.5-5 坐标转换分区

第三章
水体环境对测深的影响

3.1 概述

水深测量是河道地形测绘中非常重要的一环。原始的测深手段有测深杆、水砣等。随着技术的进步,现如今回声测深仪(图 3.1-1)被广泛应用于河道水深测量中。

回声测深仪的工作原理是利用换能器在水中发出声波,当声波遇到障碍物而反射回换能器时,根据声波往返的时间 t 和所测水域中声波传播的速度 C,就可以求得障碍物与换能器之间的距离 s,再测量出换能器吃水深度 H_0,即可得到水深 H

图 3.1-1 回声测深仪示意图

$$H = H_0 + \frac{1}{2}Ct \tag{3.1-1}$$

从回声测深仪的工作原理(图 3.1-2)可以得知,使用回声测深仪所测得的水深不是直接"读"出来的,而是根据声波传播的速度和传播时间"算"得的。传播时间 t 可以较为方便地获得,声波传播速度 C 是一个变量,因此声波传播的速度会直接影响测深结果。

在流体介质中,声波是弹性纵波,其本质是介质中微弱压强扰动的传播,传播速度可以表示为

$$C = \sqrt{\frac{K}{\rho}} \tag{3.1-2}$$

式中:K 为介质的体积弹性模量,$K = \dfrac{\mathrm{d}P}{\mathrm{d}\rho/\rho}$。液体的体积弹性模量是一个受多种因素影

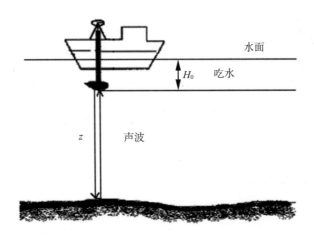

图 3.1-2　回声测深仪工作示意图

响的物理量,因此声波在水体中的传播速度并不是一个定值。水体的温度、压强、盐度等都会改变水中声速。由于本书重点研究河道的测深问题,绝大多数作业环境均是淡水,极少涉及咸水作业,因此本章不对盐度的影响进行介绍。此外,河床的组成不同,声波的反弹情况也会不同,这也会影响测深的结果。本章结合现有研究成果,对水体温度、含沙量、河床泥沙密实度对测深的影响进行简要介绍。

3.2　温度场对测深的影响

3.2.1　声速测量

实验室中常用的声速测量方法有超声光栅法、时差法等方法。时差法是已知发射换能器和接收换能器之间的距离,用传播的时间反算出声速。物理学家 Daniel Colloden 于 1827 年在日内瓦湖中,通过两艘相距约 1 万 m 的小船,采用简易的装置,使用时差法第一次算出水中的声速(图 3.2-1)。

超声光栅法利用了声波是机械波这一特性,机械波传播速度有

$$C = \lambda f \tag{3.2-1}$$

式中:λ 为声波波长;f 为声波频率。

声波是纵波,其在传播过程中,声压会使得液体分子产生周期性变化,从而使得液体的折射率形成周期性变化。当声波在壁面上反射,反射波与入射波相叠加,在一定条件下会形成纵向的驻波。此时若以一组平行光垂直射入,就可形成类似光栅的现象,这就是超声光栅(图 3.2-2)。通过相应的光学知识,可以由两条光栅之间的距离算出声波波长 λ,声波频率则可由换能器性能得知,从而可以算得声波在水体中的传播速度。

图 3.2-1　Daniel Colloden 测量水中声速

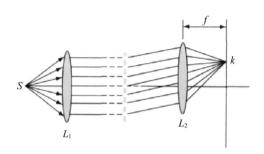

图 3.2-2　超声光栅示意图

3.2.2　温度对声速的影响

　　为了定量地了解温度对声速的影响,研究人员进行了大量的研究工作。最常见的做法是采用各种方法实测不同水温中的声速,并采用最小二乘法拟合水温与声速之间的关系。

　　罗懿宸等采用共振干涉法,搭建超声光栅测量声速,研究了不同水温中的声速,建立了声速-水温的相关关系。根据试验数据,声速与温度之间呈线性关系。此外,试验还发现不同频率的超声波随温度变化的情况略有区别。肖安琪等同样采用超声光栅测量声速,研究了清水和 3‰NaCl 溶液中的声速与温度的关系,研究表明清水和 3‰NaCl 溶液中,声速与温度同样呈线性关系,同时,3‰NaCl 溶液中声速随温度的变幅比清水中大。岑敏锐同样研究了温度在 10~35℃时清水中声速与温度的关系,研究得出声速与温度呈二次方关系。刘艳峰用时差法测得蒸馏水和自来水中的声速与温度的关系,相比于蒸馏水,自来水中温度和声速的关系更为复杂。

　　声速对水深测量误差的贡献可表示为

$$E = D \frac{\Delta C}{C_0} \left[1 - 2\tan^2(\alpha_0) + 2\tan(\beta)\tan(\alpha_0) \right] \qquad (3.2-2)$$

式中：E 为由声速引起的水深误差；α_0 为折射角的补角；β 为河床底坡坡角；ΔC 为声速变化量；C_0 为折射介质声速；D 为水深值。

从式(3.2-2)可以看出，该误差由三部分组成：第一部分为垂直误差；第二部分是由声线弯曲引起的水深误差；第三部分代表回波的位置偏移以及斜坡区的位置偏移引起的水深误差。

3.2.3　声线弯曲现象

声波在不同介质中穿过时会产生反射和折射现象(图 3.2-3)。声波的折射遵循 Snell 定律，即有

$$\frac{C_1}{\cos\varphi_1} = \frac{C_2}{\cos\varphi_2} \qquad (3.2-3)$$

式中：φ_1 为入射角；φ_2 为折射角；C_1 为入射声速；C_2 为折射声速。

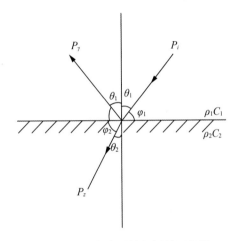

图 3.2-3　声波反射和折射示意图

当水体中温度变化明显时，声速变化较大，也应将其视为两种不同介质，声波在传播时会发生折射。当声波非垂直入射时，其传播路径就会产生一连串的偏移，这一现象被称为声线弯曲现象。

随着科技的进步，多波束系统已经被广泛应用于各种水下地形测量中。多波束系统相比于单波束测深仪，声波信号的开角较大。因此，多波束系统受到声线弯曲现象的影响较大(图 3.2-4)。多波束系统在应用过程中，声速的正确与否直接影响着水深测量结果。

为了解决多波束系统声线弯曲现象，获得正确的水深测量结果，可采用声线跟踪技术进行声速补偿。声线跟踪的基本思想是用声波入射到水底的时间减掉声线在每层水

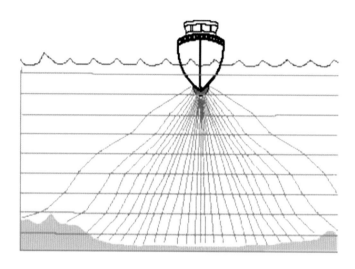

图 3.2-4　多波束系统声线弯曲现象示意图

体中传播所用的时间,一直减到零为止。这时声线的终点即为声线到达水底的实际位置。由于水体中的温度分布近似沿水深方向,因此声速也可视为沿水深方向变化。设声速沿水深方向分布为 $C(z)$,声波入射角为 α_0,声源位于 $x=0$、$z=z_1$ 处,接收点位于 (x,z) 处,可以根据下列积分求出声线经过的水平距离:

$$x = \cos \alpha_1 \int_{z_1}^{z} \frac{\mathrm{d}z}{\tan \alpha(z)} \tag{3.2-4}$$

根据 Snell 定律可得

$$x = \cos \alpha_1 \int_{z_1}^{z} \frac{\mathrm{d}z}{\sqrt{n^2(z) - \cos^2 \alpha}} \tag{3.2-5}$$

式中:$n = C(z_1)/C(z)$。显然,对于恒定声速梯度情况,轨迹是一条弧线。有时,直接根据声线轨迹图来求水平距离更为方便,其基本关系式为

$$x = \frac{C(z_1)}{g \cos \alpha_1} \mid \sin \alpha_1 - \sin \alpha(z) \mid \tag{3.2-6}$$

式中:g 为绝对声速梯度,$g = \mathrm{d}C/\mathrm{d}z = C_0 \alpha$。

3.2.4　常用的声速经验公式

在野外测量过程中,河道的水温通常不是一个定值,而是随空间变化的变量。最常用的声速确定方法有直接法和间接法。直接法是直接使用各类声速仪测量(图 3.2-5)。间接法则是利用经验模型进行计算。直接法结果准确,间接法操作简单。在河道测量中,间接法的应用较为广泛。但是,当水深较大,水体温度分层明显时,需要使用直接法测量声速剖面,并对测量结果进行修正。常用的声速经验公式有

$$C = 1\,499.2 + 4.632T - 0.054T^2 + 1.391(S-35) + 0.017D \qquad (3.2\text{-}7)$$

$$C = C' + C_p$$

$$C' = 1\,448.6 + 4.618T - 0.052\,3T^2 + 0.000\,23T^3 + 1.25(S-35) - 0.11(S-35)T +$$
$$2.7 \times 10^{-8}(S-35)T^4 - 2 \times 10^{-7}(S-34)^4(1 + 0.577T - 0.007\,2T^2)$$

$$C_p = 0.160\,518D + 1.027\,9 \times 10^{-7}D^2 + 3.451 \times 10^{-12}D^3 - 3.503 \times 10^{-16}D^4$$
$$(3.2\text{-}8)$$

$$C = 1\,448.96 + 4.591T - 0.053\,04T^2 + 2.374 \times 10^{-4}T^3 + 1.34(S-35) +$$
$$0.016\,3D + 1.675 \times 10^{-7}D^2 - 0.010\,25T(S-35) - 7.139 \times 10^{-13}TD^3$$
$$(3.2\text{-}9)$$

式中:C 为声速,m/s;T 为温度,℃;S 为盐度,‰;D 为水深,m。

上述公式多是在海洋测绘中归纳总结出来的,均考虑了温度、盐度和水深的影响,但是有一些经验公式结构较为复杂,不便于在河道测绘工程中应用。在进行河道测绘时,应选择合适且简单易操作的声速公式。《水道观测规范》(SL 257—2017)建议使用的经验公式为

$$V = 1\,410 + 4.21T - 0.037T^2 + 1.14S \qquad (3.2\text{-}10)$$

图 3.2-5 声速剖面仪示意图

3.3 含沙量对测深的影响

自然条件下河道中通常是水沙两相流,声波信号在传播过程中的损失相比于纯水中会更大。当水体中含沙量较大时,声波信号损失过大,可能会导致换能器无法接收到足够强度的反射信号,从而影响测深作业。孙剑雄等在实验室中使用声学多普勒流速仪(ADV)模拟了野外实际测量,结果表明,当水体含沙量大于 14.36 kg/m³ 时,ADV 发出的声波信号无法被接收。此外,由于泥沙颗粒对声波的影响,含沙水体中声速同样随着

含沙量的变化而发生变化。

3.3.1 声传播损失

声波在水体中传播衰减的原因,主要有 3 个方面:扩展损失、吸收损失和散射。扩展损失是声波在传播过程中由于波阵面的扩展而引起的声衰减;吸收损失是在不均匀介质中,由于介质的黏滞、热传导等作用所导致的声衰减;散射是由于介质中的气泡、泥沙等不均匀体所导致的声衰减。通常而言,散射的作用是远小于扩展损失和吸收损失的。

在水声学中,常用的传播损失 TL 是度量声波传播衰减的物理量,其表达式为

$$TL = 10\lg \frac{I(1)}{I(r)} \tag{3.3-1}$$

式中:$I(1)$ 和 $I(r)$ 分别是距离声源等效声中心 1 m 和 r 处的声强。

(1)声传播的扩展损失

声波在传播过程中可分为平面波、球面波、柱面波。各种波形的声波的扩展损失可表达为

平面波: $$TL_1 = 10\lg \frac{I(1)}{I(r)} = 0 \tag{3.3-2}$$

球面波: $$TL_1 = 10\lg \frac{I(1)}{I(r)} = 20\lg r \tag{3.3-3}$$

柱面波: $$TL_1 = 10\lg \frac{I(1)}{I(r)} = 10\lg r \tag{3.3-4}$$

(2)声传播的吸收损失

吸收损失通常可以表示为

$$TL_2 = 10\lg \frac{I(0)}{I(x)} = 20\beta x \lg e \tag{3.3-5}$$

通常定义吸收系数 $\alpha = 20\beta \lg e = 8.69\beta$,则有 $TL_2 = \alpha x$,即吸收损失等于吸收系数与传播距离的乘积。吸收系数是一个受到多种因素影响的变量,现阶段仍较少有理论推导,多是在大量测量结果下的半经验公式。Schulkin 和 Marsh 给出的经验公式为

$$\alpha = 0.020\,3\,\frac{Sf_r f^2}{f_r^2 + f^2} + 0.029\,4\,\frac{f^2}{f_r} \tag{3.3-6}$$

式中:f 为声波频率;f_r 为弛豫频率,$f_r = 21.9 \times 10^{\left(6 - \frac{1\,520}{T+273}\right)}$。

(3)声传播的散射

声波在介质中传播时,碰到泥沙颗粒、气泡等障碍物会向不同方向散射,从而导致声衰减。散射的问题比较复杂,它既与介质的性质有关,又与障碍物的性质、尺寸及其数目有关。

可以将泥沙颗粒视为刚性小球。刚性小球表面的边界条件需满足入射波与散射波

的径向质点速度叠加等于 0,即

$$v_{\text{in}} + v_s = 0 \tag{3.3-7}$$

式中:v_{in} 为入射波径向质点速度;v_s 为散射波的径向质点速度。

入射波径向质点速度有

$$v_{\text{in}} = \frac{i}{\rho_1 c_1} \frac{\partial P_{\text{in}}}{\partial (kr)} = \frac{A}{\rho_1 c_1} \sum_{n=0}^{\infty} (-i)^{n+1} (2n+1) P_n \cos\theta \left[-\frac{\partial j_n(kr)}{\partial (kr)} \right] \tag{3.3-8}$$

散射波的径向质点速度为

$$v_s = \frac{\mathrm{e}^{i\omega t}}{\rho_0 c_0} \sum_{n=0}^{\infty} B_n P_n(\cos\theta) \left[\frac{\partial h_n^{(2)}(kr)}{\partial (kr)} \right] \tag{3.3-9}$$

故来自刚性球的散射声压为

$$P_s = \sum_{n=0}^{\infty} B_n P_n(\cos\theta) h_n^{(2)}(kr) \mathrm{e}^{i\omega t} \tag{3.3-10}$$

通过化简式(3.3-7)至式(3.3-10)可以求得散射声压为

$$P_s = -A \sum_{n=0}^{\infty} (-i)^{n+1} (2n+1) \sin\delta_n(kr_0) \mathrm{e}^{i\delta_n(kr_0)} P_n \cos\theta h_n^{(2)}(kr_0) \tag{3.3-11}$$

为了研究超细颗粒悬浊液中的声学特性,研究者提出了一些数学模型。常见的模型有 ECAH 模型、Harker & Temple 模型、BLBL 模型、McClements 模型等。苏明旭和蔡小舒通过数值模拟,认为 ECAH 模型较为全面地考虑了黏性、热传导、声散射 3 个因素在声波传播中的作用,它的数值模拟结果准确性最高。Harker & Temple 模型主要考虑了黏性衰减机制,BLBL 模型则侧重于散射引起的衰减效应。

①ECAH 模型

ECAH 模型以单颗悬浮颗粒为研究对象,通过考虑质量、动量和能量的守恒方程,推导出相速度和衰减的复波动方程。当平面压缩波入射到液固界面球面上,在颗粒体的内部和外面会产生一组压缩波、热波和剪切波,分别从边界进入球体和返回到液体介质中,如图 3.3-1 所示。

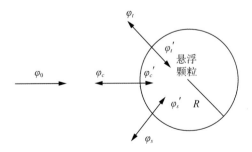

图 3.3-1　各向同性颗粒表面 3 种波的散射

图 3.3-1 中，φ_0 为入射波，φ_c 为压缩波，φ_t 为热波，φ_s 为剪切波。6 个波的振幅是相互关联的，对它们求解以确定 6 个待定系数 A_n、B_n、C_n、$A_n{'}$、$B_n{'}$、$C_n{'}$，则有

$$\boldsymbol{A}\left[A_n, B_n, C_n, A_n{'}, B_n{'}, C_n{'}\right]^{\mathrm{T}} = \boldsymbol{b} \tag{3.3-12}$$

6 阶线性方程组由波动方程代入边界条件得到，矩阵 $\boldsymbol{A}$ 和向量 $\boldsymbol{b}$ 中的元素可由连续介质的物性参数、颗粒的物性参数以及颗粒的半径求得。求解该线性方程组得到系数 A_n，然后可按下式确定悬浊液中的复波数：

$$\left(\frac{\beta}{k_c}\right)^2 = 1 + \frac{3\varphi}{\mathrm{j}k_c^3 R^3}\sum_{n=0}^{\infty}(2n+1)A_n \tag{3.3-13}$$

式中：φ 为悬浮颗粒的体积浓度；R 为悬浮颗粒的半径；k_c 为连续介质中的波数；β 为悬浊液中的复波数，$\beta = \omega/c_s\omega + \mathrm{j}\alpha_s\omega$，其中 $\mathrm{j} = \sqrt{-1}$，ω 为角频率，α_s、c_s 分别为衰减系数和声速。

与其他模型相比，ECAH 模型也有其明显缺点，其一是使用 ECAH 模型进行计算，需要预先知道颗粒和连续相中较多的物性参数，而在实际应用中，很多物性参数并不能准确获得，这增加了将该模型应用于各种颗粒两相流研究中的困难；其二是相对其他模型，ECAH 模型更复杂，求解的难度更大。

②Harker & Temple 模型

Harker 和 Temple 从水动力学的观点考虑悬浊液中的声波动现象，推导出了相间相互作用的黏性阻力方程，以及每一相独立的动量和质量守恒方程。对这些微分方程同时求解可以导出复波数方程，即

$$\beta^2 = \omega^2\left[(1-\varphi)\kappa_t + \varphi\kappa_t{'}\right] \times \frac{\rho\left[\rho{'}(1-\varphi+\varphi S) + \rho S(1-\varphi)\right]}{\rho{'}(1-\varphi)^2 + \rho\left[S + \varphi(1-\varphi)\right]} \tag{3.3-14}$$

式中：κ_t 为等温压缩系数。

$$S = \frac{1}{2}\left(\frac{1+2\varphi}{1-\varphi}\right) + \frac{9\delta}{4R} + \frac{9}{4}j\left(\frac{\delta}{R} + \frac{\delta^2}{R^2}\right) \tag{3.3-15}$$

其中：$\delta = \sqrt{2\eta/\omega\rho}$，称为黏性集肤深度。

除了理论推导，研究者还通过试验对含沙水流中声衰减的现象进行了研究。Urick 进行了大量的衰减试验，研究了含沙量和声波频率与衰减系数的关系。结果表明，含沙量增大，衰减系数随之增大；声波频率与衰减系数同样呈正相关。方彦军和唐懋官使用黄河天然沙在水槽水流中进行了试验，得出了同样的结论。试验结果认为黄河天然沙的含沙量 S 与声衰减系数 α 之间的关系为

$$S = 2\,380.9\alpha - 42.8 \tag{3.3-16}$$

试验还表明衰减系数随温度增大而减小。

3.3.2　含沙量对声速的影响

声波在含沙水流中传播时,声速不但取决于组成成分的性质和含量,而且受到液体-固体界面黏滞摩擦、粒子散射等相互作用的影响。含沙浓度较低时,相互作用仅限于固液两相之间;对于高浓度悬浮液,由于液相被显著增稠,颗粒间距过小,其相互作用更为复杂。

在其浓度尚未达到颗粒接触和不考虑散射作用的情况下,含沙水流声速的表达式为

$$C = \left(\frac{K}{\rho}\right)^{1/2} \left\{\frac{2(\theta^2 + Q^2)}{\theta^2 + PQ + [(\theta^2 + Q^2)(\theta^2 + P^2)]^{1/2}}\right\}^{1/2} \tag{3.3-17}$$

其中: $K = \left(\frac{v_1}{K_1} + \frac{v_2}{K_2}\right)^{-1}$; $P = \frac{\rho_2 v_2}{\rho_1 v_1 + \rho_2 v_2} + \tau$; $Q = \frac{\rho_2 v_1^2}{\rho_1} + v_1 v_2 + \tau$; $\tau = 0.5 + \frac{9}{4\beta\alpha}$; $\theta = \frac{9}{4\beta\alpha} + \left(1 + \frac{1}{\beta\alpha}\right)$; $\beta = \left(\frac{\omega}{2\mu}\right)^{1/2}$; K_1 和 K_2 分别是液体相和固体相的体积模量; μ 为液相的运动黏度; α 为固体颗粒的半径(假定其大小均一); $\omega = 2\pi f$, f 为声波频率。

对式(3.3-17)进行 $\beta\alpha$ 求导,所得导数大于 0,即声速随频率升高、粒径增大和黏度降低而单调升高。在极端情况下:

当 $\beta\alpha \ll 1$ 时,

$$C = \left(\frac{K}{\rho}\right)^{1/2} \tag{3.3-18}$$

这时声速随频率和粒径单调增加;

当 $\beta\alpha \gg 1$ 时,

$$C = \left(\frac{K}{\rho}\right)^{1/2}\left(\frac{Q}{P}\right)^{1/2} \tag{3.3-19}$$

这时声速随含沙浓度单调增加。

关于泥沙对声速的影响,研究者同样进行了大量的试验。黄建通等分别使用共振干涉法、相位法、时差法测量了不同含沙量下超声波的声速,研究表明含沙量与声速之间没有明显的关系。贺焕林同样采用时差法测量了黄河浑水的声速,结果表明水体含沙量为 $640\,\mathrm{kg/m^3}$ 时声速有最小值。孙承维和魏墨盒分别用 $533\,\mathrm{kHz}$ 和 $2.5\,\mathrm{MHz}$ 频率的超声波测量了不同浓度浑水的声速,结果表明: $533\,\mathrm{kHz}$ 声波的声速在浓度为 10% 时会出现极小值,而 $2.5\,\mathrm{MHz}$ 声波的声速和浓度关系中几乎没有极小值出现。结果还表明,在同样的泥沙浓度下, $2.5\,\mathrm{MHz}$ 声波的声速比 $533\,\mathrm{kHz}$ 声波的声速更大。

3.3.3　含沙量分布规律

受重力作用影响,水体中含沙量通常呈现沿垂线分布规律。在对含沙量分布的研究中,具有代表性和实用性的是罗斯公式。二维恒定均匀流中,平衡情况下含沙量沿垂线分布的微分方程式为

$$\omega \overline{S} + \varepsilon_s \frac{\mathrm{d}\overline{S}}{\mathrm{d}y} = 0 \tag{3.3-20}$$

式中：ω 为泥沙沉速，ε_s 为悬移质扩散系数。

罗斯从该公式出发，做出两个假设，分别为：①泥沙沉速沿水深为定值；②悬移质扩散系数 ε_s 等于动量交换系数 ε_m。采用卡曼-普兰特尔对数流速分布公式来确定动量交换系数 ε_m：

$$\frac{\overline{u}_{\max} - \overline{u}}{U_*} = \frac{1}{k} \ln\left(\frac{h}{y}\right) \tag{3.3-21}$$

其中：$\overline{u}_{\max}$ 为垂线上最大时均流速；$\overline{u}$ 为垂线上时均流速；U_* 为摩阻流速；k 为卡曼常数；h 为水深。

在二维恒定均匀流中，有

$$\tau = \rho \varepsilon_m \frac{\mathrm{d}\overline{u}}{\mathrm{d}y} \tag{3.3-22}$$

$$\tau = \tau_0 \left(1 - \frac{y}{h}\right) \tag{3.3-23}$$

其中：τ_0 为作用在床面上的水流切应力；h 为水深，可求得

$$\varepsilon_s = \varepsilon_m = \frac{\tau_0 \left(1 - \dfrac{y}{h}\right)}{\rho \dfrac{\mathrm{d}\overline{u}}{\mathrm{d}y}} \tag{3.3-24}$$

对式(3.3-21)求导数，可得

$$\frac{\mathrm{d}\overline{u}}{\mathrm{d}y} = \frac{U_*}{k} \times \frac{1}{y} \tag{3.3-25}$$

因此，

$$\varepsilon_s = \varepsilon_m = \frac{\tau/\rho}{\mathrm{d}\overline{u}/\mathrm{d}y} = \frac{\tau_0(1 - y/h)}{\rho \, \mathrm{d}\overline{u}/\mathrm{d}y} = kU_*(1 - y/h)y \tag{3.3-26}$$

将其代入式(3.3-20)，可得

$$\omega \overline{S} + kU_*(1 - y/h)y \frac{\mathrm{d}\overline{S}}{\mathrm{d}y} = 0 \tag{3.3-27}$$

设参考点 $y = a$ 处的时均含沙量 $\overline{S}_a$ 已知，对上式在 a 到 y 范围内积分，则得到

$$\frac{\overline{S}}{\overline{S}_a} = \left(\frac{h/y - 1}{h/a - 1}\right)^{\frac{\omega}{kU_*}} \tag{3.3-28}$$

该式即为二维恒定均匀流在平衡情况下,时均含沙量沿垂线分布的计算公式。由于该式由罗斯在1937年提出,因此又被称为罗斯公式。

3.4　泥沙密实度对测深的影响

3.4.1　声波在沉积层中的反射

随着水利工程的发展,金沙江及其下游修建了三峡、乌东德、白鹤滩、溪洛渡、向家坝等许多大型水库。水库兴建后,库区河床发生明显的淤积,在原有的基岩上形成一层沉积层,有些地方的泥沙淤积甚至会达到数十米。声波信号在沉积层中的运动特质与基岩上的反射会有一定的区别,从而可能对水深测量造成影响。

声波在沉积层中的运动过程比较复杂:声波信号以 θ_3 入射角行进至水体和沉积层分界处,会产生一个反射波和一个折射波,反射波向水面传播,折射波则继续沿水深方向传播,至基岩和沉积层分界面时,又产生反射和折射,反射回去的声波在沉积层和水体分界面又产生反射和折射,这个运动一直循环下去(图3.4-1)。记水体中的各次反射波叠加为 p_1,沉积层中的各次反射波叠加为 p_2,基岩中的各次折射波叠加为 p_3。

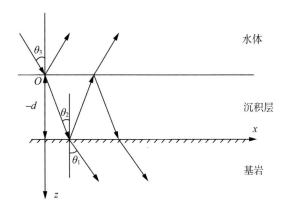

图 3.4-1　声波在沉积层中反射示意图

(1) 介质中的声压表达式

设入射波的声压为1,三种介质中的声压可表示为

水体：
$$p_3 = e^{jk_3(z+d)\cos\theta_3} + Ve^{-jk_3(z+d)\cos\theta_3} \tag{3.4-1}$$

沉积层：
$$p_2 = Ae^{jk_2 z\cos\theta_2} + Be^{-jk_2 z\cos\theta_2} \tag{3.4-2}$$

基岩：
$$p_1 = We^{jk_1 z\cos\theta_1} \tag{3.4-3}$$

式中:ω 为声波频率;k 为不同介质中声波的波数;V、W 分别是介质层的反射系数和折射系数;d 为沉积层厚度。

（2）分界面上的输入阻抗

在空间中，设质点声压为 p，其振速法向分量为 v_n，它们的比值 Z_n 被称为阻抗，即

$$Z_n = \frac{p}{v_n} \tag{3.4-4}$$

声压和振速在空间中是连续的，因此阻抗也是连续的。设 $z = 0$ 处为不同介质的分界面，则有

$$Z_n(0) = \frac{p(0)}{v_n(0)} \tag{3.4-5}$$

将其称为界面输入阻抗，记为 Z_{ru}。记 $Z_i = \frac{\rho_i c_i}{\cos\theta_i}$（$i = 1,2,3$）表示介质 i 中的声阻抗，当 $z = 0$ 时，有

$$Z_{ru}^{(1)} = Z_2 \frac{A+B}{A-B} \tag{3.4-6}$$

当 $z = -d$ 时，有

$$Z_{ru}^{(2)} = Z_2 \frac{A\mathrm{e}^{-jk_2 d\cos\theta_2} + B\mathrm{e}^{jk_2 d\cos\theta_2}}{A\mathrm{e}^{-jk_2 d\cos\theta_2} - B\mathrm{e}^{jk_2 d\cos\theta_2}} \tag{3.4-7}$$

联立上述两式可得

$$Z_{ru}^{(2)} = Z_2 \frac{Z_{ru}^{(1)} - jZ_2\tan(k_2 d\cos\theta_2)}{Z_2 - jZ_{ru}^{(1)}\tan(k_2 d\cos\theta_2)} \tag{3.4-8}$$

由于输入阻抗的连续性，由式（3.4-2）和式（3.4-3）计算所得的输入阻抗 $Z_{ru}^{(1)}$ 相同，即

$$Z_{ru}^{(1)} = \frac{\rho_1 c_1}{\cos\theta_1} = Z_1 \tag{3.4-9}$$

因此，在界面 $z = -d$ 上的输入阻抗可表示为

$$Z_{ru}^{(2)} = Z_2 \frac{Z_1 - jZ_2\tan(k_2 d\cos\theta_2)}{Z_2 - jZ_1\tan(k_2 d\cos\theta_2)} \tag{3.4-10}$$

（3）声压反射系数

由声学相关基础知识可知，在两种介质分界面上，声压反射系数为

$$V = \frac{Z_2 - Z_1}{Z_2 + Z_1} \tag{3.4-11}$$

式中：Z_2 和 Z_1 分别是分界面上下两层介质的声阻抗。将输入阻抗的表达式代入，上式仍可成立，即

$$V = \frac{Z_{ru}^{(2)} - Z_3}{Z_{ru}^{(2)} + Z_3} \tag{3.4-12}$$

由式(3.4-8)可知，$Z_{ru}^{(2)}$ 可由 $Z_{ru}^{(1)}$ 推算得出，它具有递推性，因此上式用于讨论介质层上的声波反射是十分方便的。

3.4.2　沉积层的声波传播理论

沉积物声波传播理论主要包括流体理论、弹性理论及多孔弹性理论等几种理论。这三种类型的声波传播理论均可归入"等效介质"理论的范畴，由于声波波长远大于沉积物颗粒的尺寸，可以把海底沉积物看作连续介质，该连续介质的物理参数和声学参数可以通过求取一定范围内不同的微观测量值的平均值而获得。如果声波频率很高，声波波长与颗粒及孔隙的尺寸差不多，此时等效介质理论不能正确描述沉积物中的波动现象。

（1）流体理论

流体理论假定沉积物中声波引起的应力可以用压力场和相应的波动方程来描述，其所需要的主要参数包括声速、声衰减及沉积物和水的密度等。该理论将沉积物看成连续介质，把一定体积内包含许多沉积物颗粒的物理参数平均值作为沉积物物理参数的数值，对一定体积的沉积物单元体的等效密度和等效体积模量建立方程，并得到沉积物声速的计算公式，即 Wood 方程。

该方程忽略了沉积物颗粒间相互接触产生的力，也没有考虑孔隙流体与介质骨架间的相对运动，即忽略了惯性力和黏滞力，因此其具有很大的声速预测误差和应用局限性。沉积物单元体的等效密度 ρ_0 和等效体积模量 K_b 的表达式分别为

$$\rho_0 = N\rho_w + (1-N)\rho_g \tag{3.4-13}$$

$$\frac{1}{K_b} = \frac{N}{K_w} + \frac{1-N}{K_g} \tag{3.4-14}$$

由此可得沉积物声速的计算公式：

$$C_0 = \sqrt{\frac{K_g K_w}{[N\rho_w + (1-N)\rho_g][NK_g + (1-N)K_w]}} \tag{3.4-15}$$

其中：N 为孔隙度；ρ_w 为水的密度；ρ_g 为沉积物颗粒的密度；K_w 为水的体积模量；K_g 为沉积物颗粒的体积模量。

（2）弹性理论

弹性理论考虑了固体颗粒的弹性性质和流体理论所未考虑的剪切力的效应。对于黏土、粉砂和砂质沉积物，剪切波传播速度非常小，远低于海水的声速。

基于弹性理论，Gassmann 等建立和发展了 Gassmann 方程。该方程考虑了流体饱和多孔介质的固体颗粒骨架的弹性性质，但忽略了孔隙介质的孔隙流体和介质骨架间的相对运动，不适于讨论渗透系数较大的沉积物的声波传播特性。基于弹性理论和流体理

论，Buckingham 建立的 Buckingham 模型假定沉积物颗粒相互接触但没有胶结，颗粒间存在一种类似于黏滞作用的力，因此，该理论兼具流体和弹性固体的双重性质。Buckingham 根据沉积物的颗粒参数进行推断应变硬化指数、纵波刚度系数、剪切刚度系数等目前还不能直接观测的系数，并用来预测纵波波速和衰减、剪切波波速和衰减及其与频率、埋深、粒径和孔隙度的关系。Buckingham 在 Wood 方程基础上，以颗粒粒径为主要参数，建立了单一频率下近似流体沉积物的声速 C_p 预测方程

$$C_p = \sqrt{c_0^2 + \left(\frac{u_g}{u_0}\right)^{1/3} \frac{\mu_0}{\rho_0}} \tag{3.4-16}$$

其中：μ_0 为纵波摩擦刚性常数，取值为 2×10^9 Pa；u_g 为沉积物颗粒粒径；u_0 为参照粒径，取值为 $1\,000\ \mu m$。

（3）多孔弹性理论

Biot 同时考虑介质的孔隙性与弹性，用来描述弹性波在固体和流体应力相互作用下的传播特征，并建立了 Biot 理论，这是一种经典多孔弹性理论。Biot 理论假定沉积物是固相和液相两相介质，孔隙流体的黏滞性造成了流体的相对运动，导致在孔隙介质传播中声波能量的衰减。Biot 理论模型是理想化下的模型，它有以下假定条件：①颗粒粒径比孔隙的尺寸大，但远小于声波的波长；②颗粒骨架与海水等流体的质点运动相对较小；③流体是连续的；④固体骨架具有均匀性和各向同性；⑤介质是饱和介质；⑥颗粒骨架与孔隙流体存在相对运动，流体流动符合广义达西定律；⑦孔隙是连通的，颗粒具有相同的尺寸；⑧忽略声波在传播过程中能量耗散产生的热效应；⑨孔隙流体与颗粒骨架不会发生化学反应；⑩忽略重力以及单一孔隙的散射影响。

Stoll 将 Biot 理论应用于海底沉积物介质中的声速和声衰减计算，建立了 Biot-Stoll 理论。该理论认为固体颗粒构成了与孔隙流体相耦合的弹性骨架，流体中的声波与骨架中的纵波和剪切波混合在一起，构成了三种波：快纵波、慢纵波和剪切波。该理论结合沉积物颗粒间胶结差、骨架模量低的特点，认为骨架耗散是声波能量衰减的重要原因，骨架耗散的大小与频率无关，而流体黏滞耗散则随频率的变化而变化。该理论模型的应用与参数的选取密切相关，理论本构方程涉及的 13 个参数通过测试或者曲线拟合的方法进行确定。参数主要分为三类：①液体的物理参数，包括密度、液体体积模量、黏滞系数等；②矿物颗粒的物理参数，包括颗粒密度、颗粒体积模量；③颗粒骨架的物理性质参数，包括孔隙度、剪切模量、体积模量、渗透率、孔隙弯曲因子等。其中弹性模量可表示为

$$D = K_g + \frac{K_g^2}{K_w} N - K_g N \tag{3.4-17}$$

$$\overline{H} = \frac{(K_g - \overline{K}_b)^2}{D - \overline{K}_b} + \overline{K}_b + \frac{4}{3}\overline{\mu}_b \tag{3.4-18}$$

$$\overline{C} = \frac{K_g (K_g - \overline{K}_b)}{D - \overline{K}_b} \tag{3.4-19}$$

$$\overline{M} = \frac{K_g^2}{D - \overline{K}_b}$$

(3.4-20)

式中：$\overline{K}_b$ 为颗粒骨架的体积模量，$\overline{K}_b = K_0(1 + i\delta_k)$；$\overline{\mu}_b$ 为颗粒骨架的剪切模量，$\overline{\mu}_b = \mu_0(1 + i\delta_\mu)$。

根据 Biot-Stoll 理论，频率域的纵波传播方程可以写成

$$\begin{vmatrix} H\overline{k}^2 - \rho\omega^2 & \rho_w\omega^2 - C\overline{k}^2 \\ C\overline{k}^2 - \rho_w\omega^2 & m\omega^2 - Mt^2 - i\dfrac{\omega F\eta}{\kappa} \end{vmatrix} = 0$$

(3.4-21)

式中：$\overline{k}$ 为复波数，$\overline{k} = \dfrac{\omega}{c_b} + i\alpha$；$\rho$ 为沉积物容积密度；η 为黏滞系数；κ 为渗透系数；ω 为角频率，m 为有效流体密度，$m = \alpha\rho_w/N$，α 为孔隙弯曲因子；F 为高频校正因子；H、C、M 为 Biot-Stoll 模型引入的模量。由此可以得到声速 c_b 的计算公式：

$$C_b = \mathrm{Re}\left(\frac{\omega}{\overline{k}}\right)$$

(3.4-22)

3.4.3　沉积层的声学特性

沉积层的声学参数包括沉积层中纵波和横波的传递速度、声衰减系数、声阻抗系数等。现有的研究通常是将沉积层的声学特性和沉积物的物理参数相联系，如沉积物的密度、孔隙率、密实度等。从 20 世纪 70 年代开始，大量学者对海洋中沉积层的声学特性进行了研究。Hamilton 等在 70 年代至 80 年代进行了大量取样试验，将海底分为大陆架、深海丘陵和深海平原，建立了不同海域沉积层声学特性和不同物理参数之间的关系：

基于孔隙率 $\eta(\%)$，有

$$C = 2\,502.0 - 23.45\eta + 0.14\eta^2 \text{（大陆架）}$$

(3.4-23)

$$C = 1\,410.6 + 1.177\eta \text{（深海丘陵）}$$

(3.4-24)

$$C = 1\,564.6 - 0.597\eta \text{（深海平原）}$$

(3.4-25)

基于密度 $\rho(\mathrm{g/cm^3})$，有

$$C = 2\,330.4 - 1\,257.0\rho + 487.7\rho^2 \text{（大陆架）}$$

(3.4-26)

$$C = 1\,591.5 - 63.4\rho \text{（深海丘陵）}$$

(3.4-27)

$$C = 1\,476.7 + 29.7\rho \text{（深海平原）}$$

(3.4-28)

基于平均粒径 $M_Z(\phi)$，有

$$C = 1\,952.5 - 86.26M_Z + 4.14M_Z^2 \text{（大陆架）}$$

(3.4-29)

$$C = 1\,594.3 - 10.2M_Z \text{（深海丘陵）}$$

(3.4-30)

$$C = 1\,609.7 - 10.8M_z \quad (\text{深海平原}) \tag{3.4-31}$$

Anderson 考虑水深,建立了声速、平均粒径和孔隙度与声速的经验公式。卢博、梁元博等根据南海、东海等海域的实测资料建立了基于孔隙度 η、含水量 ω 的声速经验方程。

沉积物声衰减的研究途径主要有两种:一是通过建立理论模型,分析声波衰减与物理力学参数、频率之间的关系,进而得到声波在传播过程中衰减的机制;二是通过实际测量试验,分析海底沉积物的声衰减系数与物理参数之间的关系,通过统计拟合分析,建立声衰减的数据模型。Boit 认为在两相流体中,孔隙流体的黏滞性是导致声波在介质传播过程中能量衰减的主要原因。Hamilton 认为固体颗粒间的相互摩擦是声波在传递过程中能量衰减的主要原因。此外,Hamilton 通过实际测量,认为声衰减系数与频率近似呈线性关系。而 Stoll 从理论研究出发,认为声衰减因子与频率之间并非是线性关系,二者之间的关系式可表示为

$$\alpha = Kf^n \tag{3.4-32}$$

式中:α 为声衰减系数,dB/m;K 为衰减因子,与沉积物类型和环境有关;f 为声波频率;n 为频率的指数。

对于沙、淤泥与黏土而言,指数 n 可近似地看作 1。Hamilton、Best、Shumway 等人分别从沉积物平均粒径、孔隙度、颗粒组分出发研究了衰减因子 K 的变化情况。

3.4.4 沉积层对测深的影响

大量的研究结果表明,在使用回声测深仪的过程中,声波频率高时,回声测深仪精度高,分辨率好,但是在水中能量损失大;频率低时,声波能量损失小,能穿透一定厚度的淤泥层。

张俊等使用 DESO-17 双频测深仪在长江口航道进行了实际测量,也在实验室中构建了圆柱体水槽进行试验,结果表明,210 kHz 的高频超声波一般在泥沙重度为 12 kN/m³ 左右的界面发生反射,33 kHz 的低频超声波在泥沙重度为 13 kN/m³ 左右的界面发生反射。王宝成等在三峡蓄水初期,运用双频测深仪对不同容重的淤积层进行测量,发现当使用低频率(24 kHz)测量时,声波可以穿透容重为 0.5~1.08 t/m³ 的淤泥,穿透深度受到发生功率的影响,而高频率(100~200 kHz)的声波信号在容重为 0.18t/m³ 的河底表面介质上便能产生反射信号。李振鹏和涂进构建智慧无人船系统,采用 HY1602 测深仪对丹江口水库进行试验,试验分别使用 208 kHz 高频和 24 kHz 低频声波,结果表明,使用高频声波测得的试验区域平均河底高程为 95.19 m,低频声波测得的平均河底高程为 95.63 m,二者相差 0.44 m。

第四章
单波束测深技术

4.1 概述

20世纪20年代，单波束测深技术开始被应用到水深测量中，使得水深测量取得巨大飞跃。单波束测深仪通过换能器垂直向下发射单波束水声信号，测量声波到水底的往返时间，然后根据已知声速得出所测水深。单波束测深仪是一种较高精度的测深声呐，其性能适中、价格低廉、使用便捷，是使用最广泛的测深设备。

单波束测深是利用声波在水中的传播特性来测量水体深度的技术，通过水声换能器垂直向下发射和接收回波，并根据波束的往返时间以及声速确定水深。它的工作原理是通过换能器发射一定频率的声波，利用声波在水中传播时，遇到密度不同的介质（如水底或其他物体）会产生反射信号，根据声波往返的时间及其在所测区域水中的传播速度，求得换能器至反射目标的直线距离，即所测水深。

声波在均匀介质中作匀速直线传播，在不同界面上产生反射，利用这一原理，选择对水的穿透能力最佳、频率在1500 Hz附近的声波，在水面垂直向河底发射信号，并记录从声波发射到信号由水底返回的时间间隔，通过模拟或直接计算，测定水体的深度。

如图4.1-1所示，安装在测船下的换能器，垂直向水下发射一定频率的声波脉冲，以声速 C 在水中传播到水底，经反射或散射返回，被接收换能器所接收。设自发射脉冲声波的瞬时起，至接收换能器收到水底回波时间为 t，换能器的吃水深度为 D，则水深 H 为

$$H = \frac{1}{2}Ct + D \qquad (4.1\text{-}1)$$

利用回声测深仪进行河底地形测量的技术被称为

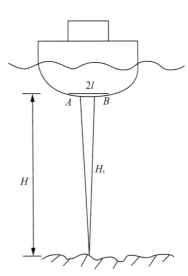

图 4.1-1　换能器安装示意图

常规测深技术,它对人类认识水底世界起到了划时代的作用。目前,随着计算机技术、数字信号处理与计算机图形成像技术的发展及其在测深设备中的应用,单波束回声测深仪的性能也得到快速提高。

4.2　测深仪安装平台

4.2.1　换能器垂直偏差影响

为了便于说明垂直偏差影响,将垂直偏差分解为沿着断面方向与垂直断面方向两个量来说明。沿着断面方向的偏差引起断面往返测偏差,按照 2°偏差,断面往返测偏差如图 4.2-1 所示。

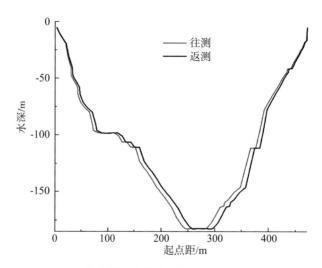

图 4.2-1　换能器垂直偏差引起断面方向偏差示意图

断面往返测偏差与两倍水深呈正相关,水深越大,该偏差越大。当偏角为 2°、水深 180 m 时,往返测偏差达 12 m。

垂直断面方向的偏差引起水深脚印点与实际断面位置偏差,如图 4.2-2 所示。

由图 4.2-2 可知,当换能器安装出现垂直偏差时,引起断面测量的水深脚印点偏离实际断面,偏移距离与水深成比例增加。若断面布设与水下等高线垂直,则偏差引起水深测量影响小,否则引起水深测量影响大。

4.2.2　测深仪换能器垂直安装

测深仪是水深测量主要设备,换能器是测深仪接收和反射声波的装置,换能器以一定方向性波束角发射及接收声波信号,其中央轴线即为声轴,换能器声轴垂直于换能器底面,当换能器底面水平,则换能器声轴垂直。目前在水深较小、地形平坦的水域,作业

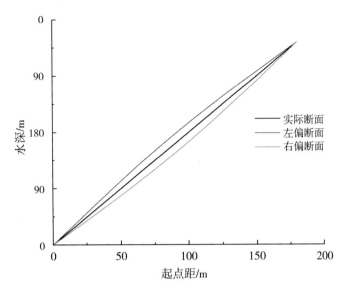

图 4.2-2　换能器垂直偏角引起断面偏离实际位置

一般未关注换能器的垂直度,但在水深较大、地形坡度较大的水域,换能器垂直度对水深测量结果影响较大,不仅影响水深测量结果,而且引入平面位置与水深匹配误差,波束角越大、地形越陡峭、水深越大,由声轴引起的水深误差越大,因此对于在深水、陡峭水域的作业,换能器安装垂直度对水深测量至关重要。

换能器垂直度,目前作业时通常采用换能器固定杆垂直度来评判,该方法是间接实现的,前提是换能器固定杆要严格垂直于换能器底面,其加工制作难度极大且成本高,再者即使初始加工得以实现,在受水流冲击、船舶机械振动、搬运等因素影响下,换能器固定杆垂直于换能器底面状态保持难度极大。

鉴于此,本节提出一种基于换能器底面水平度直接测定换能器垂直度的方法,该方法为直接法,主要通过硬件设计来实现垂直,其硬件主要包括换能器垂直安装基准平台、测深杆顶部水平气泡、测深杆固定及垂直调节装置。

4.2.2.1　换能器垂直安装基准平台

换能器垂直安装基准平台主要用来检验换能器底面的水平度。单波束测深仪换能器垂直安装装置包括安置平台、管水准气泡、固定脚、锁紧螺母、调节脚,该装置见图4.2-3。

测深仪换能器垂直安装基准平台用于放置测深仪换能器,其形状可为方形也可为圆形。如换能器有外置保护罩,平台尺寸应小于换能器内接正方形或圆形尺寸。通过调节安置平台的水平度实现换能器垂直的安装,最终实现换能器声轴垂直的目的。在安置平台上安装相互垂直的管水准气泡,用于指示调节安置平台的水平度,气泡居中,安置平台即水平。固定脚用于支撑平台,连接调节脚。调节脚用于调节安置平台的水平度。锁紧螺母用于锁紧调节脚,锁定调节脚状态。

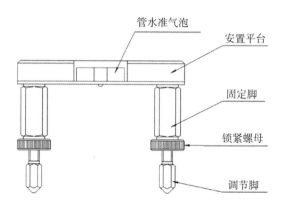

图 4.2-3 测深仪换能器垂直安装基准平台

4.2.2.2 测深杆顶部水平气泡

测深杆与换能器刚性连接,通过上述基准平台使换能器底面水平,此时通过调节螺钉使测深杆顶部水平气泡居中,即以顶部水平气泡为依据,实现换能器垂直安装。测深杆顶部水平气泡结构示意图见图 4.2-4。

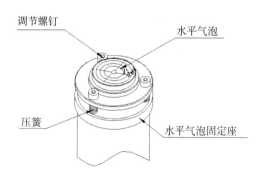

图 4.2-4 测深杆顶部水平气泡

水平气泡安置于测深杆顶面,水平气泡与测深杆之间通过调节螺钉固定,气泡底面与测深杆顶面的水平气泡固定座之间安装三个压簧,以使水平气泡底面与测深杆顶面水平度相同。

4.2.2.3 测深杆的船舷安装

测深杆与测船如不能牢固刚性安装,将产生高频机械噪声,干扰测深仪声波信号。测深杆与测船多采用悬挂安装,为使测深杆顶部水平居中,测深杆与测船刚性固定且保持测深杆顶部水平气泡居中,制造一个测深杆固定和垂直调节装置,装置结构见图 4.2-5。

测深杆的固定和垂直调节装置包括底座 1、连接件 2、测深杆 3、两个维度调节螺杆 4、抱箍 5。以换能器顶面水平气泡为依据,通过调节螺杆调节实现换能器垂直安装。

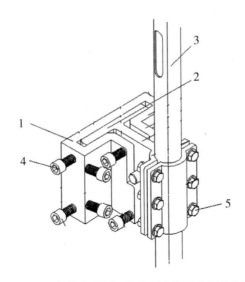

图 4.2-5 船舷安装测深杆的固定和垂直调节装置

4.2.2.4 测深杆的船轴安装

目前,已有部分测船采用船轴安装,如图 4.2-6 所示。船轴安装能有效减小测船晃动带来的测深误差,以提高测深精度。其缺点是安装及拆卸不便,并且要在船舶建造时进行设计。

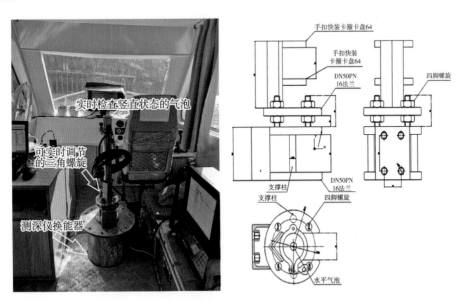

图 4.2-6 船轴安装测深杆的固定和垂直调节装置

4.2.3 测深仪换能器状态监测装置

测深仪换能器动吃水及换能器声轴垂直度状态对测深精度影响较大。换能器声轴不垂直对测深的影响前面已阐述,现主要对换能器吃水对测深的影响进行分析。水深测量计算式为

$$H=D+h \tag{4.2-1}$$

式中:H 为水深;h 为换能器底面到水底的距离;D 为换能器吃水。

换能器吃水误差将直接引入水深测量中。目前,静吃水多采用钢尺丈量,由于换能器底面到水线距离不易丈量,故主要采用在换能器入水前丈量换能器底面到测深杆顶部的距离,待换能器入水时,再丈量水线至换能器杆顶部距离;间接测量不仅精度受损,且难度大。对于动吃水,采用水准法进行动吃水测定时,需要将水准尺立于测深杆旁,动态作业时,水准尺易晃动,且浸水对水准尺损伤较大,换能器吃水误差直接引入水深误差。鉴于此,本节提出一种水深测量换能器状态测定工艺及制造方法,实现换能器初始安装状态良好且便于监控换能器实时动态精度,装置结构见图 4.2-7。

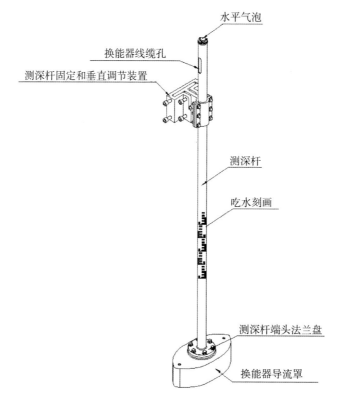

图 4.2-7 测深仪换能器状态测定装置结构图

测深仪换能器状态测定装置结构除包括前述顶部水平气泡及测深杆的固定和垂直

调节装置外,还包括测深杆端头法兰盘、换能器导流罩,并在测深杆侧壁加注吃水刻画,用于监测换能器吃水值。换能器垂直度监测由测深杆顶部水平气泡来实现。

通过该装置可以实现测深仪换能器初始安装垂直偏角优于 $0.5°$。

4.3　测深精度校准

目前,单波束测深仪在进行精度比测时,一般在比测槽进行。但比测槽受场地及建造的影响,不能进行较大水深的比测。而在水电站蓄水前,采用陆上观测仪器对不同高程测深基准场进行观测,得到不同基准场的准确高程值;在水电站蓄水后,可以用测深基准场的高程值对测深仪进行精确的比测。测深仪精度校准流程见图 4.3-1。

通过采集不同水深的基准场比测数据,通过回声探测仪对不同水深值进行定点和动态比测;计算不同水深比测数据的中误差;建立"水深-精度"数据模型,对回声测深仪的精度做了准确的判定;计算"水深-精度"数据模型的相关系数,通过相关系数的计算,充分证实了回声探测仪精度判定的可靠性,具有良好的经济效益和社会效益,适合推广使用。具体步骤如下。

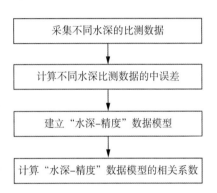

图 4.3-1　测深仪精度校准流程图

(1)采集水电站蓄水后不同水深的比测数据,对不同测深基准场不同的水位高程值进行定点比测,得到不同水深的比测数据。

陆上获取的数据的精度高于测深仪采集的数据精度。测深基准场应在水电站蓄水前在不同高程处布置,并采用陆上测量方式准确测量其测深基准场的坐标及高程。回声测深仪的观测数据应在测深基准场范围内,并在回声探测仪进行定点比测时,同步获取测深基准场范围内的水位值。

(2)计算不同水深比测数据的中误差的步骤包括:

对不同水深比测数据进行粗差剔除,其中粗差为 $2s$,当 $(H_i - \overline{H}) \geqslant 2s$ 时,说明 H_i 中含有粗差,将 H_i 剔除,其中,$s = \sqrt{\dfrac{\sum\limits_{i=1}^{n}(H_i - \overline{H})^2}{n}}$,H_i 为某一测深基准场某一水深值的第 i 个水深比测值,n 为某一测深基准场某一水深值的比测数量,$\overline{H}$ 为某一测深基准场某一水深值所有水深比测值的均值。对不同水深比测数据进行粗差剔除,有利于消除水位变化对水深比测值的影响。

在对不同水深比测数据进行粗差剔除之前,首先对不同水深比测数据进行校对,以剔除水深噪点,确保不同水深比测数据的准确性。然后,如果水体中存在温跃层,则应对水深进行声速剖面改正,以获得真实的水深比测值。

对粗差剔除后的不同水深比测数据进行中误差 σ_i 计算,其中, $\sigma_i = \sqrt{\dfrac{\sum\limits_{i=1}^{m}(H_i - H_{z_i})^2}{m}}$,

$H_{z_i} = H_{sw} - Z_j$, H_{z_i} 为与第 i 个水深比测值对应的测深基准场水深值, Z_j 为与第 i 个水深比测值对应的测深基准场高程值, H_{sw} 为与第 i 个水深比测值对应的水位高程值, m 为粗差剔除后与 H_{z_i} 对应的比测数量。

若基准场水深值采集的比测数量为 m 个,按 $\sigma_i = \sqrt{\dfrac{\sum\limits_{i=1}^{m}(H_i - H_{z_i})^2}{m}}$ 计算该基准场水深值的中误差。在不同水位采集不同的基准场水深值时,不同水位会对应多个中误差,多个中误差的设置增加了比测数据采集的多样性和广泛性,避免了使用单一"比测值"进行精度评定存在的缺陷。

(3)建立"水深-精度"数据模型的步骤包括:

根据"水深-精度"误差离散点统计数值采用一元线性回归分析法确定其数学模型,"水深-精度"误差离散点统计数值如表 4.3-1 所示。

首先,利用最小二乘法计算斜率 a , $a = \dfrac{m\sum H_i\sigma_i - \sum H_i \sum \sigma_i}{m\sum H_i^2 - (\sum H_i)^2}$ 。然后,根据斜率 a

和"水深-精度"误差离散点统计数值,利用待定系数法确定截距 b , $b = \dfrac{\sum \sigma_i}{m} - a\dfrac{\sum H_i}{m}$ 。

"水深-精度"数据模型的表达式为 $\sigma_i = aH_i + b$ 。根据"水深-精度"误差离散点统计数值建立"水深-精度"数据模型,从而推导出回声测深仪在不同水深时精度的计算公式,实现回声测深仪对不同水深的精度准确评定的效果。

根据表 4.3-1 的"水深-精度"误差离散点统计数值得出该回声测深仪的精度误差模型,如图 4.3-2 所示,水深 H 与精度 σ 的数据模型式为 $\sigma = \pm(0.00239H - 0.00178)$ 。

表 4.3-1　"水深-精度"误差离散点统计表

基准场名称	基准场高程/m	水位高程/m	基准场水深/m	比测点数/个	中误差/m
基准场 1	883.50	888.50	5.0	21	0.01
		890.50	7.0	16	0.02
基准场 2	849.74	868.84	19.1	18	0.04
		871.84	22.1	25	0.05
		875.44	25.7	19	0.07
基准场 3	853.52	893.52	40.0	32	0.08
		905.62	52.1	27	0.13

续表

基准场名称	基准场高程/m	水位高程/m	基准场水深/m	比测点数/个	中误差/m
基准场 4	810.82	871.72	60.9	31	0.16
		881.02	70.2	46	0.18
		894.82	84.0	35	0.20
基准场 5	761.16	865.16	104.0	29	0.26
		865.66	104.5	28	0.25
		871.16	110.0	43	0.23
		871.46	110.3	68	0.25
		873.36	112.2	64	0.27
		873.46	112.3	52	0.29
		874.26	113.1	48	0.29
		876.26	115.1	38	0.24
		877.26	116.1	45	0.24
		879.26	118.1	53	0.25
		879.36	118.2	38	0.25
		880.36	119.2	47	0.28
		890.96	129.8	43	0.32
		894.96	133.8	53	0.37
基准场 6	749.74	899.74	150.0	39	0.36
		900.34	150.6	47	0.37
		901.84	152.1	64	0.38
		904.54	154.8	58	0.36

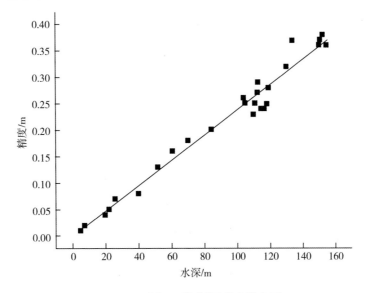

图 4.3-2 "水深-精度"误差离散点图

（4）计算"水深-精度"数据模型的相关系数 $r_{H\sigma}$，$r_{H\sigma} = \dfrac{\sum\limits_{i=1}^{m}(H_i - \overline{H})(\sigma_i - \overline{\sigma})}{\sqrt{\sum\limits_{i=1}^{m}(H_i - \overline{H})^2}\sqrt{\sum\limits_{i=1}^{m}(\sigma_i - \overline{\sigma})^2}}$，

相关系数 $r_{H\sigma}$ 取值范围为 $[-1,1]$，$\overline{\sigma}$ 为所有不同水深比测数据中误差 σ_i 的均值。$|r_{H\sigma}|$ 越接近1，说明变量 H 和变量 σ 的相关程度越高。相关系数 $r_{H\sigma}$ 的大小所代表的相关性如表 4.3-2 所示。

表 4.3-2　$|r_{H\sigma}|$ 的取值与相关程度

$|r_{H\sigma}|$ 的取值范围	0.00~0.19	0.20~0.39	0.40~0.69	0.70~0.89	0.90~1.00
相关程度	极低相关	低度相关	中度相关	高度相关	极高相关

需要特别注意的是，安装回声测深仪时，利用具有照准竖丝的全站仪、经纬仪和水准仪等辅助设备，使得回声测深仪换能器在船舶静止状态下处于竖直状态；安装 GNSS 天线时，利用具有照准竖丝的全站仪、经纬仪、水准仪或垂球等辅助设备，实现 GNSS 天线相位中心与回声测深仪相位中心处于同一竖直轴心线上；量取换能器吃水深度应准确；测定水体声速，如水体有温度梯度，应测定声速剖面数据。

利用回声测深仪采集比测数据，应同步采集测深基准场的坐标，根据已获取的原有基准场数据，在基准场坐标范围内进行比测数据采集，在对比测数据进行数据处理前应进行初筛，把基准场坐标范围外的数据剔除。在进行比测数据测量时应同时观测水位。

然后，对剔除后的不同深度的比测数据进行中误差计算，建立测深仪"水深-精度"数据模型，实现对测深仪精度准确评定的目的。

4.4　时间同步技术

回声测深仪是应用水声信号进行测距的常规水深测量设备，也是当今应用最普遍的探测设备。而 GNSS 定位设备对回声测深仪来说是不可或缺的，因为如果水深数据不知道是在什么位置测得的，那么该水深数据就没有意义，所以在水下地形测量时，通常需要将 GNSS 定位设备和回声测深仪一起使用，将二者的测量数据传输给工控机，在导航软件中将定位数据和水深数据一一对应进行记录、处理和保存，从而完成水下地形测量。

4.4.1　时间不同步问题

在常规的 GNSS 定位设备与回声测深仪的组合中，存在着定位数据与水深数据不同步的现象，从而使水下地形测量结果存在误差，这种现象是由多种因素造成的。

（1）定位数据和水深数据的采样率不一致，在两个定位数据之间可能存在多个水深数据，这样导航软件选取水深数据时是从两个定位数据之间的多个水深数据中随机选取一个水深数据，定位数据和水深数据就会在时间轴上造成误差。

（2）GNSS 定位数据通过物理串口直接给导航软件，而水深数据却通过虚拟串口给导航软件，这也会产生一个时间误差，导致定位数据和水深数据不同步。

（3）当船行进时，测深仪测深的原理是通过声的传播来测得水深，当前测到的水深值其实是之前发射声波位置的水深，但 GNSS 记录的是当前位置的信息，所以测深仪测得的数据其实有一个信号传输加上处理的时间延迟。在陡坡上测量时，船如果往岸边开，此时测得的水深数据会比正常水深值大，而船如果往水中央开，此时测得的水深数据就会比正常水深值小，这样在等深线上就会出现锯齿状效果，而这与实际地形是不相符的。

4.4.2　时间同步解决方案

为了克服以上因素，需要设计一种电路，使得定位数据和水深数据能够很好地进行时间同步，从而减少定位数据与水深数据的不匹配误差。

GNSS 接收机通过 RS-232C 串行口输出导航信号，导航信号的数据为 NMEA-0183 格式或厂家自定义格式，但以 NMEA-0183 格式为主。GNSS 接收机通常每秒（协调世界时，UTC）输出一组导航信号，一组导航信号所包含的导航语句可能是不一样的，即所含的字节不同，每一组数据中的各字节连续输出，各组数据间有一定的时间间隔，字节输出波形和数据组输出波形见图 4.4-1。各组数据的第一个上升沿的时间由 GNSS 接收机内的 CPU 控制，并与 GNSS 接收机内的时钟保持同步，第一个上升沿的时间间隔是稳定的，常见的输出率为 1 Hz。导航数据除了含有当前坐标，还含有该坐标所对应的时刻（UTC），如 GNSS GGA 语句。由于 GNSS 接收机输出的导航信号既含有某一时刻的坐标，又含有与 GNSS 接收机内的时钟同步的脉冲，采用与 GNSS 接收机内的时钟同步的脉冲作为 GNSS 接收机内的时钟的传递信号，使得测深仪的时钟与该脉冲同步，也就实现了定位与测深的时间同步。

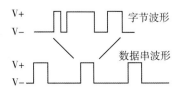

图 4.4-1　字节输出波形和数据串输出波形

由于 GNSS 接收机输出的一组导航信号中含有多个脉冲，而且脉冲波形是变化的，只有获得稳定的、易于识别的信号，才能实现稳定的、准确的时间同步。对 GNSS 接收机输出的一组导航信号进行分析，可以知道在一组导航信号中，只有每一组导航信号的第一个脉冲的上升沿与 GNSS 接收机内的时钟保持固定的、可以预知的关系。因此，利用导航数据进行水下地形测量的时间同步的关键就是提取每一组导航信号中的第一个脉冲的上升沿，并测定该上升沿与 GNSS 接收机内的时钟的关系。对于某种型号的 GNSS 接收机，每一组导航信号中的第一个脉冲的上升沿与 GNSS 接收机内的时钟的关系，在一定的误差范围内(约 10 ms)是固定的,一经测定可长期使用。为了稳定测量数据组输出波形的第一个上升沿的时间,就需要取出第一个上升沿,并屏蔽掉其后的同一数据组中的其他上升沿。第一个上升沿取出电路可用由低通滤波电路和整形电路组成的电路,低通滤波电路为一个上升时间短而下降时间长的低通滤波器,上升时间短可减少低通滤波电路产生的延迟,下降时间长可适应不同的字节波形和不同的波特率,并可靠地覆盖整个数据串;整形电路用以输出边沿陡峭的脉冲,其原理示意图见图 4.4-2,输出控制部分可根据所希望的时间间隔输出同步脉冲。目前,GNSS 接收机输出的定位数据是整秒时刻的,从 GNSS 输出的导航信号中提取与 GNSS 接收机时间稳定同步的第一个脉冲的上升沿,经过 1s(GNSS 输出导航信号延迟)的延迟后,即在 GNSS 接收机时间的整秒输出同步脉冲,实现定位与测深的时间同步。

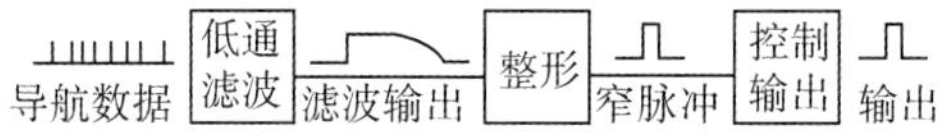

图 4.4-2　第一个上升沿同步原理示意图

4.4.3　数字测深仪同步方法

数字测深仪如 HY1603 等,除换能器和少量的模拟器件外,整个系统均以数字技术实现,该类测深仪自带时钟,输出的测深数据组含有该测深数据对应的时间,经实际测试,HY1603 的日时钟时间与 GNSS 接收机时间(UTC)的差值变化率较为稳定。将 HY1603 输出的同步脉冲(与 GNSS 时间同步或有一固定延迟)输入 HY1603 输出端,计算机接收测深仪输出的带有输入同步脉冲到达时间(测深仪时间)的数据。根据测深仪的同步脉冲到达时间(测深仪时间)即可计算出测深仪时间与 GNSS 接收机时间的差值。取多个测量的时间差的平均值作为本次的测量结果。在每次测量开始时,测定 GNSS 接收机时间 T_{gs} 和测深仪时间 T_{hs},二者时间差为 dt_s;在每次测量结束时,测定 GNSS 接收机时间 T_{ge} 和测深仪时间 T_{he},二者时间差为 dt_e。时间差的变化率为 V_{ht} 或 V_{gt},有了 T_{gs}、T_{hs}、d_{ts} 和 V_{gt},就可计算任一时刻的时间差 dt_i,以及根据任一测深仪时间 T_{hi} 计算对应的 GNSS 接收机时间 T_{gi}。

$$V_{ht} = (dt_e - dt_s)/(T_{he} - T_{hs}) \qquad (4.4-1)$$

$$dt_i = dt_s + V_{ht} \times (T_{hi} - T_{hs}) \qquad (4.4-2)$$

$$T_{gi} = T_{gs} + (T_{hi} - T_{hs}) + V_{ht} \times (T_{hi} - T_{hs}) \qquad (4.4-3)$$

同样,也可以计算任一时刻 GNSS 接收机时间 T_{gi} 所对应的测深仪时间 T_{hi}。

$$V_{gt} = (dt_e - dt_s)/(T_{ge} - T_{gs}) \qquad (4.4-4)$$

$$dt_i = dt_s + V_{gt} \times (T_{gi} - T_{gs}) \qquad (4.4-5)$$

$$T_{hi} = T_{hs} + (T_{gi} - T_{gs}) - V_{gt} \times (T_{gi} - T_{gs}) \tag{4.4-6}$$

有了 GNSS 接收机时间 T_{gi} 与所对应的测深仪时间 T_{hi} 的换算公式——时钟模型，就可以根据需要将定位数据与测深时间对齐，或将测深数据与定位时间对齐，进行内插处理，即可得到在时间轴上对齐的定位数据与测深数据。

4.4.4 结论

使用 GNSS 接收机输出的导航信号进行水下地形测量的时间同步，从 GNSS 接收机输出的导航信号中，可以同时获得导航坐标和同步信号，只需增加少量附件，就可廉价方便地实现时间同步。数字化测深仪的同步方法，在测定了测深仪的输出数据延迟以及 GNSS 接收机的输出数据延迟后，可以方便地实现定位与测深的时间同步，它需要占用计算机的两个串口，并需要根据所测的水深，进行同步时间的换算。数字测深仪由于自带时钟，输出的数据中已含有测深的时间，只需测定两次 GNSS 接收机时钟与测深仪时钟的钟差，建立钟差模型，即可方便地实现定位与测深的时间同步。

4.5 波束角效应改正

4.5.1 波束角效应

由于测深仪发射的声波探测信号类似于手电筒圆锥体发射光波，是具有一定开角的波束，随着水深的增加，波束脚印逐渐增大，而其以最早接收的声信号作为水深记录依据。因此，水深记录值可能是声波波束覆盖水底区域的任意位置至换能器的最短距离。如此会导致记录水深与实际水深存在偏差，造成水下地形失真，这就是波束角效应。

测深仪换能器发射声脉冲是垂直向下发射的，这种声脉冲不仅垂直向下传播，且随着换能器波束角在以其主轴方向（一般为垂直向下）作为中心的某一角度内向四周辐射至河底，来自河底的回波信号也往往以同一路径反射至换能器，如果河床较为平坦，则每一个声脉冲辐射至河底的形态为圆形。

由于测深仪换能器具有上述指向性，因此，对于平坦河底，所测深度为换能器垂直向下到河底的最短距离。而对于不平坦河底，所测深度为换能器到其河底最浅（距离最短）处的水深。图 4.5-1 为测深仪波束角边坡效应示意图（假设河床边坡为均匀边坡）。当测深仪换能器处于 P 点时，发射一个声脉冲，首先到达河底返回至换能器的回波信号为 N_1 点处的信号，其深度 $N_1 P = s$（为仪器记录水深）。在 P 点处的测深仪测深在理想条件下应该是 P 点垂直向下的水深 $N_2 P = h$（为实际水深）。记录水深与实际水深存在水深测量误差 Δh、测深偏移误差 Δd。

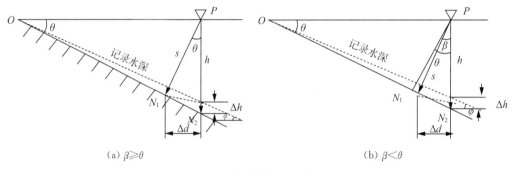

(a) $\beta \geqslant \theta$　　　　　　　　　　(b) $\beta < \theta$

图 4.5-1　测深仪波束角边坡效应示意图

当 $\beta \geqslant \theta$ 时（β 为换能器半波束角，θ 为水面与河床坡度间的夹角），Δh、Δd 可分别表示为

$$\Delta h = h - s = s \times (\sec\theta - 1) \tag{4.5-1}$$

$$\Delta d = s \times \sin\theta \tag{4.5-2}$$

以上两式说明，当 $\beta \geqslant \theta$ 时，Δh 与 Δd 仅与测点水深及河床坡度有关。

当 $\beta < \theta$ 时，Δh、Δd 可分别表示为

$$\Delta h = h - s = s \times \left[\sec\theta \times \cos(\theta - \beta) - 1\right] \tag{4.5-3}$$

$$\Delta d = s \times \sin\beta \tag{4.5-4}$$

以上两式说明，当 $\beta < \theta$ 时，Δh 与 Δd 不仅与测点水深及河床坡度有关，且与测深仪换能器波束角有关。

4.5.2　单波束多波束耦合改正

单波束测深仪是垂直入射波束测深，测深结果不受声线弯曲影响，在地形较为平缓水域，无论测深精度还是稳定性均达到了较高的水平；但在地形坡度较大和地形复杂水域，由于其波束角较大（一般不低于 $4°$），会表现出明显的波束角效应，这会产生地形坡度改变和地形失真现象。多波束具有高分辨、高清晰度、全覆盖等特点，在地形较为复杂的区域和岸坡部分，使用多波束进行水下地形测量，可以获得较为准确的边坡点云和坡度信息。但边缘波束数据质量受声速误差影响较大，表现为"哭脸"和"笑脸"地形。根据同一位置单波束和多波束测深数据的差值，拟合一个与坐标位置相关的误差模型，并利用该误差曲面对多波束测深数据进行综合改正，从而提高多波束测深的数据质量。所以联合单波束和多波束进行河道水库水深测量是获得高精度水下地形的重要方法。

4.5.2.1　多波束水深约束的单波束波束角效应精密改正模型的建立

由于单波束测深仪的发射波束的束宽较大（一般不小于 $4°$），波束记录的水深值为波束照射面积内水底至换能器的最短距离，这与船只的实际位置不一定重合，所以产生了

波束角效应。波束角效应普遍存在于水下地形测量中,尤其是在地形变化较大的水下地形区域,带来的测量误差尤为显著。波束角效应产生的原因如图4.5-2所示。

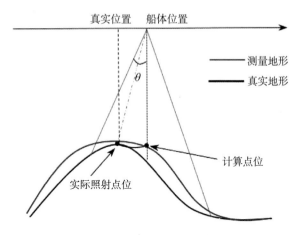

图4.5-2　波束角效应示意图

波束角效应会使地形中的尖端表现为一个小的平台,沟壑的深度会变浅,斜坡坡度与真实坡度有差异,造成测量地形失真,所以应该对单波束的测量地形进行改正。由于单波束波束角效应与地形的坡度是密切相关的,所以需要引入精度较高的地形坡度信息。而多波束测深仪的波束束宽较小(0.5°~2°),可以在陡峭水域测量出较为真实的地形,进而获得真实的地形坡度信息,将地形坡度信息引入单波束进行单波束波束角效应改正可得到真实的河底地形。

考虑到不同的河底坡度,深度误差与波束束宽密切相关,波束角效应校正方法如下式和图4.5-3所示。

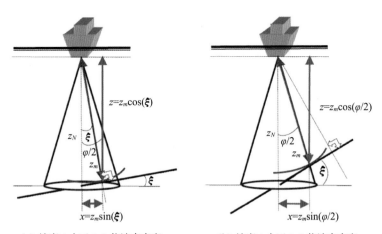

（a）坡度 ξ 小于0.5倍波束束宽 φ　　　（b）坡度 ξ 大于0.5倍波束束宽 φ

图4.5-3　波束角效应深度改正和位置改正示意图

$$dz = \begin{cases} z_m(\sec\xi - 1), & \xi < \dfrac{\varphi}{2} \\ z_m\left(\sec\dfrac{\varphi}{2} - 1\right), & \xi \geqslant \dfrac{\varphi}{2} \end{cases} \tag{4.5-5}$$

$$dz = \begin{cases} z_m\sin\xi, & \xi < \dfrac{\varphi}{2} \\ z_m\sin\dfrac{\varphi}{2}, & \xi \geqslant \dfrac{\varphi}{2} \end{cases} \tag{4.5-6}$$

4.5.2.2　单波束水深约束的多波束边缘波束异常测深数据消除方法

在多波束外业数据采集过程中,一般会隔一段时间或在表层声速改变 2 m/s 之后进行新的声速剖面测量。在一段测量时间内,所有的测线会使用相同的声速剖面,由于水体环境是时空变化的,声速也会随时间和空间变化,所以多波束测深会产生声速剖面代表性误差。声速误差对中央波束影响较小,对边缘波束影响较大,当声速误差较大时,水下测量会出现"笑脸"和"哭脸"地形,造成不同条带重叠区域地形不能完全重合在一起。这种条带状隆起对地形成果的应用造成较大影响,所以需要对边缘波束测深异常数据进行改正。

单波束基本是垂直入射水体,其对声速误差的敏感性较低,在测量地形成果中表现为地形的连续性较好。根据单波束的特点,可以使用单波束对多波束边缘波束数据进行修正,将二者之间的差值应用到其他使用该声速剖面的多波束数据中。

以白鹤滩库区坝前典型的陡深型河段为试验对象,对各测量方式获取的测深数据进行如下操作步骤:

(1)首先选取重叠区域的单波束数据和多波束数据,选取多波束边缘波束点云数据作为待改正数据;

(2)统计多波束相同波束下不同深度与单波束深度的差值,构建角度、深度和深度差值的模板,如图 4.5-4 所示;

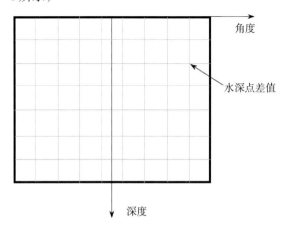

图 4.5-4　多波束与单波束深度差值模板

(3)根据步骤(2)中的模板通过双线性差值即可获得多波束边缘波束的修正值。

4.6 不同设备参数对测深影响

单波速测深仪主要由收发系统、上位机和接口电路组成,如图 4.6-1 所示。系统可以调整发射信号的形式、脉宽、重复周期等参数,接收机接收到回波信号后,经过前放、自动增益控制、滤波放大后再传输给信号处理平台,完成对回波信号的匹配相关处理及绘出深度曲线。

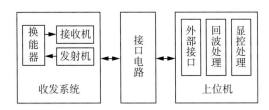

图 4.6-1 单波束测深系统框图

4.6.1 参数分析

1. 发射电功率 Pe

$$SL = 10\lg Pe + 170.8 + DI + 10\lg\eta \tag{4.6-1}$$

其中:η 为换能器效率;DI 为换能器接收指向性指数。

2. 发射信号脉宽

信号脉宽对工作深度有重要的影响。脉宽愈宽,反向散射信号的能量愈强,提高信噪比,有利于信号检测。信号脉宽也不可能任意的大,因为增大脉宽在给发射机的制作带来困难的同时,也增加了声呐系统吞吐的数据量。因此,脉宽受发射占空比的限制,工作深度愈小,限制愈明显。

测量脉冲的宽度不能小于换能器的暂态时间,必须使换能器达到稳态条件。脉冲宽度 τ 应满足以下条件:

$$\tau \geqslant \frac{Q}{f_0} \tag{4.6-2}$$

式中:Q 为换能器的品质因数;f_0 为发射换能器的共振频率。

为了便于取样读数,在测量过程中脉冲稳态部分宽度应取大一些,然而在很多情况下是不可能的。若稳态部分增宽,脉冲宽度就会变宽,来自边界的反射信号就会与它重叠。这种叠加部分已经失去了直达声信号的真实性,同时很长的稳态信号也是没有必要的,一般地,只要保持几个周期的稳态信号就能代表声信号的特征了。对于稳态信号宽度的最小值,虽然理论上没有严格的规定,但以下因素具有决定性。

（1）当接收换能器在声传播方向有效工作面的长度大于波长时，所选用脉冲信号的宽度至少满足

$$\tau > \left(Q + \frac{2l_0}{\lambda}\right) = \frac{Q}{f_0} + \frac{2l_0}{c_0} \qquad (4.6\text{-}3)$$

式中：f_0 为工作频率；Q 为换能器的品质因数；l_0 是换能器在声传播方向的长度；c_0 为水中自由场声速。

（2）脉冲宽度还受到水域尺寸的制约，为了避免来自边界反射声的影响，避免直达声与反射声重叠，脉冲宽度在水中的行程要小于直达声与最近反射物的反射声之间的声程差，即

$$\tau c_0 \leqslant R - r \qquad (4.6\text{-}4)$$

其中：R 为最近反射物到接收换能器的声程；r 为直达波的声程。

3. 接收机增益

设接收机放大倍数为 K，输出电压幅度 V_{out}，接收机增益定义为 $G = 20\lg K$，则

$$G = 20\lg V_{\text{out}} - EL - Se \qquad (4.6\text{-}5)$$

其中：Se 为换能器灵敏度；EL 为回声级。

$$Se = 20\lg\left(\frac{V_{\text{out}}}{Se_{Ref}}\right) \qquad (4.6\text{-}6)$$

$$EL = 10\lg\left(\frac{I_0}{I_{Ref}}\right) = 20\lg\left(\frac{P_0}{P_{Ref}}\right) \qquad (4.6\text{-}7)$$

其中：I_0 为发射声强；I_{Ref} 为参考声强；P_0 为接收点回波声压；P_{Ref} 为参考声压，$P_{Ref} = 1\ \mu\text{Pa}$。

4.6.2 参数测试

测深试验研究河段位于三峡水库大坝—奉节库段。靖江溪口基准点建在靖江溪口外江中小岛顶部，由 2 个基准点（SJD1 与 SJD2）构成。单个基准点由多组悬空横置管状声波增强型反射器与钢支架等组成，样式见图 4.6-2。

基准面建在沙湾和伍相庙，采用陆上测量方式按 1∶500 比例尺施测，沙湾斜坡基准面高程观测范围涵盖 146～177 m，坡度约为 6°，见图 4.6-3，观测大比例中线纵断面（1∶500）及 5 m×5 m 格网地形。

伍相庙斜坡基准面高程观测范围涵盖 146～177 m，坡度约为 33°，见图 4.6-4，观测大比例基准断面（1∶500）及 5 m×5 m 的格网基准面地形。

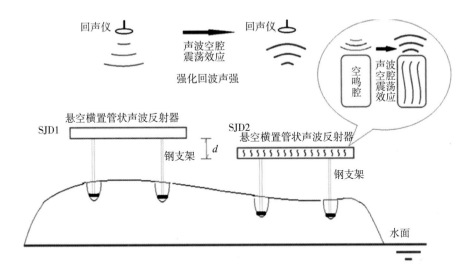

图 4.6-2 悬空空腔基准点结构图

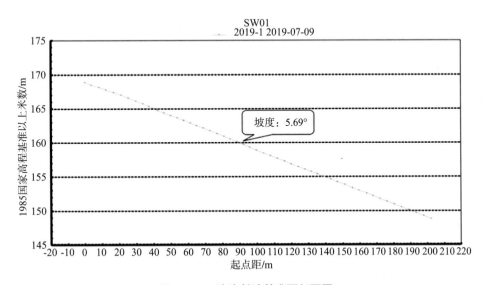

图 4.6-3 沙湾斜坡基准面剖面图

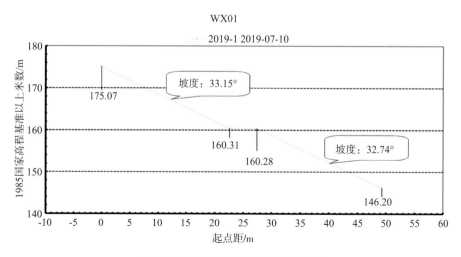

图 4.6-4 伍相庙斜坡基准面剖面图

4.6.2.1 单波束测深仪测深误差

试验所用船舶相同,安装部位及方式相同,分别采用 Echotrac MK Ⅱ 双频测深仪(波束角为 4°)、Echotrac MK Ⅲ 双频测深仪(波束角为 4°)、Echotrac E20 测深仪(波束角为 4°)、HY1602 测深仪(波束角为 8°)、海鹰定制测深仪(波束角为 3°)、新型宽带单波束测深仪使用手动定标方式进行定点测深,每台仪器至少采集了 30 条有效数据。试验期,三峡坝前水位存在一定波动,各种测深仪测深数据均利用实时水位进行了订正。

由于基准点 SJD2 为 3 m×3 m 反射器,且位于靖江溪口外江中小岛的最高点,试验所用测深仪换能器波束角最大为 8°,测时水深约为 20 m,根据声波波束脚印面积公式:

$$r = h \times \tan\beta \tag{4.6-8}$$

其中:h 为测点水深;β 为换能器半波束角。

由此可知,20 m 水深的测深声波波束脚印为最大半径 1.4 m 的圆,反射器相对于测深波束脚印为一个平面。而波束角不同对平坦河底的测深数据影响较小。误差分布见表 4.6-1 和图 4.6-5。

表 4.6-1 不同型号测深仪基准点测深统计

仪器型号	中误差/m	误差分布					
		0≤△≤0.1 m		0.1 m<△≤0.2 m		△>0.2 m	
		个数	占比/%	个数	占比/%	个数	占比/%
HY1602 测深仪	0.018	30	100.0	0	0.0	0	0.0
海鹰定制测深仪	0.057	64	82.1	14	17.9	0	0.0
新型宽带单波束测深仪	0.026	1 301	99.8	2	0.2	0	0.0

仪器型号	中误差/m	误差分布					
		$0 \leqslant \triangle \leqslant 0.1$ m		0.1 m$< \triangle \leqslant 0.2$ m		$\triangle > 0.2$ m	
		个数	占比/%	个数	占比/%	个数	占比/%
Echotrac MKⅢ双频测深仪	0.020	31	100.0	0	0.0	0	0.0
Echotrac MKⅡ双频测深仪	0.028	106	100.0	0	0.0	0	0.0
Echotrac E20 测深仪	0.010	43	100.0	0	0.0	0	0.0

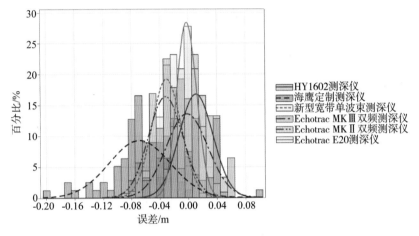

图 4.6-5　不同型号测深仪基准点测深误差分布

由上述图表可见,不同测深仪测深精度除海鹰定制测深仪(波束角为 3°)有个别数据误差大于 0.1 m,其他设备测量误差均在 0.1 m 以内,误差分布均呈正态分布,Echotrac E20 测深仪相对于其他仪器误差集中度高。

4.6.2.2　频率对精度影响试验

在沙湾和伍相庙斜坡基准纵断面处,使用 Echotrac MKⅢ双频测深仪,按照固定增益、固定频率 200 kHz,波特率 19 200 bit/s,分别采用不同的 Ping Rate(AutoPing、1Ping、10Ping 和 20Ping)按 1:500 比例尺进行基准纵断面往返观测各一次,测点间距设置为 5 m,测量时采集姿态数据,船速为 4~5 节[①],数据分析时进行数据精度统计,即定标前后水深数据平均值与定标水深数据比较。

对 Echotrac MKⅢ双频测深仪不同测深频率的测深数据进行处理,选取定标前后水深数据平均值与定标水深数据进行比较,统计其中误差和误差分布,见表 4.6-2 和图 4.6-6、图 4.6-7。

---

① 1 节≈0.514 m/s。

表 4.6-2　Echotrac MKⅢ双频测深仪测深频率影响试验误差统计

模式	中误差/m	误差分布					
		0≤△≤0.1 m		0.1 m<△≤0.2 m		△>0.2 m	
		个数	占比/%	个数	占比/%	个数	占比/%
沙湾-1Ping	0.084	62	36.3	106	62.0	3	1.8
沙湾-10Ping	0.064	127	68.3	59	31.7	0	0.0
沙湾-20Ping	0.065	125	67.2	61	32.8	0	0.0
沙湾-AutoPing	0.064	124	67.8	59	32.2	0	0.0
伍相庙-1Ping	0.049	19	70.4	8	29.6	0	0.0
伍相庙-10Ping	0.072	23	65.7	8	22.9	4	11.4
伍相庙-20Ping	0.050	26	78.8	7	21.2	0	0.0
伍相庙-AutoPing	0.078	12	57.1	7	33.3	2	9.5

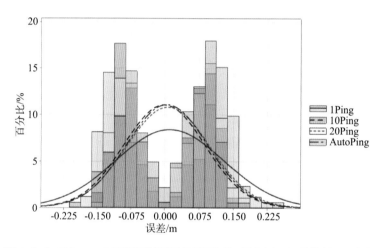

图 4.6-6　Echotrac MKⅢ双频测深仪不同测深频率测深误差趋势图(沙湾)

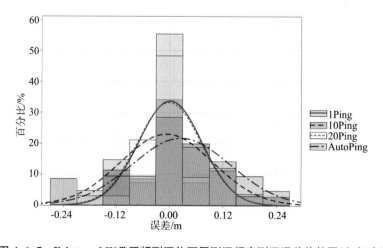

图 4.6-7　Echotrac MKⅢ双频测深仪不同测深频率测深误差趋势图(伍相庙)

对 Echotrac MK Ⅲ 双频测深仪分别采用不同 Ping Rate 测深，未发现明显误差分布规律。

4.6.2.3 增益对精度影响试验

在基准点 SJD2 采用 Echotrac MK Ⅲ 双频测深仪分别以自动、低、中、高四种不同增益进行测量，采用 HY1602 测深仪分别以低、中、高三种增益进行测量，共采集 7 组数据，每组至少采集 20 个有效数据。不同增益测深试验误差分布见表 4.6-3 和图 4.6-8、图 4.6-9。

表 4.6-3 不同增益测深试验统计

模式	中误差/m	误差分布					
		0≤△≤0.1 m		0.1 m<△≤0.2 m		△>0.2 m	
		个数	占比/%	个数	占比/%	个数	占比/%
HY1602-低增益	0.048	44	89.8	5	10.2	0	0.0
HY1602-中增益	0.024	27	100.0	0	0.0	0	0.0
HY1602-高增益	0.018	30	100.0	0	0.0	0	0.0
Echotrac MK Ⅲ-低增益	0.053	71	95.9	3	4.1	0	0.0
Echotrac MK Ⅲ-中增益	0.028	106	100.0	0	0.0	0	0.0
Echotrac MK Ⅲ-高增益	0.032	76	100.0	0	0.0	0	0.0
Echotrac MK Ⅲ-自动增益	0.057	65	87.8	9	12.2	0	0.0

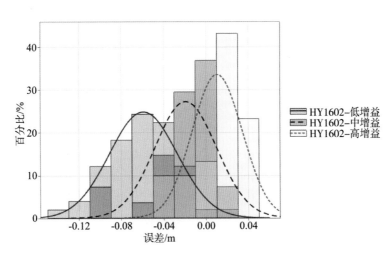

图 4.6-8 HY1602 测深仪不同增益测深试验误差分布

由数据统计可知，HY1602 测深仪采用高增益测量，测点高程的精度中误差和误差分布均最优，中增益次之，低增益效果最差；Echotrac MK Ⅲ 双频测深仪采用高增益测量精度最优，中增益次之，低增益和自动增益最差，但测深稳定性呈相反规律，低增益和自动增益相对最稳定，中增益次之，高增益最差。

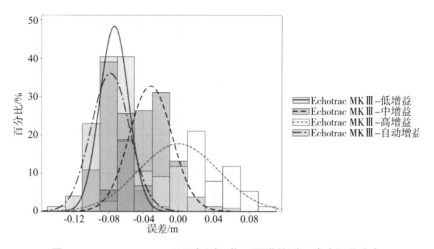

图 4.6-9　Echotrac MKⅢ双频测深仪不同增益测深试验误差分布

4.7　测深系统误差改正

利用单波束测深仪获取水深、GNSS 导航定位是当前水下地形、断面测绘的主要手段。水下测量受到风浪、换能器姿态、测量误差等诸多不利影响,常导致往返测同一断面套合出现位移差或等深(高)线出现"锯齿形"现象,这将对水利工程建设、河道演变、水库冲淤分析计算等产生不利影响。本节重点分析了单波束测深误差来源,并针对性提出了多种误差消除、削弱的方法,为全面提升单波束测深精度、更好地服务于我国水文事业发展提供了可靠理论支撑。

4.7.1　误差来源

4.7.1.1　系统延迟

(1) 数据传输延迟

单波束测深系统中测深仪与 GNSS 系统为独立系统,测深仪测得的水深及 GNSS 采集到的定位数据,输入采集软件,完成原始测深数据的采集。二者数据获取、传输时间不匹配会引起数据延迟。数据传输延迟引起的位移量见式(4.7-1)。

$$d_t = tV \tag{4.7-1}$$

式中:d_t 为数据传输延迟引起的位移量;t 为数据传输延迟;V 为船速。

(2) 测深数据延迟

测深仪的数据延迟主要是测程延迟,测深仪在一个脉冲完成整个设置量程的搜索之后才会将数据传输出来,并进入下一脉冲的搜索。所以在某个时刻采集到的水深数据,存在声波在该测程中传播延迟,测深数据延迟引起的位移量见式(4.7-2)。

$$d_c = 2HV/C \qquad (4.7\text{-}2)$$

式中：d_c 为测深数据延迟引起的位移量；H 为水深；C 为声速；V 为船速。

4.7.1.2　换能器偏角误差

测深仪换能器偏角主要是由船舶姿态、安装偏差、换能器指向性偏差引起的，上述因素造成换能器偏角影响的原理相似，故先介绍影响因素，后分析换能器偏角对测深的影响。

（1）船舶姿态

在三峡水库利用长 18 m、宽 6 m 的船型搭载高精度光纤罗经在风力小于 3 级的情况下试验，横摇角度均值为 0.01°，纵摇角度均值为 0.00°，横、纵摇姿态引起的改正数均值都为 0.00 m。由此可见，测船稳定作业时姿态变化很小，姿态引起的换能器偏角可视为定值。

（2）安装偏差

换能器在安装时尽量减小安装偏差，可以以测深仪换能器底面为依据，辅以换能器固定支架圆水准气泡，实现换能器垂直安装。其安装方法为：①将换能器底面置于水平平台；②换能器固定支架顶面加装水平气泡并校准居中；③以气泡为依据，调节安装使水泡居中即实现换能器垂直安装。

（3）换能器指向性偏差

单波束换能器主要采用组合圆形活塞声源，制造误差导致声轴与换能器底面不垂直偏差，从而造成换能器偏角。

（4）换能器偏角影响分析

将由船舶姿态、安装偏角、换能器指向性偏差综合引起的换能器偏角对往返测断面造成的位移差一并分析，建立测深坐标系。设 Z 轴为水深基准方向，取铅锤向下为正；Y 轴为断面方向，以向右岸为正；根据右手坐标系构建原则，X 轴垂直于 Y 轴、Z 轴，则换能器偏角引起的三维误差值见式(4.7-3)。

$$\begin{cases} d_X = H\sin\alpha\sin\beta \\ d_Y = H\sin\alpha\cos\beta \\ d_Z = H - H\cos\alpha \end{cases} \qquad (4.7\text{-}3)$$

式中：d_X、d_Y、d_Z 分别为换能器偏角引起 X、Y 方向位移量及水深误差值；H 为测深仪测得的水深；α 为换能器偏角；β 为 H 在 XOY 平面上分量与 Y 轴的夹角。当测深仪换能器与船体刚性安装后，α、β 为固定值。

水深测量相关规范要求单波束主测深线应垂直于等深线总方向，X 轴平行于测深线，该方向上位移量对水深测量影响甚微。而恰恰相反，换能器偏角引起的 Y 轴方向位移量与等深线方向垂直，其位移量引入的误差是影响测深的主要因素，由式(4.7-3)可知，当换能器刚性安装后，由换能器偏角引起的位移量与水深成正比，地形坡度越大，位移引起的水深误差也越大。在实际作业中，偏角可控制在 3°以内，当偏角为 3°时，位移引

起的水深误差为 $0.14\% H$,远小于规范允许值,故可忽略。

4.7.1.3 声速引起的误差

在单波束测量中,声速随着水体的温度、盐度和压力的变化而变化,声速误差的大小主要与声速测量的精度、声速随时间的变化、声速随空间的变化等有关。声速值设置的不准确,直接导致测深数值的偏差。尤其在缺乏水体交换条件的深水中,水温变化梯度通常较大,在静止的深水湖泊或水库中,这个特点愈发明显。在我国北方,夏季湖区水底和水面的温度可能相差 $10℃$ 以上,引起声速的梯度变化可超过 30 m/s 。

4.7.2 误差改正

4.7.2.1 延迟改正

在水下地形测量中,GNSS 系统的内部算法问题、数据传输和编码问题导致测深和定位不同步,即存在时间延迟(以下简称"延时")。为确保二者的同步,必须进行延迟的探测和改正。目前常用的延时确定方法是通过定位数据寻求同一水深特征点的两个位置 $P_1(x_1, y_1)$ 和 $P_2(x_2, y_2)$,得到延时位移 L ,再结合船速 V 计算延时 Δt ,即

$$\Delta t = L/2V, L = \sqrt{(x_1 - x_2)^2 + (y_1 - y_2)^2} \qquad (4.7\text{-}4)$$

该方法虽然简单,但在实际操作中有很大的局限性。受风浪影响,船体姿态对水深的影响很大,单凭测深数据难以精确得到同一水深特征点的位置。此外,单个测点计算出来的延时难以真正反映整个系统的延时。

鉴于此,项目研究利用往返测量断面,采用特征点对匹配法和断面整体平移法,实现整个系统延时的准确确定。下面介绍这 3 种延时确定方法的基本原理。

(1)特征点对匹配法

选择特征水域,设计几条断面,并对每条断面分别以不同的速度进行往返测量。对定位和测深数据进行处理,得到同一断面往返测量的高程序列。采用电子图选点方式,根据图形显示的往复测线数据,选择最有代表性的特征点对数据计算延时。对于第 i 个特征点对,则可以计算系统在该点的时间。所不同的是,这里采用的是往返速度 V_1 和 V_2 ,而不是单一速度 V 。

$$\Delta t_i = L_i/(V_1 + V_2) \qquad (4.7\text{-}5)$$

对所有计算得到的延时值取算术平均值即最终延时量 Δt 。

$$\Delta t = \frac{1}{n}\sum_{i=1}^{n}\Delta t_i \qquad (4.7\text{-}6)$$

(2)断面整体平移法

在水下地形测量中,GNSS 和测深仪均可以比较高的采样率(如 10 Hz)实施定位和

深度数据采集，这样，实测数据可以以密集的点云呈现水下地形断面的起伏变化，在船速一定的情况下，可以捕获断面上每一个特征地形细节。因此，实际测点序列连线可以构成一条曲线。往返测量期间，断面地形具有不变性。因此，根据往返断面曲线的相似性，即可实现延时的确定。两个断面的相关系数可以利用下式确定：

$$R_{h^A h^B}(d) = \frac{\sum\limits_{i=0}^{D} h_i^A h_{i-d}^B}{\sqrt{\sum\limits_{i=0}^{D} (h_i^A)^2 \sum\limits_{i=0}^{D} (h_{i-d}^B)^2}} \tag{4.7-7}$$

上式表明，存在两个序列 h^A 和 h^B，当两个序列完全一样时，相关系数 R 为 1；当两个断面不存在相似性时，相关系数 R 为 0。

若以往测断面中的高程时序 h^A 为参考，每移动一个距离 d，就会得到一个相关系数 R，连续移动，可以得到一组相关系数 R 和移动量 d。这样，比较其中的 R，当相关系数 R 最大时，表明往返断面达到最大一致，则这时的移动量 $d_{R-\max}$ 可以认为是因为延时造成两个断面的不相似。若往返断面测量中的平均船速分别为 $\overline{V}_A$ 和 $\overline{V}_B$，则系统延时 Δt 为

$$\Delta t = \frac{d_{R-\max}}{\overline{V}_A + \overline{V}_B} \tag{4.7-8}$$

基于断面相似性原则实现延时确定需要的数据密度非常大，只有通过高采样率的设备来获取，如利用 HYPACK 导航系统记录的所有原始数据，经过水深编辑等各项改正后，即可实现延时确定。该方法根据往返断面数据实现整个系统延时的确定，同时因为参与延时计算的数据密度非常大，因此，理论上相对传统的方法具有较高的延时确定精度。

（3）顾及水深综合延迟改正法

由以上可知，单波束测深系统断面往返测引起的断面位移量见式（4.7-9）。

$$D = d_t + d_C + d_Y = tV + (2V/C + \sin\alpha\cos\beta)H \tag{4.7-9}$$

式中：d_t、d_C、d_Y 分别为单波束测深系统数据传输延迟、测深数据延迟、换能器偏角在断面方向引起的位移量；t 为数据延迟；V 为船速；C 为声速；H 为水深；α 为换能器偏角；β 为 H 在 XOY 平面上分量与 Y 轴的夹角。

数据校准测线应布置在测量水域内最大水深且垂直于等深线，校准数据采集偏离基准线垂距应小于 1 m，校准数据采集的测深仪量程设置应与实际作业相同。数据采集应沿着基准线往返、同速测量。校准测深数据采集软件可采用主流的测深商用软件，其应具备将所有测深数据、定位数据完整获取的功能，使得获取的基准线测深数据完整全面。

利用往返测基准断面，分别求取各水深值对应的往返断面位移量 D_i。为便于研究，设

$$a = tV \tag{4.7-10}$$

$$b = 2V/C + \sin\alpha\cos\beta \tag{4.7-11}$$

上式中，V、C已知，则式(4.7-10)简化为$D=a+bH$，采用一元线性回归分析法建立断面位移量D与延迟t、水深H的数学模型，a、b利用下式确定

$$\hat{b}=\frac{\sum_{i=1}^{n}(H_i-\overline{H})(D_i-\overline{D})}{\sum_{i=1}^{n}(H_i-\overline{H})^2} \tag{4.7-12}$$

$$\hat{a}=\overline{D}-\hat{b}\overline{H} \tag{4.7-13}$$

式中：H_i为各"水深-延迟"离散点中的水深值，$\overline{H}$为其均值；D_i为各"水深-延迟"离散点中的偏移量，$\overline{D}$为其均值。

数学模型可靠性通过二者相关系数来评定，相关系数计算见式(4.7-14)。

$$r=\frac{\sum_{i=1}^{N}(H_i-\overline{H})(D_i-\overline{D})}{\sqrt{\sum_{i=1}^{N}(H_i-\overline{H})^2}\sqrt{\sum_{i=1}^{N}(D_i-\overline{D})^2}} \tag{4.7-14}$$

式中：r为相关系数，其余变量含义同式(4.7-12)。相关系数取值范围为$[-1,1]$，$|r|$越接近1，两变量相关程度越高。

利用数学模型确定的a、b及式(4.7-10)、式(4.7-11)计算参数，再代入式(4.7-9)，求得各测点相应位移量，经位移改正，实现水深与位置的匹配。位移改正方法是将断面位移量D分解到工程所在坐标X、Y轴，计算见式(4.7-15)。

$$\begin{cases} X=X'+D\cos\theta \\ Y=Y'+D\sin\theta \end{cases} \tag{4.7-15}$$

式中：(X,Y)为改正后的坐标；(X',Y')为实测点坐标；D为各测点位移量；θ为由前后两测点反算的坐标方位角。

4.7.2.2 声速改正

由于波束在穿透水体到达水底经历的各个水层中的声速存在着差异，声线为曲线而非直线。为了准确获得波束的实际投射点在载体坐标系下的坐标，需要进行声速改正。声线改正又叫声线跟踪(Sound Ray Tracing)，通常基于层内常声速假设和常梯度变化假设跟踪声线，无论何种声线跟踪方法，波束经历水柱的声速变化(声速剖面)、传播时初始入射角是声线跟踪的基本参数。声速通常通过两种途径获得：一种是直接测量，一种是间接法，即利用声速经验公式计算。

（1）声速的直接测量

水体中声速的测量通常采用声速剖面仪。为了得到较高的声速测量精度，通常测量声波在已知距离内往返多次的时间，即用接收到的反射回波信号去触发发射电路，再发

射下一个脉冲,这样不断循环下去,这种方法称为环鸣法(或脉冲循环法)。采用环鸣法直接测量声信号在固定的已知距离内的传播时间,进而得到声速,同时通过温度及压力传感器测量温度和垂直深度。它能快速、有效、方便地为测深仪、声呐、水下声标等水声设备校正测量误差提供实时的声速剖面数据。目前,市场上主流产品海鹰 HY1203 声速剖面仪,主要由声速剖面仪探头、通信电缆、工作电缆、充电器组成,其测得的数据记录在仪器内部存储单元,待声速剖面仪离开水面后,由用户提取到计算机中。该型号的仪器可自动采集不同深度的声速,其声速测量范围为 1 400～1 600 m/s,分辨率为 0.01 m/s,测量精度为 0.2 m/s;测深范围为 200 m 以内,分辨率为 0.01 m,测量精度为 0.2 m;温度测量范围为 0～40℃,分辨率为 0.001℃,测量精度为 0.02℃。

(2) 声速的间接计算

间接法是利用水中的温度、盐度和压力等参数,通过经验公式计算。影响声音在水体中传播速度的因素很多,无法单纯通过一套理论公式计算获得准确的声速值,但大量水下声速试验表明,水体中声速主要受温度、盐度和深度(或压力)影响,温度每变化 1℃,声速值变化约 4.5 m/s;盐度每变化 1‰,声速值变化约 1.3 m/s;深度每变化 1 m,声速约变化 0.016 m/s。自 20 世纪 50 年代起,一些学者先后提出了适合不同水体的声速经验模型,其中被普遍认可的有 Chen-Millero-Li 声速算法、Dell Grosso 声速算法、W. D. Wilson 声速算法等。

目前,国内指导水下地形测量的规范主要包括《海道测量规范》(GB 12327—2022)、《水运工程测量规范》(JTS 131—2012)、《水道观测规范》(SL 257—2017)等。其中,《海道测量规范》(GB 12327—2022)为国家标准,其应用范围主要为各种比例尺的海道地形测量,用于获取海底地貌、底质情况,为航海图的编绘提供数据,以保证海船的航行安全;《水运工程测量规范》(JTS 131—2012)为交通运输部颁发的规范,适用于港口、航道、通航建筑物和修造船水工建筑物等工程的测量;《水道观测规范》(SL 257—2017)为水利部于 2017 年颁发的规范,主要适用于河流、湖泊、水库、人工河渠、受潮汐影响的河道及近海水域的水道观测。根据《水道观测规范》(SL 257—2017),采用间接法时,在非潮汐河段(或水深小于 150 m 水体)一般按下式计算声速:

$$C = 1\ 410 + 4.21T - 0.037T^2 + 1.14S \tag{4.7-16}$$

在潮汐河段、近海水域(或水深超过 150 m 的水体),按下式计算声速:

$$C = 1\ 449.2 + 4.6T - 0.055T^2 + 0.000\ 297T^3 + (1.34 - 0.01T)(S - 35) + 0.017D \tag{4.7-17}$$

式中:C 为水中声速,m/s;T 为水温,℃;S 为含盐度,‰;D 为深度,m。

式(4.7-16)为计算某一水层声速时采用的公式。若计算从水面至某一深度(水底)的平均声速 C_m,式(4.7-16)中的 T、S 应以其平均值 T_n、S_n 代入计算,即得到平均声速的近似计算公式

$$T_n = \sum_{i=1}^{n} d_i T_i / \sum_{i=1}^{n} d_i \tag{4.7-18}$$

$$S_n = \sum_{i=1}^{n} d_i S_i / \sum_{i=1}^{n} d_i \qquad (4.7\text{-}19)$$

式中：T_i 为各水层的温度，℃；S_i 为各水层的含盐度，‰。

4.8 GNSS 三维水深测量

　　传统的水下地形测量作业方法多采用 GNSS 获取平面坐标，并通过潮位及测得的水深推算河底高程。在水电站坝下游、变动回水区等河段，受水库调节影响，水位呈非恒定无序变化，利用传统水位站监测水位获取的潮位精度相对较低，同时存在人为干扰因素导致其可靠性不强。随着局部区域高程拟合技术的发展，GNSS 能够在动态下获得厘米级高精度水平定位、高程定位坐标。采用 GNSS 载波相位差分技术实时测定水面高程，并根据单波束测深数据确定河底高程的 GNSS 三维水深测量技术，受到广泛青睐，成为近些年研究的热点。GNSS 三维单波束测深结合似大地水准面成果，可直接获取水底高程，有效消除了动吃水及涌浪等因素的影响，无须实时测量潮位，不仅提高效率，还免除潮位误差影响。GNSS 三维单波束测深原理见图 4.8-1。

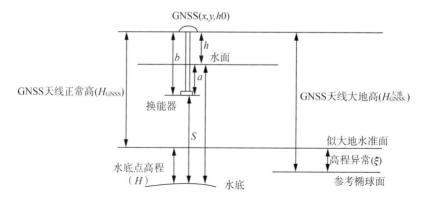

图 4.8-1　GNSS 三维单波束测深原理示意图

　　测深支架杆长，加上换能器以下水深，再减去 GNSS 天线正常高，即可获得水底高程，其公式如下：

$$H = S + b - H_{GNSS} \qquad (4.8\text{-}1)$$

式中：H 为水底高程；H_{GNSS} 为 GNSS 天线正常高；b 为测深支架杆长；S 为换能器以下水深。

　　由于 GNSS 测得的是基于 WGS-84 参考椭球面的大地高，利用似大地水准面成果进行大地高到正常高间的高程基准转换，其差值即为高程异常，公式如下：

$$H_{GNSS} = H_{GNSS}^{\text{大地}} - \xi \qquad (4.8\text{-}2)$$

式中：$H_{GNSS}^{\text{大地}}$ 为天线大地高；ξ 为高程异常。

4.8.1　局域 GNSS 高程拟合技术

在水电站坝下游、变动回水区等河段，受水库调节影响，水位呈无序变化，利用传统水位站监测获得的水位数据效率低、精度低，难以满足库区高精度水下地形测量的需求。局部区域高程拟合技术为测深数据提供了高精度的基准面。当 GNSS 卫星数量不足或因信号遮挡而导致无固定解时，应采取地基加强系统或者全站仪跟踪测量的方式予以补充。

4.8.1.1　GNSS 控制网的建立

GNSS 控制网是建立平面和垂直基准的重要环节，可以联测周边的 CORS 站、历史 GNSS 控制网、水位站水准点、高等级水准点、新建水位站，通过 GNSS 同步观测来实现。GNSS 控制网采用 D 级及 D 级以上测量方法，最终建立覆盖整个测区的 D 级 GNSS 控制网。对 GNSS 观测数据开展基线解算、无约束平差和约束平差，最终获得各个点的 CGCS2000 坐标，并对控制网点坐标进行精度评估。测区 GNSS 控制网建立技术路线如图 4.8-2 所示。

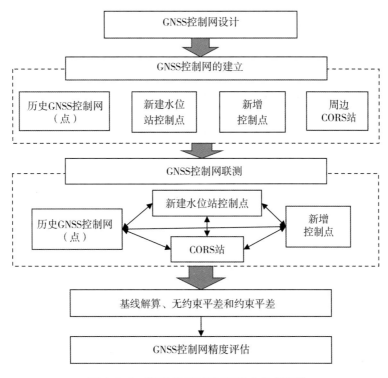

图 4.8-2　测区 GNSS 控制网建立技术路线

4.8.1.2　水准网的建立

水准网是建立垂直基准的重要环节，可以联测周边的高等级水准点（三等及三等以上）、潮位站上的水准点，通过水准联测来实现。水准网测量采用四等级水准测量方法，建立覆盖整个测区的四等水准网。对水准观测数据开展高差计算、网平差处理，并对成果进行精度评估，获得各个水准网点的 1956 年黄海高程系。测区水准网建立技术路线如图 4.8-3 所示。

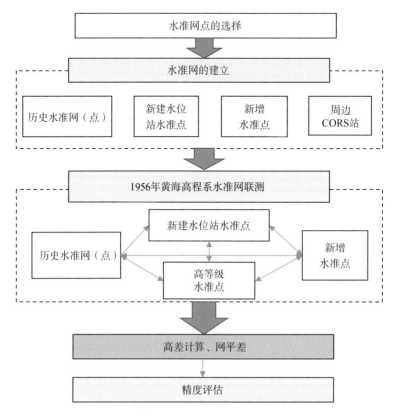

图 4.8-3 测区水准网建立技术路线

4.8.1.3 局域似大地水准面的建立

本节主要研究基于几何法的分区建模的局域似大地水准面模型，采用二次曲面函数构建该模型。

$$\begin{cases} \xi(\Delta B,\Delta L)=a_0+a_1\Delta L+a_2\Delta B+a_3\Delta B\Delta L+a_4\Delta B^2+a_5\Delta L^2 \\ \Delta B=B-B_0 \\ \Delta L=L-L_0 \end{cases} \tag{4.8-3}$$

式中：(B,L) 和 (B_0,L_0) 分别为 GNSS/水准点的大地坐标和测区中部测点的大地坐标。

测区局域似大地水准面模型建立流程如图 4.8-4 所示。

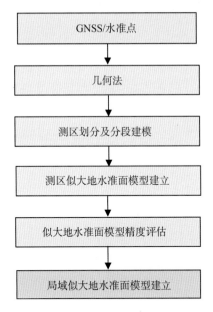

图 4.8-4　测区局域似大地水准面模型建立技术路线

4.8.2　GNSS 垂直解与船体垂直涌动的融合技术

4.8.2.1　换能器瞬时高程的合成

上述方法较为简单,适合利用程序来实现,对于地形较为复杂的水域,程序能直观快速地计算出延时。由于利用较多的特征点对确定系统延时,且特征点对为不同速度下的实测结果,因此,相对传统方法,该方法提高了系统延时确定的精度。

通过 GNSS 接收机获取的高程信息和姿态传感器获取的升沉(Heave)值,能同时反映测量船/换能器的瞬时变化,但二者的变化特征和周期不同。为此,本节研究了基于快速傅立叶变换(FFT)的二者融合算法。

信息融合通过设计低通滤波器和高通滤波器来实现。借助低通滤波器从 GNSS 高程信号中提取出中低频信号 S^L,借助高通滤波器从 Heave 信号中提取出高频信号 S^H,截止频率为 1/10 Hz,基于下式合成换能器处的瞬时高程:

$$H = H^L + H^S \tag{4.8-4}$$

由于 GNSS 高程信号和 Heave 信号采样频率不一致,任意时刻抽取出来的低频信号和高频信号不是一一对应的,这就需要对抽取出来的低频信号进行内插处理,使之与高频信号对应。内插采用三次样条插值法来实现。实现二者的对应后,将两个信号叠加,形成新的信号。一个完整的信号合成流程如图 4.8-5 所示。

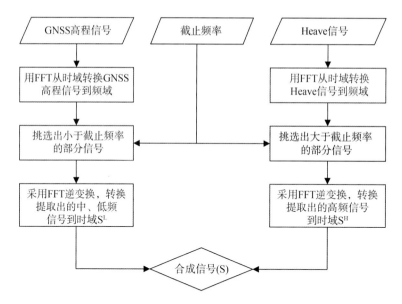

图 4.8-5　基于 FFT 的 GNSS 高程信号和 Heave 信号的合成

4.8.2.2　换能器瞬时三维解的合成技术

1. 换能器在理想船体坐标系下的瞬时坐标

受风浪影响,测船会发生横摇、纵摇、艏摇,从而改变了 GNSS 天线、测深等传感器在理想船体坐标系 VFS 下的坐标,顾及姿态传感器安装偏差及姿态测量值,换能器在理想船体坐标系下的瞬时坐标为

$$\begin{bmatrix} x \\ y \\ z \end{bmatrix}_T^{\text{VFS}} = \boldsymbol{R}(\alpha - d\alpha_m)\boldsymbol{R}(r - dr_m)\boldsymbol{R}(p - dp_m)\begin{bmatrix} x \\ y \\ z \end{bmatrix}_{T_0}^{\text{VFS}} \tag{4.8-5}$$

其中:r,p,α 为姿态传感器的观测值。

2. 换能器的瞬时垂向变化量

测船在行驶过程中,在风浪的影响下,换能器存在垂向变化量,需要根据姿态传感器提供的数据对换能器的垂向位置进行改正。

（1）船体姿态引起的各传感器位置变化

质心(R_p)处存在船体整体的 Heave 值,令 R_p 垂向变化量为 ΔH_{rp}。船体姿态变化会造成姿态传感器和换能器的诱导升沉,分别为 ΔH_M 和 ΔH_T。

$$\begin{cases} \begin{bmatrix} x \\ y \\ z \end{bmatrix}_T^{\text{VFS}} = \boldsymbol{R}(p - dp_m)\boldsymbol{R}(r - dr_m)\begin{bmatrix} x \\ y \\ z \end{bmatrix}_{T_0}^{\text{VFS}} \\ \Delta H_T = z_T^{\text{VFS}} - z_{T_0}^{\text{VFS}} \end{cases} \tag{4.8-6}$$

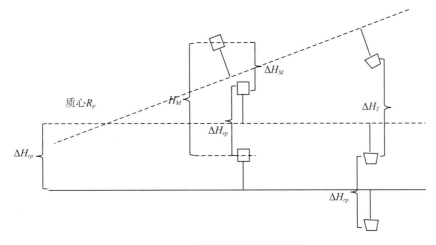

图 4.8-6 各传感器的垂向变化

$$
\begin{cases}
\begin{bmatrix} x \\ y \\ z \end{bmatrix}_M^{\mathrm{VFS}} = \boldsymbol{R}(p - dp_m)\boldsymbol{R}(r - dr_m) \begin{bmatrix} x \\ y \\ z \end{bmatrix}_{M_0}^{\mathrm{VFS}} \\
\Delta H_M = z_M^{\mathrm{VFS}} - z_{M_0}^{\mathrm{VFS}}
\end{cases}
\tag{4.8-7}
$$

（2）姿态传感器测得的垂向变化量 H_M

H_M 为姿态传感器的诱导升沉和质心垂向变化量的综合，即

$$
\begin{cases}
H_M = \Delta H_M + \Delta H_{rp} \\
\Delta H_{rp} = H_M - \Delta H_M
\end{cases}
\tag{4.8-8}
$$

（3）换能器的瞬时垂向变化量 H_T

$$
H_T = \Delta H_T + \Delta H_{rp}
\tag{4.8-9}
$$

GNSS 三维水深测量摒弃了传统水下地形测量对潮位观测的严格需求，它集潮位测量与水深测量于一身，能有效地削弱浪、潮汐、水面倾斜等对水下地形测量的影响，可高精度、实时、高效地测定水下地形点的三维坐标，已被广泛应用于河口、河道、岛礁、海滨等水域的水下地形精密测量中。

4.9 声惯一体测深仪

4.9.1 常规单波束测深系统存在的问题

虽然常规单波束测深系统具有原理简单、使用便捷、精度稳定等优势，但是由于测船姿态的影响无法完全消除、测深与定位信号时间同步难度大、波束角效应改正缺乏有效手段等一系列问题,其相对精度一直维持在1‰相对水深以内,难以得到突破。三峡水库蓄水运用后,在大水深条件下,为了减缓常规测深仪测深精度受测船姿态、延迟效应、波束角效应等综合影响,只有采用调低测船作业船速。测船船速已经降低至4节,同时为了保证成果稳定性,一个断面要连续观测2次,经误差综合改正后取用数据,这严重限制了作业效率。其主要面临的问题如下:

(1)姿态和传感器补偿

在实际工作过程中,单波束测深精度受船舶平台的运动姿态影响较大。在传统作业方式下,姿态设备与单波束设备联合使用,要求绝对刚性连接,并进行安装校准。这对安装支架和安装过程的要求均比较高。

(2)时间同步

在实际工作过程中,各种传感器如姿态仪、单波束测深仪、定位设备等不能做到严格时间同步,从而产生传感器数据与单波束测深仪的测距值之间的时间同步问题。这种情况下,也会引入水深测量误差。

(3)波束角效应

在单波束测深系统设计时,为了适应不同的姿态、防止回波丢失,一般波束角比较宽,在使用过程中,测深精度受地形起伏的影响比较大。

4.9.2　高精度声惯一体测深仪设计

高精度声惯一体测深仪针对传统的单波束测深仪及现有测深技术不足等问题,采用了全新的设计方案,力求通过姿态和单波束探头一体化、超声惯一体化换能器和信号处理算法的应用,彻底解决姿态/传感器补偿和时间同步问题,并在一定程度上降低波束角效应的影响,为波束角效应的补偿提供可能。与此同时,还要保持单波束测深系统造价较低、作业便捷方便的优势。其重点设计方向和预期工作目标包括:

(1)一体化设计

换能器、电子系统、姿态测量、吃水深度测量等一体化设计,用户免校准,快速安装使用。

(2)时间同步

GNSS、姿态传感器、声呐系统时间对准设计,避免多传感器系统出现时间错位,从而影响测量精度。

(3)超宽带技术

采用超宽带技术为波束角效应修正提供依据,降低波束角效应的影响。

(4)水深和声学影像

利用声惯一体化单波束测深仪,同时提供水深和声学影像数据(图4.9-1)。

(5)物联网

单波束测深系统直接联网(4G/5G/Wi-Fi等),方便用户实时监测和接入大数据系统,方便用户实时获取潮位信息及数据共享互通。

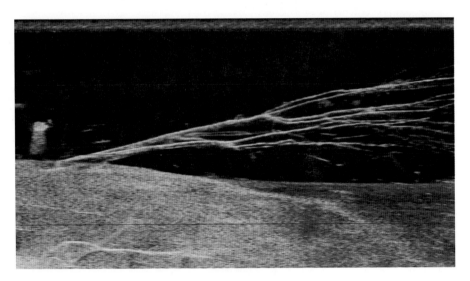

图 4.9-1 典型的声学影像图

4.9.3 主要技术特点

（1）延时效应

声惯一体测深仪声呐探头将测得的水深数据传输给测深主机，测深主机通过内部虚拟串口将水深数据结合 GNSS 采集到的定位数据由物理串口输入采集软件，完成原始测深数据的采集，由于系统接入了高精度 pps 秒脉冲，测深仪的水深数据以及 GNSS 定位数据输入采集软件的时间是一致的，并不会导致水深真实位置的偏移。

（2）姿态效应

传统的单波束测深仪在测量过程中，船会晃动，换能器不是垂直向下的，与竖直方向存在一定的夹角 θ，当 θ 小于波束角度的二分之一时，换能器正下方水底反射回来的信号依然很强，换能器正下方水底反射的信号依然是最先被接收到的，能够满足水底跟踪的两个必要条件（第一个接收到的信号，第一个能量较强的信号），因此测得的水深依然是换能器正下方的水深。但当 θ 大于波束角度的二分之一时，虽然换能器正下方反射的信号依然是最先接收到的，换能器正下方依然会有水底信号反射回来，但信号可能是旁瓣波束反射的，信号强度比较弱，这样就不满足水底跟踪的判别条件，因此测得的水深并不是测船正下方的水深，而是与正下方波束发生一定角度偏移后的水深。

声惯一体测深仪将姿态模块安装于声呐探头内，保证姿态模块与换能器刚性连接。姿态信息可实时传入声呐处理模块。声呐处理模块利用高精度时间同步、线性插值等技术，获得声呐数据同一时刻的姿态信息。姿态补偿充分考虑波束开角，为了避免水底起伏的影响，姿态数据补偿声呐位置。当 θ 大于波束角的一半时，测得的水深值并不是测船正下方的水深，此时将测得的水深通过几何关系改正到船体正下方的位置，以确保水深测量的准确性。

4.9.4　设备制造

（1）完成了声惯一体化单波束换能器的制造（图 4.9-2）。

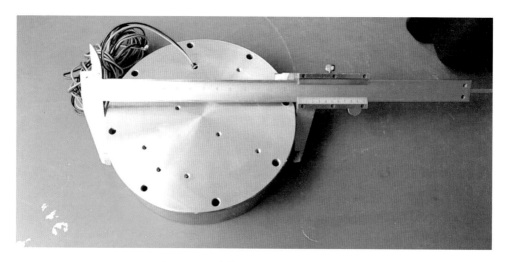

图 4.9-2　声惯一体化单波束换能器

（2）完成了一体化声呐探头的设计和制造（图 4.9-3）。

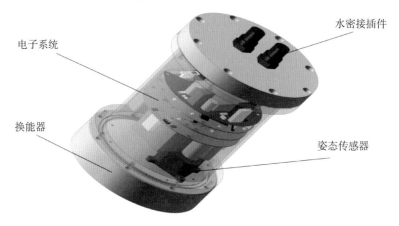

电子系统

水密接插件

换能器

姿态传感器

图 4.9-3　一体化声呐探头主要组成

（3）完成了声惯一体化单波束电子系统的设计和制造（图 4.9-4）。

（4）完成了主要传感器的采购和测试（图 4.9-5）。

4.9.5　精度试验

为验证高精度声惯一体测深仪的性能，项目研究人员进行多次商讨与实地测试，主要测试情况见表 4.9-1。

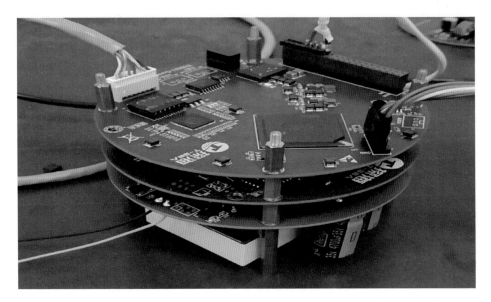

图 4.9-4 声惯一体化单波束电子系统

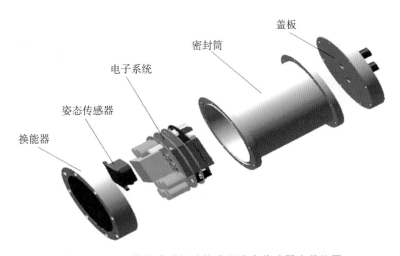

图 4.9-5 一体化声呐探头构成及姿态传感器安装位置

表 4.9-1 高精度声惯一体测深仪性能测试工作情况

测试河段	日期	测试内容
三峡库区万州段	2020 年 12 月 26—30 日	S172～S174,最大水深 100 m,U 形、V 形、复式断面检测
三峡库区坝前段	2021 年 1 月 6—12 日	三峡库区测深基准场检测
乌东德水库坝前段	2021 年 4 月 22 日	乌东德测深基准场检测,6 个基准断面检测,2 个固定断面检测,最大水深 190 m 检测

4.9.5.1 三峡库区万州段试验

利用高精度声惯一体测深仪对三峡库区万州段固定断面 S172、S173、S174 进行试验观测,各往返断面观测套绘图见图 4.9-6 至图 4.9-8。

利用高精度声惯一体测深仪,对三个断面进行多个往返航次的扫测,包括不同航速等状态。经对比可以看出,各个断面不同航次的结果基本一致,验证了采用内置姿态仪的技术对断面吻合的有效性。

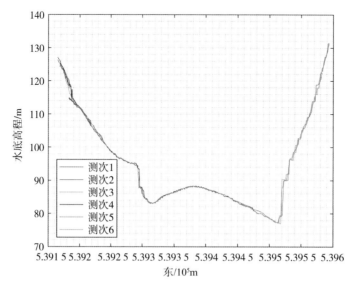

图 4.9-6 S172 断面多测回套绘图

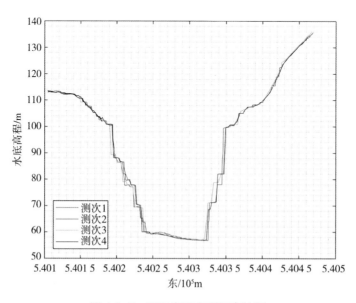

图 4.9-7 S173 断面多测回套绘图

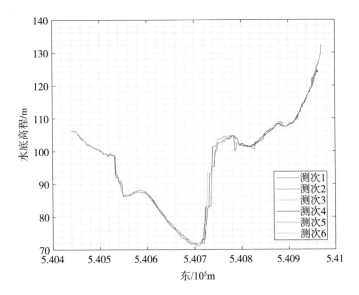

图 4.9-8 S174 断面多测回套绘图

4.9.5.2 三峡库区坝前段试验

（1）声场情况。声速剖面测量成果如图 4.9-9 所示。

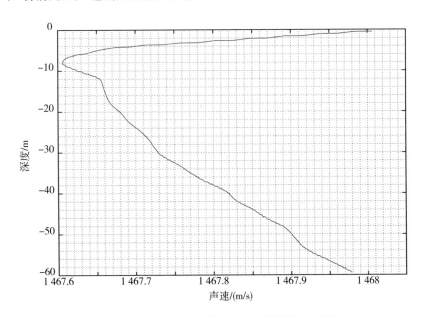

图 4.9-9 三峡库区坝前段声速剖面测量成果图

（2）水位情况。沙湾、SJD2、伍相庙三处水位如图 4.9-10 所示。

（3）SJD2 基准点测试。图 4.9-11 为 SJD2 基准点水深测量结果汇总在同一张图上的展示。其中横坐标为北向，纵坐标为水深。

将 SJD2 基准点上采样数据汇总在一起，如图 4.9-12 所示。

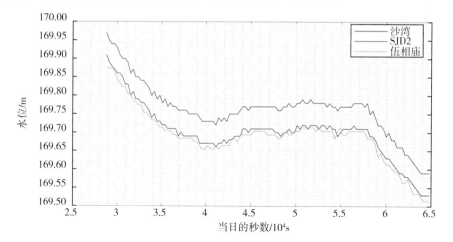

图 4.9-10　三峡库区坝前段水位曲线图

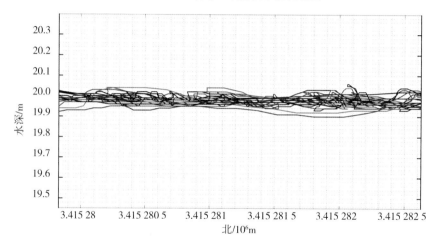

图 4.9-11　SJD2 基准点水深测量结果汇总图

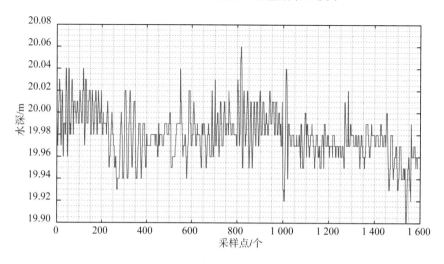

图 4.9-12　SJD2 基准点全部采样数据汇总图

对上述数据(共 1 589 个采样点)进行统计,可得到基准点水深均值为 19.98 m;基准点水深标准差为 0.022 m。相对偏差为 0.1%。

图 4.9-13 为 SJD2 基准点水底高程测量结果汇总在同一张图上的展示。其中横坐标为北向,纵坐标为水底高程。由此可以得出:水底高程平均值为 149.74 m。

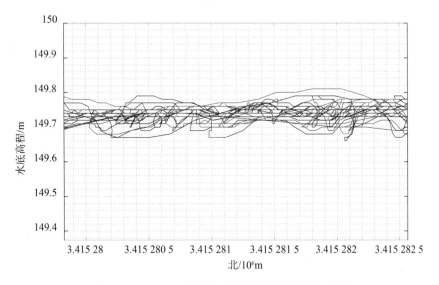

图 4.9-13 SJD2 基准点水底高程测量结果汇总图

(4)伍相庙基准断面。图 4.9-14 为伍相庙基准断面水底高程测量结果汇总在同一张图上的展示。其中横坐标为采样点的北坐标,纵坐标为水底高程。

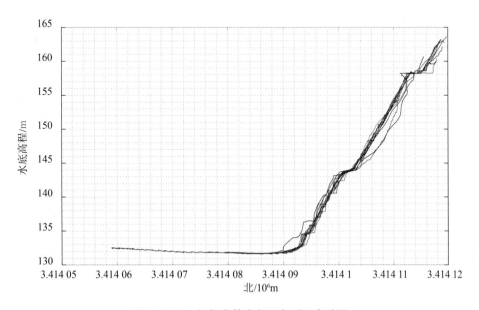

图 4.9-14 伍相庙基准断面多测回套绘图

从图4.9-14中可以看到,当地形变化较大时,不同测线文件有明显偏差,不同测线间偏差达到2~3 m,严重偏离测线的偏差值达到5~6 m。

(5)自定义断面。图4.9-15为自定义断面测量结果汇总在同一张图上的展示。其中横坐标为采样点的北坐标,纵坐标为水底高程。这些测线文件显示,航迹、水底高程吻合度较好。

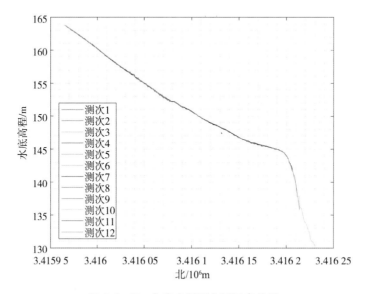

图4.9-15 自定义断面多测回套绘图

(6)沙湾基准断面。图4.9-16为沙湾基准断面测量结果汇总在同一张图上的展示。其中横坐标为采样点的北坐标,纵坐标为水底高程。这些测线文件位置吻合得较好,因此水底高程的吻合度也较好。

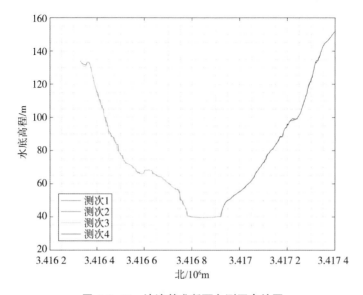

图4.9-16 沙湾基准断面多测回套绘图

4.9.5.3　乌东德水库坝前段试验

（1）声速剖面。声速在深度为 0～20 m 范围内，由 1482 m/s 逐渐减至 1 467 m/s；在深度为 20～80 m 范围内，声速由 1 467 m/s 渐变至 1 462 m/s；深度在 80 m 以上时，声速约为 1 461 m/s，变化不大，如图 4.9-17 所示。

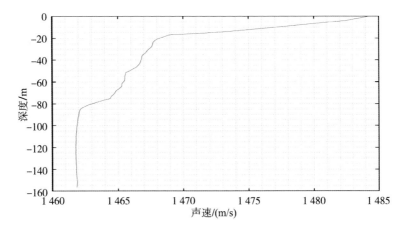

图 4.9-17　乌东德水库坝前段声速剖面图

（2）水位情况。两个潮位站的水位如图 4.9-18 所示。

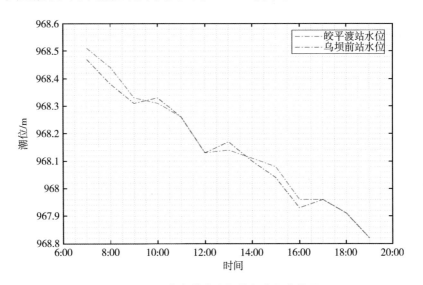

图 4.9-18　乌东德水库坝前段水位曲线图

（3）基准断面测试。测试了 WX1～WX6 共 6 个断面，各断面多测回套绘见图 4.9-19 至图 4.9-24。

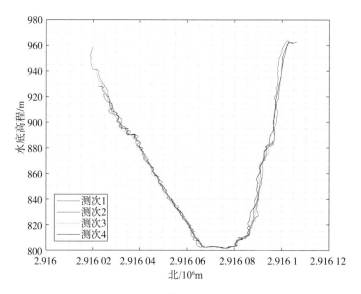

图 4.9-19　WX1 基准断面多测回套绘图

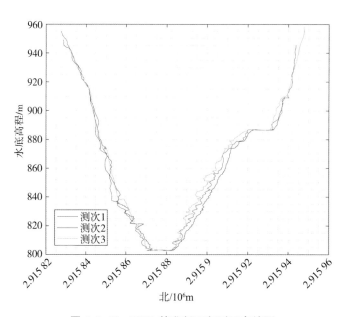

图 4.9-20　WX2 基准断面多测回套绘图

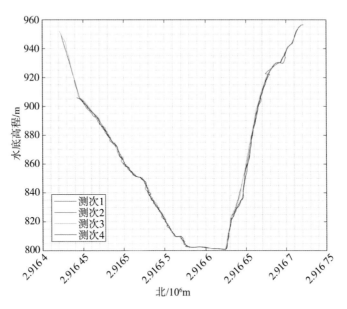

图 4.9-21　WX3 基准断面多测回套绘图

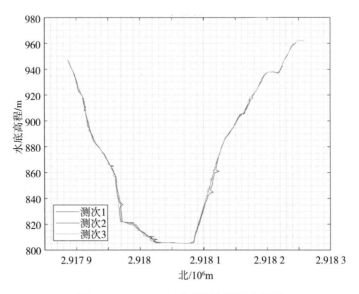

图 4.9-22　WX4 基准断面多测回套绘图

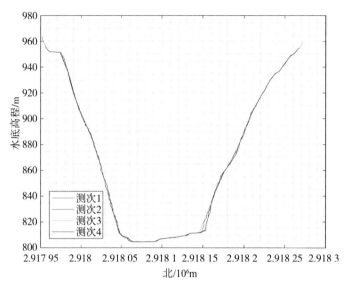

图 4.9-23　WX5 基准断面多测回套绘图

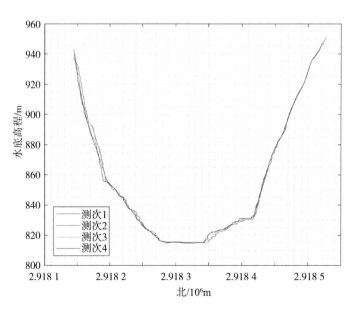

图 4.9-24　WX6 基准断面多测回套绘图

（4）最大水深超过 160 m 的固定断面。共测试了 JD001 断面、JD005.1 断面,2 个断面多测回套绘见图 4.9-25、图 4.9-26。

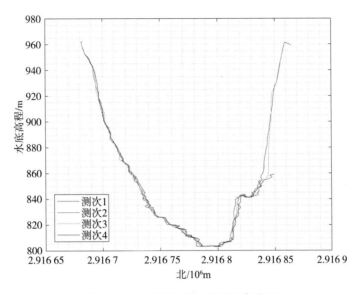

图 4.9-25 JD001 断面多测回套绘图

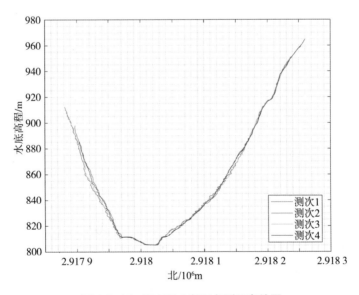

图 4.9-26 JD005.1 断面多测回套绘图

（5）测深基准点定点测深

①定点 1(标定高程 853.52 m)

实测定点 1 的水底高程数值在 853.36～853.40 m,与理论值相差 0.12～0.16 m。

②定点 2(标定高程 849.75 m)

实测定点 2 的水底高程数值在 849.65～849.70 m,与理论值相差 0.05～0.10 m。

（6）最大水深 190 m 测量

在航渡过程中出现较深结果时，在现场进行了短暂记录，声呐图像以及水深测量结果如图 4.9-27 所示，最大水深值为 187.47 m。

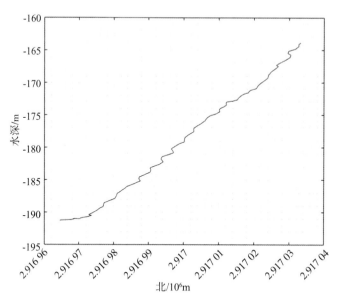

图 4.9-27　深度 190 m 试验图

根据上述测试，可得出如下结论：

（1）本次利用声惯一体化单波束测深仪对乌东德水电站的断面和定点进行了探测，不同航次的水底高程吻合度较好。

（2）系统运行稳定，在运行过程中未发生崩溃等异常现象。

（3）由于将姿态设备集成在探头内，因此在测量过程中，探头如果姿态较差，可以及时调整安装架，避免位置误差过大。

（4）利用高精度声惯一体测深仪测量水下标定的定点高程，定点 1 的高程差别为 0.12～0.16 m，差别率为 0.000 14～0.000 18，在万分之二以内。定点 2 的高程差别为 0.05～0.10 m，差别率为 0.000 06～0.000 12，在万分之二以内。

（5）后续建议将探头安装在测船中轴线上，这样可以获得更好的安装平台的稳定度，进而进一步提高数据质量、可靠性和稳定性。

三峡库区万州段、三峡库区坝前段及乌东德水库坝前段试验表明，经多次试验、优化改进，高精度声惯一体测深仪最终能够达到如下精度：静态（0.10＋0.3％×D）m；动态（0.15＋0.5％×D）m。

第五章
多波束测深技术

多波束测深系统同单波束测深仪一样都是利用声波在水下的传播特性来测量水深的。它安装于水下的声基阵,发射扇形波束,接收水底反射的回波信号,根据各角度到达的时间或者相位来测量水底多个点的水深值。与单波束测深仪相比,多波束测深系统具有测量速度快、测量范围大、精度高等优点,它把测深技术从点、线扩展到面,并进一步到立体测深和自动成图,特别适合大面积的水底地形探测。

5.1 多波束测深系统的组成及基本原理

多波束勘测技术的诞生,突破了传统单波束勘测技术的局限,形成了新的水底勘测技术框架,并在系统的组成、波束发射接收方式、水底信号探测技术、射线几何学等方面形成了新的特点。为了进一步了解多波束测深系统的特点,下面具体阐述多波束测深系统的组成及基本原理。

5.1.1 多波束测深系统的组成

多波束测深系统是一种用来进行水下地形地貌测绘的多传感器组合而成的设备,它利用安装于水下的换能器发射扇形波束,并接收水底反射的回波信号,根据记录声波在水下的传播时间来测量水深。它是水声学、电子技术、计算机以及现代信号与信息处理理论等高新技术的融合与发展。它可以对水下地形地貌进行大范围、全覆盖的测量及实时声呐图像显示,结合 GNSS RTK 定位,可以迅速获取各种比例尺的水下地形图、数字高程图,测量成果可以精确反映水下细微的地形变化和目标物情况,极大地提高了测量的精度和效率,为海洋和内河湖泊的水下测绘带来一次技术上的革命。

对于不同型号的多波束测深系统,虽然单元组成不同,但大体上可将系统分为多波束声学系统(MBES)、多波束数据采集系统(MCS)、数据处理系统、外围辅助传感器和成果输出系统。如图 5.1-1 所示,换能器为多波束声学系统,负责波束的发射和接收。多波束数据采集系统和处理系统完成波束的形成和将接收到的声波信号转换为数字信号,并通过记录的声波往返时间反算测量的距离。外围辅助传感器主要包括如定位传感器（GNSS）、姿态传感器、声速剖面仪和电罗经，其中 GNSS 主要用于多波束测量时的导航和定位；姿态传感器主要负责纵摇、横摇以及浪涌参数的测定，以反映实时的船体姿态变化；电罗经主要提供船体在一定坐标系下的航向，以用于后续的波束归位计算；声速剖面仪用于获取测量水域声速的声速剖面。成果输出系统综合各类测量软件进行测量数据的后处理及最终成果的输出。

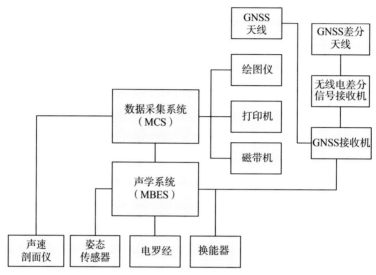

图 5.1-1　多波束测深系统基本组成

5.1.2　多波束测深系统的基本原理

不同于单波束测深仪，多波束测深系统的发射、接收基阵采用互相垂直的方式。发射基阵平行于船的首尾线安装，而接收基阵垂直于船的首尾线安装。发射信号和接收信号分别在某一方向上形成较小的方向角，而在垂直的另一方向上形成较宽的方向角，其目的是使船体的运动姿态对测量系统的影响降到最低。多波束测深系统的工作原理如图 5.1-2 所示。通过对每个接收波束内的回波信息进行振幅检测（用于在中央波束附近的小入射角波束）或相位检测（用于其他的边缘波束），计算出每个波束的中心以及某一点回波的斜距，从而得到波束脚印位置，即测点水深。

图 5.1-2　多波束测深系统工作原理示意图

其具体测量过程为:换能器阵发射形成的扇形声波波束,照射测量船正下方的一条狭窄水域,同时启动计数器;声波在水中传播,接触到该水域底部时发生反射,因各反射点的空间位置不同,回波返回的时间也不相同;到达换能器的回波中包含了水下地形起伏等信息,对回波信号进行固定方向的多波束形成、幅度检测、能量累积等处理,当检测到相应角度的回波信号时,记录其计数值,直至所有待测角度的回波都到达,即完成了一次测量。此时,根据对应角度的计数值和测量时的声速值可以反算每个反射点距离换能器的深度,再经过简单的三角变换即可同时测出多点的深度信息。测船沿着航道方向运动并连续测量,便可完成对测船两侧条带水域的水下地形测量。

5.2　多波束测深系统主要误差来源

海底地形测量有两个基本要素:水深和坐标。多波束测深系统主要是测量水的深度,而深度数据的平面坐标由辅助参数测定,由此可见多波束测深系统的误差主要来自两个方面:一个是设备本身的误差,另一个是辅助设备的误差。综合来说,影响测深精度的因素有回波检测误差、传感器安装误差、船姿误差、定位误差、声速误差和水位误差。

(1)回波检测误差

回波检测误差是多波束声呐在脉冲发射和接收过程中,因使用不同的海底回波检测方法而引入的误差。目前,多波束测深系统海底回波的检测方法主要有相位检测和振幅检测,这两种方法各有不同的误差特点。相位检测法是检测接收波束的入射角度和相位;振幅检测法是检测波束的射程。无论哪种方法,其测量计算误差都对波束点的水深和水平位置产生影响。从原理上来说,振幅检测法在中央附近波束测量精度较高;相位检测法在边缘波束测量精度较高,这两种方法均对多波束的测量精度有一定影响,且影响程度与海底地质、地形及海况有关。在实际应用中,常常同时使用多种检测方法。目前从多波束测深系统对回波信号的检测精度来看,在平坦的海底条件下,相位检测可使入射角计算误差达到 0.05°;在近似垂直入射的情况下,振幅检测可使射程计算误差达到 1～2 个脉冲波长,而且该项误差还可能随入射角的增加而增加。这两项误差均会影响波束点的水深和水平位置,但总的来说对多波束测量精度影响不大。

(2)传感器安装误差

多波束测深系统安装有换能器、GPS 天线和运动传感器,它们安装在测船的不同位置,测船运动时,各设备的位移方向和幅度都不一样,从而造成测线与测点定位测深误差。换能器安装误差可分为横偏误差和纵偏误差,其对测量精度的影响与运动传感器的横摇、纵摇误差相同,二者无法截然分开。

(3)船姿误差

船姿主要受控于风、流等外界作用。在海域主要表现为风的作用,在内河主要表现为风、流的共同作用。根据多波束测量原理,在理想状态下,换能器的波束断面与航向、水面正交。但在实际测量中,由于风、流等外界因素的作用以及船姿的瞬时变化,多波束的理想测量状态被打破,瞬时实测断面或者与铅垂方向存在一定的夹角,或者与航向正交方向存在一个小的夹角,或者上述两种情况并存。船姿误差主要是指航偏角、横摇角、纵摇角和动吃水四个姿态参数对多波束测深结果的综合影响。

(4)定位误差

多波束测深时采用 GNSS 确定测船的平面位置。一般来说,目前 GNSS 定位技术已经能够满足多波束测深时的定位精度要求。然而,测深工作环境具有动态性,不仅要求实时定位,还要求测深与定位保持同步。若测深与定位不同步,则测深值将产生位移,从而使整个测区水下地形失真,这种影响被称为延时效应。与此同时,在测量过程中,定位中心与测深中心位置应该一致。在实际工作中,通常把 GNSS 接收天线直接安装在换能器上,即可保证定位中心与测深中心位置的一致性,然而由于测深中心处在水面之下,定位中心处在水面之上,并且在有些船只上换能器无法直接安装在船底,只能安装在船舷之外,或者其他硬件安装上的困难,经常使得定位中心偏离测深中心,造成水深值移位,这种影响被称为定位中心与测深中心的偏移效应。以上两种效应均对多波束测深系统的测量结果产生一定影响,统称为测量的定位误差。

(5)声速误差

多波束测深系统依赖于海水介质对声波的传播以及海底的反射和散射,它把接收到的信号按旅行时间经过声速剖面折算成深度和测向水平距离。与单波束测深仪不同,由于目前多波束测深系统大多采用 150°广角发射,边缘波束处于倾斜收发状态,因此,声线遇到不同声速界面的折射会加大,仪器对声速剖面的要求也更加严格。同时,海水又是一种高度流动介质,其温度、盐度特征不仅受到洋流高盐度入侵和径流淡水的影响,还受到季节、气温、流场等因素的作用。海水介质显著变化的温度、盐度必然导致声速剖面随着时间、空间的不同发生巨大变化,从而对多波束测深产生重大影响。

(6)水位误差

多波束测量实践表明,水位改正前,多波束测量结果直接成图的等值线呈锯齿状,水位改正后的等值线较为平滑,数据质量明显提高。水位改正是否科学准确对多波束测深条带的拼接具有重要影响,不合理的水位改正将导致测深条带出现拼接断层现象。

5.2.1 辅助参数的补偿方法

船位、船姿、水位三类辅助参数的测定精度对多波束测深系统的成果精度起到了至关重要的作用。在实际测量过程中,在对辅助参数进行测量时常常伴有系统误差,因此,为了获得高精度的测深成果,除了对测得的辅助参数进行滤波外,还应该对辅助参数的系统误差进行补偿。本节将具体探讨船位、船姿数据补偿方法。

5.2.1.1 船位数据的补偿方法

在常规多波束系统测量中,船位信息通常由 GNSS 负责测定。GNSS 除了为测量船提供导航和定位信息,还服务于每个波束的归位计算,以获得测深点精确的平面位置。

随着 GNSS RTK 技术的发展,在航道/海道测量中 RTK 提供的平面位置坐标已经能够满足水下地形测量的精度要求。然而,在多波束系统测量过程中,由于 GNSS 具有电磁波特性,且工作在水面之上;测深系统具有声学特性,工作在水面之下,因此分属两个不同系统的定位和测深系统始终存在着不同程度的延时效应和偏移效应。

延时效应和偏移效应建立于测量船定位与测深系统之间的关系,而且受波浪、船速等众多因素影响,空间结构比较复杂。因此,为了研究方便,本节引入测线坐标系、船体坐标系、当地坐标系,三个坐标系转换关系如图 5.2-1 所示。

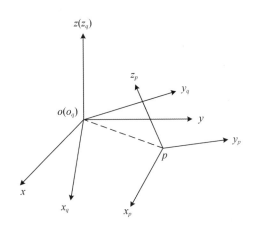

图 5.2-1　三个坐标系及相互关系示意图

$o\text{-}xyz$ 为测线坐标系,$p\text{-}x_py_pz_p$ 为船体坐标系,$o_q\text{-}x_qy_qz_q$ 为当地坐标系。三个坐标系之间的相互关系为:当地坐标系与测线坐标系之间的空间坐标旋转向量为 $(0,0,\varphi)$,测线坐标系与船体坐标系之间的空间坐标旋转向量为 (α,β,λ)。其中,λ 为测船船首晃动角,船首右偏取正值;α 为测船横摇角,左倾取正值;β 为测船纵摇角,船首下沉取正值。测线坐标系与当地坐标系的原点始终重合,保持不变。

(1)延时效应分析

延时效应对测量的影响如图 5.2-2 所示。P 为真实位置,Q 为记录位置,Δ 为位移。从图 5.2-2(a)中可知,当在测船同一方向施测时,延时将使每个水深值移位 Δ,使整个海底地形产生漂移;而当测船按正反方向交替施测时,如图 5.2-2(b)所示,延时将使正向测深值右移 Δ,反向时测深值左移 Δ,使整个水下地形产生条带交叉错位。移位 Δ 的大小与航速成正比,当延时 $\Delta t = 1\,\mathrm{s}$,船速 $V = 12$ 节时,$\Delta = 6.2\,\mathrm{m}$。目前,GNSS 水上动态定位误差不大于 $1\,\mathrm{m}$,因此,延时效应在高精度的水上工程测量中不容忽视。

针对延时效应,目前有两种探测方法:同一目标法和同一测线法。在实际应用中,一般采用同一目标法。在水域内选定一突出目标(容易从水深图上准确识别),沿某一方向往返观测两次,得到同一目标的两个位置 P_1、P_2,如图 5.2-3 所示,可计算得到延时位移

$$\Delta = \frac{P_1 P_2}{2} \tag{5.2-1}$$

式中：$P_1 P_2$ 为 P_1、P_2 两点之间的距离。

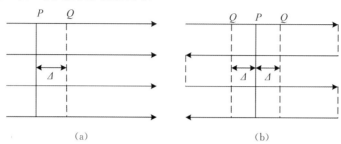

图 5.2-2　延时效应示意图

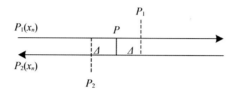

图 5.2-3　同一目标法

测定船速 V，可进一步得到定位测深系统延时

$$\Delta t = \frac{\Delta}{V} \tag{5.2-2}$$

对于延时 Δt 有两种改正方法，可以在测量前对定位与测深系统中对时间基准进行调整，使两系统时间同步；或者在数据后处理过程中安装以下方法进行改正。

该测线正确的水深值 $P_1(x_n) = P_1(x_n - \Delta)$ 或 $P_1(x_n) = P_2(x_n + \Delta)$，其中（$n=1$，$2,\cdots,N$）。进一步可得整个测区的正确水深值 $P(x_n)$（正向取"$-$"号，反向取"$+$"号）。则测船沿同一方向施测时，

$$P(x_n) = P(x_n - \Delta) \tag{5.2-3}$$

测船往返施测时，

$$P(x_n) = P(x_n \pm \Delta) \tag{5.2-4}$$

（2）偏移效应分析

在实际工作中，由于硬件安装上的困难，定位中心偏离测深中心，从而造成水深值的偏移。如图 5.2-1 所示，设定位中心与测深中心之间存在位移（Δx_0，Δy_0，Δz_0），令 $\Delta l = (\Delta x_0, \Delta y_0, \Delta z_0)$。在测船航行时，尽管定位中心与测深中心之间的位移在船体坐标系中固定不动，但由于在测量时船体姿态会发生改变，因此两中心之间的位移以及对测深位置的影响会随船体姿态和测深线方向而改变。当通过姿态仪测定船姿参数时，可以通

过坐标变换求得其偏移量。下面给出具体过程。

测深中心与定位中心的位移在测线坐标系中可表示为

$$\begin{bmatrix} \Delta x \\ \Delta y \\ \Delta z \end{bmatrix} = \boldsymbol{R}_\lambda \boldsymbol{R}_a \boldsymbol{R}_\beta \begin{bmatrix} \Delta x_0 \\ \Delta y_0 \\ \Delta z_0 \end{bmatrix} \tag{5.2-5}$$

式中：$\boldsymbol{R}_\lambda = \begin{bmatrix} \cos\lambda & \sin\lambda & 0 \\ -\sin\lambda & \cos\lambda & 0 \\ 0 & 0 & 1 \end{bmatrix}$，$\boldsymbol{R}_a = \begin{bmatrix} \cos\alpha & 0 & -\sin\alpha \\ 0 & 1 & 0 \\ \sin\alpha & 0 & \cos\alpha \end{bmatrix}$，$\boldsymbol{R}_\beta = \begin{bmatrix} 1 & 0 & 0 \\ 0 & \cos\beta & \sin\beta \\ 0 & -\sin\beta & \cos\beta \end{bmatrix}$。

换能器在测线坐标系中的真实坐标为

$$\begin{bmatrix} x_{p2} \\ y_{p2} \\ z_{p2} \end{bmatrix} = \begin{bmatrix} x_{p1} \\ y_{p1} \\ z_{p1} \end{bmatrix} + \begin{bmatrix} \Delta x \\ \Delta y \\ \Delta z \end{bmatrix} \tag{5.2-6}$$

式中：(x_{p2}, y_{p2}, z_{p2}) 为测深中心在测线坐标系中的坐标值；(x_{p1}, y_{p1}, z_{p1}) 为定位中心在测线坐标系中的坐标值。

从而可得测深中心在当地坐标系中的位置：

$$\begin{bmatrix} x_q \\ y_q \\ z_q \end{bmatrix} = \begin{bmatrix} x_{p_1} \\ y_{p_1} \\ z_{p_1} \end{bmatrix} + \boldsymbol{R}_\varphi \boldsymbol{R}_\lambda \boldsymbol{R}_a \boldsymbol{R}_\beta \begin{bmatrix} \Delta x_0 \\ \Delta y_0 \\ \Delta z_0 \end{bmatrix} \tag{5.2-7}$$

式中：$\boldsymbol{R}_\varphi = \begin{bmatrix} \cos\varphi & \sin\varphi & 0 \\ -\sin\varphi & \cos\varphi & 0 \\ 0 & 0 & 1 \end{bmatrix}$，$\varphi$ 为测线坐标 y 轴在当地坐标系中的方位角，由北顺时针量取正值。

（3）改正方法

在实际应用中，若延时效应和偏移效应同时存在于测深系统中，二者在耦合作用下引起测深值位移。此时，可以进行综合改正，也可以进行分步改正。

①综合改正

设定位系统测得的点 p 在当地坐标系中的坐标为 Q，令测深中心与定位中心在当地坐标系下位移为 ΔP，则换能器在当地坐标系下的坐标 P 可表示为

$$P = Q + \Delta P + \Delta \tag{5.2-8}$$

将式（5.2-2）、式（5.2-7）代入式（5.2-8），可得

$$P = Q + \boldsymbol{R}_\varphi \boldsymbol{R}_\lambda \boldsymbol{R}_\alpha \boldsymbol{R}_\beta \Delta l + V \Delta t \tag{5.2-9}$$

由上式可知,只要准确测得船速、延时和船姿就可对延时效应和偏移效应进行改正。

②分布改正

在测量时,对延时效应和偏移效应分别进行改正,即在测深前对系统延时进行测定、校正;在实际应用时,按同一目标法测定 Δt 后,根据 Δt 的大小调整定位与测深系统的时间基准系统,使系统延时为零,则式(5.2-7)即为改正模型。

5.2.1.2 船姿数据的补偿方法

测量船在水上行驶,最常出现的外界影响因素就是波浪。为了削弱其对定位和水深测量的影响,需要进行姿态补偿,这里的姿态补偿是一种动态测量状态下的改正,有别于安装校正中由换能器的安装偏差引起的姿态偏差。姿态补偿主要涉及航偏角、横摇角、纵摇角和动吃水。

为了下面叙述方便,设入射角为 θ ,斜距为 R ,水深为 D ,在当地坐标系下波束脚印的坐标为 $(x, y, z)_{LLS}$,姿态测量误差对其影响为 $(dx, dy, dz)_{LLS}$ 。在船体坐标系下波束脚印的坐标为 $(x, y, z)_{VFS}$,姿态测量误差对其影响为 $(dx, dy, dz)_{VFS}$ 。

(1)航偏角影响分析

如图 5.2-4 所示,测船的实际航行路线不可能与计划航向完全一致,而是绕 z 轴有一个 h 角的扭动。该角度不会给船体坐标系下的坐标造成影响,但是它使船体坐标系和当地坐标系的旋转向量变为 $(0, 0, \varphi + h)$(此时,忽略船的横摇和纵摇)。其中相对于计划航向,偏左 h 取正值。则当地坐标系下的坐标受航偏角影响的改正公式为

$$\begin{bmatrix} x \\ y \\ z \end{bmatrix}_{LLS} = \begin{bmatrix} \cos(\varphi + h) & \sin(\varphi + h) & 0 \\ -\sin(\varphi + h) & \cos(\varphi + h) & 0 \\ 0 & 0 & 1 \end{bmatrix} \begin{bmatrix} 0 \\ R\sin\theta \\ R\cos\theta \end{bmatrix} \tag{5.2-10}$$

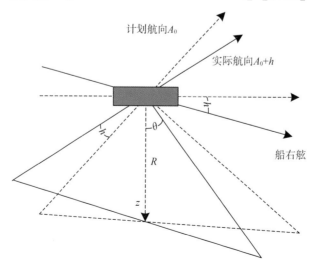

图 5.2-4 航偏角引起的姿态变化示意图

$$
\begin{bmatrix} \mathrm{d}x \\ \mathrm{d}y \\ \mathrm{d}z \end{bmatrix}_{\mathrm{LLS}} = \begin{bmatrix} R\sin\theta\sin\Delta h \\ R\sin\theta\cos\Delta h - R\sin\theta \\ 0 \end{bmatrix} = \begin{bmatrix} D\tan\theta\Delta h \\ D\tan\theta\Delta h^2/2 \\ 0 \end{bmatrix} \tag{5.2-11}
$$

（2）横摇误差分析

横摇使换能器在 yOz 面内绕 x 轴发生了 r 角的旋转，以顺转为正，其引起的姿态变化如图 5.2-5 所示（虚线断面为理想测量状态，实线为有横摇误差时的实际测量断面）。当有横摇时，入射角由理想状态变为 $\theta + r$ ，则波束脚印在船体坐标系下的坐标以及横摇的测量误差 dr 对其坐标影响的改正公式为

$$
\begin{bmatrix} x \\ y \\ z \end{bmatrix}_{\mathrm{VFS}} = \begin{bmatrix} 0 \\ R\sin(\theta+r) \\ R\cos(\theta+r) \end{bmatrix} \tag{5.2-12}
$$

$$
\begin{bmatrix} \mathrm{d}x \\ \mathrm{d}y \\ \mathrm{d}z \end{bmatrix}_{\mathrm{VFS}} = \begin{bmatrix} 0 \\ R\cos(\theta+r)\mathrm{d}r \\ -R\sin(\theta+r)\mathrm{d}r \end{bmatrix}_{\mathrm{VFS}} = \begin{bmatrix} 0 \\ D\mathrm{d}r \\ -D\tan(\theta+r)\mathrm{d}r \end{bmatrix}_{\mathrm{VFS}} \tag{5.2-13}
$$

由式（5.2-12）、式（5.2-13）可知，横摇对 x 轴不产生影响，但对 y 轴和 z 轴产生了一定的影响。

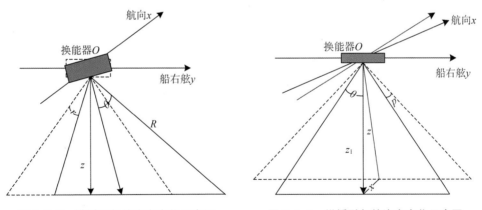

图 5.2-5　横摇引起的姿态变化示意图　　　图 5.2-6　纵摇引起的姿态变化示意图

（3）纵摇误差分析

如图 5.2-6 所示，纵摇使得换能器随 y 轴在 xOz 面内发生 p 角的旋转，以顺时针为正。当测量中存在纵摇时，理想测量断面将与实际测量断面产生二面角 p ，则波束脚印在船体坐标系下的坐标以及横摇的测量误差 $\mathrm{d}p$ 对其坐标影响的改正公式为

$$
\begin{bmatrix} x \\ y \\ z \end{bmatrix}_{\mathrm{VFS}} = \begin{bmatrix} R\cos\theta\sin p \\ R\sin\theta \\ -R\cos\theta\cos p \end{bmatrix} \tag{5.2-14}
$$

$$\begin{bmatrix} \mathrm{d}x \\ \mathrm{d}y \\ \mathrm{d}z \end{bmatrix}_{\mathrm{VFS}} = \begin{bmatrix} R\cos\theta\cos p\,\mathrm{d}p \\ 0 \\ -R\cos\theta\sin p\,\mathrm{d}p \end{bmatrix}_{\mathrm{VFS}} = \begin{bmatrix} D\,\mathrm{d}p \\ 0 \\ -D\tan p\,\mathrm{d}p \end{bmatrix}_{\mathrm{VFS}} \tag{5.2-15}$$

由式(5.2-14)、式(5.2-15)可知,p 和 $\mathrm{d}p$ 对 y 轴不产生影响,仅对 x 轴和 z 轴产生影响。且当纵摇存在于测量中时,深度的计算公式应为

$$D = R\cos\theta\cos p \tag{5.2-16}$$

（4）动吃水误差分析

动吃水(h_{ds})是指测量时船体在垂直方向上的瞬时变化。这种变化仅对 z 轴产生影响,对平面位置不产生影响。以 h_{ds} 向上为正,向下为负。Δh_{ds} 对波束角归位的影响为

$$\begin{bmatrix} \mathrm{d}x \\ \mathrm{d}y \\ \mathrm{d}z \end{bmatrix} = \begin{bmatrix} 0 \\ 0 \\ \Delta h_{ds} \end{bmatrix} \tag{5.2-17}$$

对于测船动吃水的补偿和改正,目前有三种方法:①监测改正法,即通过传感器直接测定测量船的动吃水进行改正;②补偿消除法,是采用动吃水补偿测深仪来进行测量,即将测得的动吃水数据直接输入测深仪,从而自动抵偿其动吃水影响;③计算机水深数字滤波法,即将数字水深信号进行分段,对每一段采用多项式进行最小二乘曲线拟合,取拟合多项式计算得到的值作为水深值。

5.2.2　水位数据的补偿方法

利用多波束测深系统进行水下测量时,水位改正对于提高其测量精度具有十分重要的意义。影响水深测量精度的水文要素很多,其中消除潮位影响是多波束水位改正中最核心的环节。实践表明,水位改正后,多波束数据精度明显提高,测量结果成图的等深线也明显平滑。现阶段,水位的改正方法主要有传统改正模式和 GNSS 无验潮改正模式。

（1）传统改正模式

传统改正模式是基于水位站控制及解算技术对测深值进行水位改正的方法。水位改正是在瞬时测深值中剔除水面时变影响,获得与时间无关的稳态深度场。将海域内某点 $D(x,y)$ 的瞬时测深值记为 $D(x,y,t)$、稳态深度场记为 $D_0(x,y)$,时变水位场记为 $w(x,y,t)$,则瞬时测深值可表示为

$$D(x,y,t) = D_0(x,y) + w(x,y,t) \tag{5.2-18}$$

潮汐改正的目的是通过计算测深点的水位值 $w(x,y,t)$,并通过式(5.2-18)求解稳态深度值。水域内时变水位场 $w(x,y,t)$ 的表达如下:

$$w(x,y,t) = L + h(t) + \delta(t) \tag{5.2-19}$$

式中:L 为理论最低潮面;$h(t)$ 为天文潮位;$\delta(t)$ 为余水位,也称增减水。$\delta(t)$ 即为潮汐

预报误差,该部分主要由天气因素造成的短时间水位变化及海面季节变化而引起的。

在港口、码头和航道等浅水域,潮汐性质较复杂,潮汐场解算精度不高,在这些水域进行多波束测量时,一般采用布设验潮站的方式得到潮汐改正值。对于浅水域多波束测深,其潮汐改正精度的关键在于验潮站位置及密度的布设是否合理以及以上计算某测点时变水位场的数学模型是否科学。

在近海水域,潮汐规律比较明显。在这些水域进行多波束测量时,一般采用基于余水位配置的潮汐场数值预报方法,即天文潮位加余水位内插模型。其基本思想是将水域内某测点的时变水位场 $w(x,y,t)$ 分解为两个部分,其中 $L+h(t)$ 部分的潮汐场调和常数采用天文潮预报方式得到,$\delta(t)$ 部分采用沿岸布设的验潮站或海上定点站计算得到。对于近海水域多波束测深,其潮汐改正精度的关键在于潮汐场解算的精度以及余水位的计算精度。

(2) GNSS 无验潮改正模式

GNSS 无验潮改正模式是指在 GNSS 获得高精度定位和大地高基础上,利用平面及垂直方向的基准转换技术获取水深数据的方法。这种潮汐改正方法在测区无须布设验潮站和实施动吃水改正,可分为实时处理和后处理两种模式。①实时处理模式,即 GNSS RTK 技术。由于 GNSS RTK 设备的有效作用距离受到无线数据传输技术和 GNSS 实时数据处理技术的限制,该模式一般应用于近岸浅水域的多波束测深。②后处理模式,即 GNSS PPK 技术。该技术无需 GNSS RTK 设备所需的无线数据链,同时突破了 GNSS RTK 设备 10~15 km 的有效作用距离的限制,能够在不小于 80 km 的中水域范围内实施高精度的多波束水深测量作业。

GNSS 采用 2000 国家大地坐标系,而水域测量的平面坐标系通常采用 1954 北京坐标系,高程系统则多采用 1985 国家高程基准,因此多波束测深 GNSS 无验潮改正模式的关键在于垂直方向的基准转换技术。

如图 5.2-7 所示,GNSS 无验潮成果水深 h 可表示为

$$h = H_1 - L - H_0 + H_2 + H_3 \tag{5.2-20}$$

式中:H_1 为平均海面大地高;L 为从平均海面起算的理论深度基准面的数值;H_0 为 GNSS 大地高;H_2 为多波束测量的瞬时水深;H_3 为 GNSS 天线至换能器表面的垂直距离。

目前用卫星测高数据计算的中水域及深水域的平均海面大地高精度优于 10 cm,则通过式(5.2-20)可以实现 GNSS 大地高 H_0 和 GNSS 无验潮成果水深 h 之间的转换。

5.3　紧耦合技术

目前,测量中常用的定位方式有两种:GNSS 及惯性导航系统(INS)。两种定位系统各有优势。GNSS 是一种结合卫星及通信发展的系统,具备全球性、全能性、全天候等优

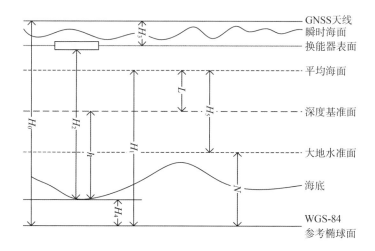

图 5.2-7 GNSS 大地高与 GNSS 无验潮成果水深关系

点的导航定位、定时和测速系统;但是它也有一些缺点,比如:动态连续性不足、数据采样频率较低(一般为 1～20 Hz)、抗干扰能力较弱等。INS 不需要外部信息,也不对外发射能量。其主要优点有:隐蔽性好、不受外界电磁干扰和全天候性提供姿态信息,且运行时连续性好、噪声低、数据更新率高和短期精度高。然而,它也有一些缺点:长时间精度差、无时间信息、初始对准时间长以及价格昂贵。

GNSS 与 INS 各自存在优势和局限性,尤其在复杂条件下展现出明显的技术互补特性,在高坝大库等复杂环境下将其组合应用于多波束测深系统,将较好地提高水深数据定位精度。

5.3.1 GNSS/INS 紧耦合技术的基本原理

5.3.1.1 GNSS 与 INS 的特点

GNSS 与 INS 是现有的两种导航定位设备,二者优缺点见表 5.3-1。

表 5.3-1 GNSS、INS 的优缺点

设备类型	优点	缺点
GNSS	具备全球性、全能性、全天候提供高精度的定位、三维速度和时间信息;高精度长时间定位	依赖外界信息,易受外界环境干扰;更新频率低(一般为 1～20 Hz);动态连续性不足
INS	完全自主导航系统,不需要从外部接收信号,不对外发射能量,可消除外界环境干扰;运行连续性好、噪声低;更新频率高(最高达 256 Hz);短期精度高	存在陀螺仪和加速度计误差以及重力场模型误差,误差会随时间不断积累,不适合长时间工作;无时间信息;初始对准时间较长

从表 5.3-1 可知,GNSS 与 INS 的观测方法和观测数据具有良好的互补性,二者组

合导航可有效地"取长补短":

(1) GNSS 提供高精度、稳定的位置信息,连续检测 INS 的累积误差;

(2) INS 可补偿 GNSS 信号因遮挡而中断等问题,提供连续的姿态角,改正计算 GNSS 模糊度搜索的方法;

(3) 利用 GNSS 长期定位的稳定性与高精度来弥补 INS 的误差随时间累积的缺点,利用 INS 的短期高精度来弥补 GNSS 接收机在受干扰时误差增大或不能定位等缺点,并借助 INS 的姿态信息和角速度信息,提高 GNSS 接收机天线的定向性能;

(4) 借助 GNSS 连续提供的高精度位置信息和速度信息,估计并校正 INS 的位置误差、速度误差和系统其他误差;

(5) 利用 GNSS 的低频、长期高精度与 INS 的高频、短期高精度,组合二者实现高频高精度位置、姿态信息的输出;

(6) 利用 GNSS 高频、高精度时间信息弥补 INS 无时间信息的不足。

5.3.1.2 GNSS/INS 紧耦合技术原理

紧耦合技术指的是 GNSS 和 INS 不作为独立的系统,而仅仅作为一个测量传感器。其原理是根据 INS 信息和 GNSS 卫星星历计算载体相对于 GNSS 卫星的伪距和伪距率,并作为卡尔曼滤波器的测量信息,与 GNSS 接收机输出的伪距和伪距率进行滤波估计,同时还用于辅助 GNSS 锁相环过程,其工作原理见图 5.3-1。

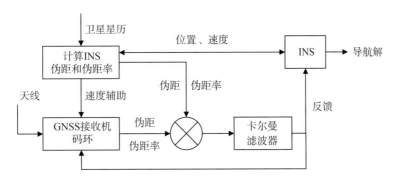

图 5.3-1　GNSS/INS 紧耦合原理图

紧耦合方式的特点:GNSS 为 INS 提供精确的位置和速度信息,帮助克服 INS 漂移误差的积累;INS 为 GNSS 提供实时的位置和速度信息,辅助 GNSS 跟踪环路,提高 GNSS 动态跟踪能力和抗干扰能力;在 INS 的辅助下,利用 GNSS 接收到的尽可能多的卫星信息来提高滤波修正的精度,同时也能对 GNSS 接收机信息的完整性进行检测。它是一种算法复杂的、先进的组合方式。GNSS/INS 紧耦合导航在卫星个数小于 4 颗的情况下仍能为组合导航数据融合提供观测值,有效实时地修正 INS 误差项,因此在 GNSS 卫星半遮蔽区域具有很大的优势。

紧耦合模型是采用 INS 测得的载体动态信息辅助 GNSS 接收机跟踪环路,消除卫星信号中由于载体与卫星之间相对运动而产生的频率偏移,提高接收机在高动态环境下载波跟踪性能,同时还可压缩带宽,有效增强接收机抗干扰能力。当 GNSS 接收信号良好时,GNSS 天线的航向辅助(GAMS)可为惯性测量单元(IMU)提供航向辅助数据,通过卡尔曼滤波将其与 IMU 数据融合,可快速完成高精度的航向定位,惯性辅助的 RTK 算法通过卡尔曼滤波可提供高精度的位置数据,进而可修正 INS 的累积误差。当 GNSS 失效时,紧耦合模型可快速帮助 GNSS 完成整周模糊度解算,并保持整周模糊度的存储,快速稳定地恢复系统的 RTK 解算,通过卡尔曼滤波估计仍然使系统持续提供厘米级的定位精度。其具体处理流程见图 5.3-2。

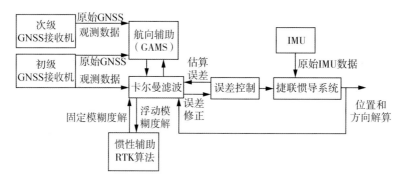

图 5.3-2　紧耦合算法流程图

5.3.1.3　GNSS/INS 紧耦合处理流程

紧耦合数据利用 POS View 软件记录,将记录数据导入 POSPac 软件即可进行组合导航数据后处理,惯导辅助动态后处理(IAPPK)数据解算过程如图 5.3-3 所示。

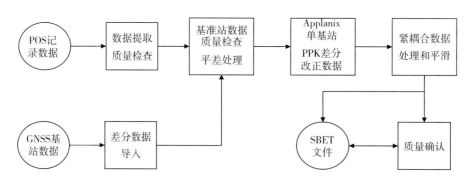

图 5.3-3　紧耦合数据处理流程

其流程:导入 POS 数据→导入基准站数据,设置地面坐标值→运行 SingleBase,生成 SingleBase 观测值→执行 GNSS/INS 组合差分计算(前向、后向、组合、平滑)→SBET 文件。

5.3.2　GNSS/INS 紧耦合技术在多波束测深中的应用

长江某河段危岩监测，利用多波束 R2Sonic-2024、GNSS/INS 紧耦合惯性导航系统 Applanix POS MV 等硬件采集数据。GNSS/INS 导航数据采集采用 POS View 软件，数据处理采用 POSPac MMS 软件。通过实测数据对 GNSS/INS 导航数据进行分析。

5.3.2.1　GNSS/INS 导航数据处理分析

跟踪的各 GNSS 卫星数及总卫星数见图 5.3-4，GNSS 定位误差见图 5.3-5。

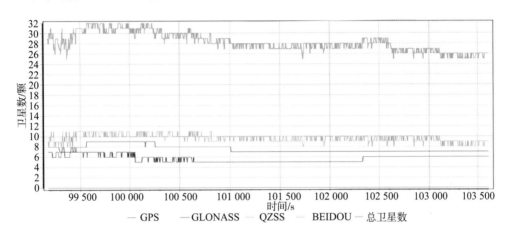

图 5.3-4　跟踪 GNSS 卫星数

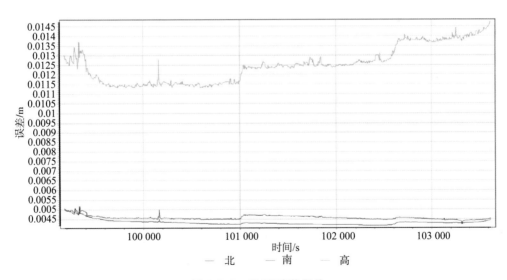

图 5.3-5　GNSS 定位误差

GNSS 数据指标质量见表 5.3-2 所示。

表 5.3-2　GNSS 数据指标质量统计表

统计	基线长度/km	跟踪卫星数/颗	PDOP	北/m	东/m	高/m
最小	5.68	18	1.04	0.004 2	0.004 3	0.011 3
最大	15.46	27	1.45	0.005 0	0.005 2	0.014 8

5.3.2.2　姿态误差统计与分析

紧耦合导航姿态横摇、纵摇中误差见图 5.3-6;航向中误差见图 5.3-7。

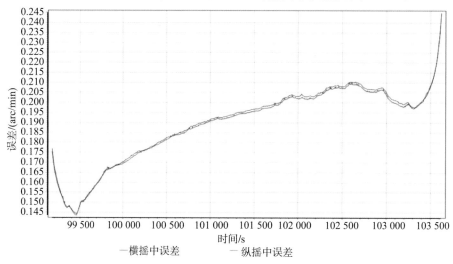

—横摇中误差　　　　　—纵摇中误差

图 5.3-6　横摇、纵摇中误差

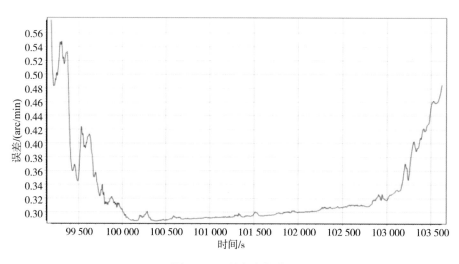

图 5.3-7　航向中误差

紧耦合导航姿态精度统计见表 5.3-3。

表 5.3-3 紧耦合导航姿态的精度统计

统计	横摇/(arc/min)	纵摇/(arc/min)	航向/(arc/min)
最小	0.142	0.143	0.28
最大	0.243	0.244	0.58

由图 5.3-7 及表 5.3-3 可知,姿态误差中横摇、纵摇精度均优于 0.25 arc/min,航向精度优于 0.6 arc/min。

5.3.2.3 最优平滑轨迹精度

各轨迹点基线长度见图 5.3-8;经 IN-FUSION 算法处理后最优平滑估计误差见图 5.3-9。

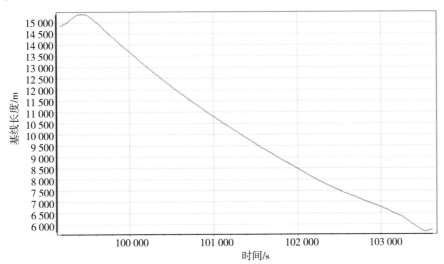

图 5.3-8 各轨迹点基线长度

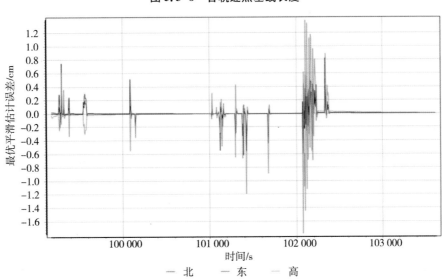

图 5.3-9 紧耦合导航最优平滑估计误差

最优平滑轨迹精度各分量统计值见表 5.3-4。

表 5.3-4　最优平滑轨迹精度各分量统计值

单位:cm

统计	北	东	高
最小	0.2	0.1	0.6
最大	0.9	0.6	1.8

由图 5.3-8、图 5.3-9 可知,在基线长达 15 km 内范围内,基线长度对精度无影响。由图 5.3-9、表 5.3-4 可知,经最优平滑处理后,北、东精度均优于 1 cm,高精度优于 2 cm,可满足高精度多波束测深对平面定位的要求。

5.4　声线跟踪技术

5.4.1　背景

多波束测深系统的声基阵发射的宽角度声波通过水介质的传播与水底的反射和散射后又返回基阵,通过对声波到达角度和传播时间的测量,经过声速剖面计算水底各采样点的深度和侧向水平距离。由于实际水域在声学性质上不可能是均匀的或各向同性的,在声波传播的过程中会发生折射,从而导致声线弯曲;另一方面,水库等大水体中的声速随着时空变化而变化,不能一概而论。声线的弯曲和声速的变化在很大程度上影响多波束测量成果的质量,是多波束测深系统的主要系统误差来源,要想提高多波束测量成果的精度,必须在考虑声波传播特性的基础上,对声速改正后处理技术进行研究。

声线跟踪以声速剖面提供的水层、测量时间为条件逐层跟踪波束,最终确定波束水底落点坐标。根据声速在不同水层中的变化假设,声线跟踪常采用常声速声线跟踪法和常梯度声线跟踪法。常声速声线跟踪法假设层内声速为常值,认为声线在水层内直线传播,在整个水柱中折线传播,该方法实施简单,但假设与实际存在一定偏差,计算误差较大。常梯度声线跟踪法假设声速在层内随水深线性变化,声线在层内和整个水体中弧线传播。

对于大水深水库多波束测深,波束历经不同温度、盐度的水层时的声速不同,导致入射角不为零,波束传播路径发生变化,给波束点位确定带来不便。故声线跟踪算法的研究对提高测深点归位计算的效率和精度具有重要意义。声线跟踪是水下测距和测深数据处理中的关键技术。

在多波束测量过程中,存在大量的非垂直入射的波束,若认为声线在整个水柱中按直线传播且声速值不变,采用三角法直接得到水底的坐标,但其计算精度难以满足要求。为提高测深精度,必须进行声速补偿,对声线进行跟踪。

5.4.2　声速变化及声波传播特性对测深值的影响

由于水体介质各层的温度、含沙量是变化的,声波传播的速度也在不断变化。一方面,声波在水中的传播速度不尽相同;另一方面,声线遇到介质物理特性发生变化时,声线的传播方向也不断地发生变化,其传播方向将会发生折射,折射程度与介质的声速差有关。因此,在研究声速改正后处理方法之前,必须先对声速变化及声波在水中的传播特性进行研究。

5.4.2.1 声速变化对测深值的影响

海洋中的声速是一个比较活跃的海洋学变量,它取决于介质中的许多声波传播特性,会随季节、时间、地理位置、水深、海流等的变化而有所不同。通常,除了空气泡和生物体等杂质外,影响海洋声速的物理因素主要有温度、压力(海水深度)和盐度。经实际测量,海水温度每变化 $1℃$,海水声速变化约为原来的 0.35%;深度每增加 $100\ m$,声速约增加 $1.75\ m/s$;盐度每增加 $1‰$,声速约增加 $1.14\ m/s$。由此可见,温度的变化对声速影响最大。由于受到季节性变化和昼夜温差的影响,表层声速的变化是整个声速剖面变化中最活跃的部分,对测量精度的影响最大,尤其是边缘波束。下面以表层声速为例进行分析。

表层声速对测深的影响包括两个方面:一是表层声速所造成的波束指向角误差,致使在波束脚印位置归算时造成水深误差;二是表层声速误差在波束脚印位置归算时直接造成的误差。为更加直观地表现表层声速对测深精度的影响,令水深为 $100\ m$,系统声速为 $1\ 500\ m/s$,分别计算表层声速为 $1\ 400\ m/s$ 和 $1\ 600\ m/s$ 时,波束脚印位置的回波曲线,如图 5.4-1 所示。

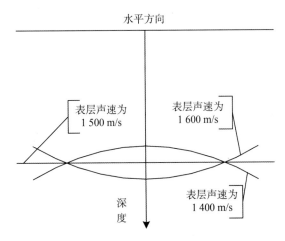

图 5.4-1 回波曲线仿真示意图

当发射频率恒定时,若仪器设定的表层声速小于实际表层声速,仪器设定的波束指向角小于实际的波束指向角,则波束覆盖面积变小,水深在中央部分测得深,在边缘部分测得浅,形成笑脸状失真地形;若仪器设定的表层声速大于实际表层声速,仪器设定的波束指向角大于实际的波束指向角,则波束覆盖面积变大,水深在中央部分测得浅,在边缘部分测得深,形成哭脸状失真地形。

5.4.2.2 声波的传播特性对测深值的影响

声波在两种介质的界面上或同一种介质发生变化时会发生折射和反射,且符合折射、反射定律。折射的程度与介质的密度有关,不同的密度层会造成声波的折射,满足Snell 法则,如图 5.4-2 所示。Snell 法则可表述为

$$\frac{\sin\theta_i}{C_i} = \frac{\sin\theta_{i+1}}{C_{i+1}} = p \tag{5.4-1}$$

式中,θ_i、θ_{i+1} 是声速为 C_i 和 C_{i+1} 相邻介质层界面处波束的入射角和折射角;p 为 Snell常数。由此可见,当声波非垂直入射时,由于穿越一系列不同的海水介质层,其实际传播轨迹是一条由很多折线构成的曲线,即声线弯曲现象。

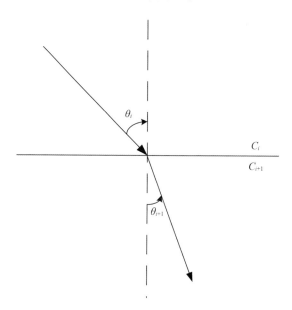

图 5.4-2　Snell 法则示意图

此外,在多波束测量过程中,由于多个波束分布于同一个扇面内,波束的发射方向与垂直面或平行,存在一定的夹角。声波是声呐测深系统的测量工具,其在水中的传播路径完全取决于声波在水中的传播特性。由于海水是非均匀介质体,当入射角不为 0°时,波束在海水中的传播轨迹为一连续变化的折线或曲线。在测量过程中,对声速进行简单的一级近似势必会对波束脚印位置的计算带来较大的误差。

根据 Snell 定理,声波在传播过程中遇到不同介质层将会发生折射,这使各波束声线的旅行路径和前进方向发生改变。当声波非垂直入射海水时,声波穿过一系列不同的介质层时会发生声线弯曲现象。从图 5.4-3 可以看出,声线弯曲对多波束测深的影响主要反映在两个方面:一是对声线传播距离的影响,也就是对覆盖宽度的影响;二是对水深测

深值的影响。

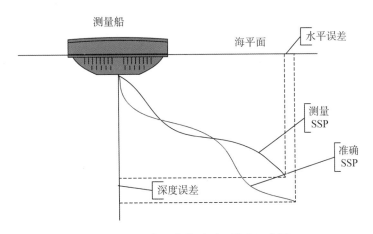

图 5.4-3　声线弯曲对测深影响示意图

由上述分析可知,声波对多波束测深的影响主要是声速变化和声线弯曲。尽管二者的形成因素不同,但它们对测深成果的影响是同时存在的,即在多波束测量过程中,声速变化的同时伴随着声线弯曲,声线弯曲的同时也伴随着声速变化,二者共同作用造成了测深成果的偏差。因此,研究声速改正后处理方法时,必须同时考虑二者的影响并进行综合改正。

5.4.3　声速跟踪技术研究

在分层的均匀介质中,声线传播遵循 Snell 定理。若表层声速 C_0 和声速的垂直分布 $C(z)$ 已知,则可以按式(5.4-1)解算海洋中任意深度处声线的入射角,从而可确定任意深度的声波传播方向。在一定的声速分布下,初始入射角 θ_0 不同,会得到不同的声速轨迹。负梯度下声速随深度增加而下降,声线入射角 θ 随深度增加而增大,声线弯向海底;正梯度情况正好相反。

5.4.4　声速跟踪模型

任何复杂的声速垂直分布,可近似地看作由多层恒定声速梯度的声速构成,即用每个分层为折线的声速分布来代替连续变化的声速分布。声线跟踪技术是建立在声速剖面基础上的一种波束脚印相对船体坐标的计算方法,即将声速剖面内相邻两个声速采样点划分为一层,层内声速变化可假设为常值或常梯度。在实际海底测量过程中,可以将测得的声信号从发射到达海底的往返时间为 T。若只考虑单程,则传输时间为 $T/2$,即声线入射海底的时间。声线跟踪的基本思想就是用这个时间减掉声线在每层水体中传播所用的时间,一直减到零为止。此时,声线的终点就是声线到达海底的实际位置。

(1)基于层内常声速假设下的声线跟踪算法

假设波束经历由 N 层组成的水柱,声速在层内以常声速传播(即声速梯度为零),如

图 5.4-4 所示,根据 Snell 法则,有

$$\sin\theta_i = pC_i \tag{5.4-2}$$

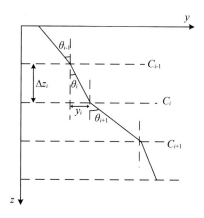

图 5.4-4　常声速假设下的声线跟踪示意图

设层厚度为 $\Delta z_i (\Delta z_i = z_{i+1} - z_i)$,则波束在第 i 层内的水平位移 y_i 和传播时间为 t_i 分别为

$$y_i = \Delta z_i \tan\theta_i = \frac{\sin\theta_i \Delta z_i}{\cos\theta_i} = \frac{pc_i \Delta z_i}{[1-(pC_i)^2]^{1/2}} \tag{5.4-3}$$

$$t_i = \frac{y/\sin\theta_i}{C_i} = \frac{y_i}{pC_i{}^2} = \frac{\Delta z_i}{C_i[1-(pC_i)^2]^{1/2}} \tag{5.4-4}$$

根据式(5.4-3)及式(5.4-4),波束经历整个水柱的水平距离和传播时间分别为

$$y = \sum_{i=1}^{N} \frac{pC_i \Delta z_i}{[1-(pC_i)^2]^{1/2}} \tag{5.4-5}$$

$$t = \sum_{i=1}^{N} \frac{\Delta z_i}{C_i[1-(pC_i)^2]^{1/2}} \tag{5.4-6}$$

(2) 基于层内常梯度假设下的声线跟踪算法

假设波束经历由 N 个不同介质层组成的水柱,声速在各层中以常梯度 g_i 变化,声速变化函数采用 Harmonic 平均声速。

$$C_H = \frac{z - z_0}{t} = (z - z_0)\Big[\int_{z_0}^{z} \frac{\mathrm{d}z}{C(z)}\Big]^{-1} \tag{5.4-7}$$

如图 5.4-5 所示,设第 i 层上下界面的深度分别为 z_i 和 z_{i+1},第 i 层的厚度为 Δz_i,波束在层内的实际传播轨迹应为一条连续的、有一定曲率半径的弧段,设其曲率半径为 R_i,即

$$R_i = -\frac{1}{pg_i} \tag{5.4-8}$$

则层内声线的水平位移 y_i 为

$$y_i = R_i(\cos\theta_{i+1} - \cos\theta_i) = \frac{\cos\theta_i - \cos\theta_{i+1}}{pg_i} \tag{5.4-9}$$

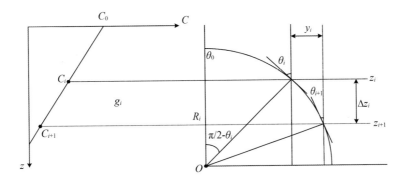

图 5.4-5　常梯度声线跟踪示意图

由式(5.4-2)可知，

$$\cos\theta_i = [1 - (pC_i)^2]^{1/2} \tag{5.4-10}$$

且 $\Delta z_i = z_{i+1} - z_i$ ，则

$$y_i = \frac{[1 - (pC_i)^2]^{1/2} - [1 - p(C_i + g_i\Delta z_i)^2]^{1/2}}{pg_i} \tag{5.4-11}$$

由图 5.4-5 可知，波束在该层经历的弧段长度 $S_i = R_i(\theta_i - \theta_{i+1})$ ，则经历该段的时间 t_i 为

$$t_i = \frac{R_i(\theta_i - \theta_{i+1})}{C_{H_i}} = \frac{\theta_{i+1} - \theta_i}{pg_i{}^2\Delta z_i}\ln\left(\frac{C_{i+1}}{C_i}\right) \tag{5.4-12}$$

5.4.5　声线跟踪改进模型

在传统的声线跟踪模型中，采用实测声速剖面在很大程度上考虑了声速误差对测深成果的影响，然而实测声速剖面与真实声速剖面仍然存在一定差异，特别是采用较粗的分层且采用常声速法时，声线跟踪模型受到声速误差的影响，模型本身存在较大误差。因此，在采用声线跟踪模型对多波束测深值进行改正时，还必须考虑到声速误差的存在。设层内的声速为 C_i ，其误差为 dC_i ，以常声速-声线跟踪模型为例，它对层内折射角的影响为

$$d\theta_i = \frac{\sin\theta_{i-1}}{\cos\theta_i C_{i-1}}dC_i \tag{5.4-13}$$

则考虑声速误差的影响,式(5.4-5)、式(5.4-6)改为

$$\begin{cases} y_i = \sum_{i=1}^{N} \Delta z_i (\sec^2\theta_i \, \mathrm{d}\theta_i + \tan\theta_i) \\ t = \sum_{i=1}^{N} (\dfrac{y_i/\sin\theta_i}{C_i} + \dfrac{\Delta z_i \sec\theta_i \tan\theta_i}{C_i} \mathrm{d}\theta_i - \dfrac{\Delta z_i \sec\theta_i}{C_i^2} \mathrm{d}C_i) \end{cases} \tag{5.4-14}$$

值得说明的是,在分层很细时采用常梯度法,每层中的声速变化不大,且用梯度变化来模拟声速的变化,因此,可以不对模型中的声速误差进行修正。

5.4.6 声线跟踪法的计算过程

声线跟踪法在每层计算中需要知道层厚度,而层厚度之和即深度正是所需要确定的参量,为了解决这一矛盾,下面根据层内声线跟踪的特点,给出其计算过程。

声速在层内基于常梯度或常声速变化两种假设情况下的声线跟踪思想基本一致,只要知道各层的深度,即可获得层内波束传播的水平位移和时间。声线跟踪是建立在声速剖面的基础上的,这样声速剖面测量时的深度采样间距便成了声线跟踪中的层厚度参数。

声线跟踪可采用深度追加法实现,其具体过程如下。

(1) 根据声速剖面或声速经验公式获得声速函数 $C(z)$。

(2) 从换能器表面开始追加水层,根据式(5.4-5)、式(5.4-6)或式(5.4-11)、式(5.4-12)计算波束在各层中的水平位移和传播时间。

(3) 累加各层传播时间 t_i,同实测时间 T 比较,并判断是否追加新的水层。若 $\sum_{i=1}^{N} t_i = T$,则 $\sum_{i=1}^{N} z_i$ 和 $\sum_{i=1}^{N} x_i$ 为波束脚印的深度和水平位移;若 $\sum_{i=1}^{N} t_i < T$,则需要追加水层,重复步骤(2)中的计算和步骤(3)中的判断;若 $\sum_{i=1}^{N} t_i > T$,不再追加水层,而根据式(5.4-15)计算多追加水层的厚度 $\Delta z'$ 和水平位移 $\Delta y'$

$$\begin{cases} \Delta z' = (\sum_{i=1}^{N} t_i - T) C_N \cos\theta_N \\ \Delta y' = (\sum_{i=1}^{N} t_i - T) C_N \sin\theta_N \end{cases} \tag{5.4-15}$$

式中:C_N、θ_N 分别为声速剖面最后一层的声速和入射角。上式适用于深水测量的情况,因为当测量深度很大时,追加部分基本位于深海等温层,利用最后一层的声线参数计算多追加部分,其计算精度完全满足要求。多追加部分的严密计算模型应该考虑声速在此层中的变化特征,因此,引入声速函数,采用分层计算思想可获得高精度的计算结果。获得多追加部分的厚度 $\Delta z'$ 和水平位移 $\Delta y'$ 后,实际深度 z 和水平位移 y 为

$$\begin{cases} z = \displaystyle\sum_{i=1}^{N} z_i - \Delta z' \\ y = \displaystyle\sum_{i=1}^{N} y_i - \Delta y' \end{cases} \quad (5.4\text{-}16)$$

声线跟踪法计算过程十分严密,有较高的计算精度,但对声速剖面的依赖性较强,计算比较复杂。

5.4.7 基于等效声速剖面的声速改正方法研究

传统的多波束声速改正方法,都依赖于已知的声速剖面。大多数情况下,在多波束数据后处理中,要想获得十分精确的声速资料比较困难。根据 Geng 和 Zielinski 的观点,具有相同传播时间、表层声速、声速剖面积分面积的声速剖面族,波束脚印位置的计算结果相同。在此基础上,本节提出一种依据积分面积差进行声速改正的方法。

5.4.7.1 等效声速剖面的基本思想

由 Geng 和 Zielinski 的观点可知,进行声线弯曲改正时,不同的声速剖面所对应的水深,只和每个声速剖面与坐标轴围成的面积差 ΔS 有关,若 ΔS 为零,则对应的水深值相等。下面给出这个事实的证明。

设层面 z_{i-1} 的入射声速及入射角分别为 C_{i-1} 和 θ_{i-1},经过水层厚度 Δz_i 的传播时间为 t_i;层面 z_i 的入射声速及入射角分别为 C_i 和 θ_i,声速在层内以常梯度 g_i 变化。当波束经历 N 层折射,仅分析第 i 层的情况,如图 5.4-6 所示。

若 $g_i = 0$,根据图 5.4-6 及式(5.4-3),波束经历第 i 层后的水平位移和深度分别为

$$\begin{cases} y'_i = y_{i-1} + C_{i-1} t_i \sin\theta_{i-1} \\ z'_i = z_{i-1} + C_{i-1} t_i \cos\theta_{i-1} \end{cases} \quad (5.4\text{-}17)$$

若 $g_i \neq 0$,根据图 5.4-6 及式(5.4-11),波束经历第 i 层后的水平位移和深度分别为

$$\begin{cases} y_i = y_{i-1} + \dfrac{\sin\theta_i - \sin\theta_{i-1}}{pg_i} \\ z_i = z_{i-1} + \dfrac{\cos\theta_{i-1} - \cos\theta_i}{pg_i} \end{cases} \quad (5.4\text{-}18)$$

式(5.4-17)在层内采用一级近似来确定声线弯曲的位移量,计算精度太低;式(5.4-18)虽然保证了精度,但计算过于复杂。为保证精度,同时简化计算过程,引入位置和面积相对误差的概念。

定义第 i 层的位置相对误差(包括水平位移相对误差 f_{y_i} 和深度相对误差 f_{z_i})为

$$\begin{cases} \varepsilon_{y_i} = f_{y_i} = \dfrac{y'_i - y_i}{y_i - y_{i-1}} = \dfrac{y'_i - y_{i-1}}{y_i - y_{i-1}} - 1 \\ \varepsilon_{z_i} = f_{z_i} = \dfrac{z'_i - z_i}{z_i - z_{i-1}} = \dfrac{z'_i - z_{i-1}}{z_i - z_{i-1}} - 1 \end{cases} \quad (5.4\text{-}19)$$

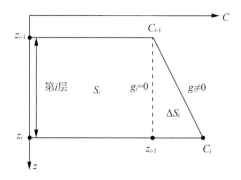

图 5.4-6　面积差示意图

面积差的基本思想如图 5.4-6 所示，设参考声速剖面 $C_{i-1}-C_{i-1}$ 与常梯度声速剖面 $C_{i-1}-C_i$ 之间的面积差为 ΔS，相对面积差 ε_{s_i} 为

$$\varepsilon_{s_i}=\frac{\Delta S_i}{S_i} \tag{5.4-20}$$

由图 5.4-6 可知，

$$\begin{cases} \Delta S_i=\dfrac{1}{2}(C_i-C_{i-1})(z_i-z_{i-1}) \\ S_i=C_{i-1}(z_i-z_{i-1}) \end{cases} \tag{5.4-21}$$

将式(5.4-21)代入式(5.4-20)得：

$$\varepsilon_{s_i}=\frac{C_i-C_{i-1}}{2C_{i-1}} \tag{5.4-22}$$

结合 Snell 法则及面积差的概念，式(5.4-12)可近似为

$$t_i=\frac{1}{g_i}\ln\left[\frac{C_i(1+\cos\theta_{i-1})}{C_{i-1}(1+\cos\theta_i)}\right] \tag{5.4-23}$$

且

$$\sin\theta_1=(1+2\varepsilon_i)\sin\theta_{i-1} \tag{5.4-24}$$

将式(5.4-17)、式(5.4-18)代入式(5.4-19)，并利用式(5.4-23)和式(5.4-24)，则位置相对误差 f_{y_i}、f_{z_i} 可表示为

$$f_{y_i}(\varepsilon_{s_1},\theta_{i-1})=\frac{\sin^2\theta_0\ln\left[(1+2\varepsilon_{s_i})\dfrac{1+\cos\theta_{i-1}}{1+\sqrt{1-\left[(1+2\varepsilon_{s_i})\sin\theta_{i-1}\right]^2}}\right]}{\sqrt{1-\left[(1+2\varepsilon_{s_i})\sin\theta_{i-1}\right]^2}-\cos\theta_0}-1$$

$$\tag{5.4-25}$$

$$f_{z_i}(\varepsilon_{s_i}, \theta_{i-1}) = \frac{\cos\theta_{i-1}}{2\varepsilon_{s_i}}\ln\left[(1+2\varepsilon_{s_i})\frac{1+\cos\theta_{i-1}}{1+\sqrt{1-\left[(1+2\varepsilon_{s_i})\sin\theta_{i-1}\right]^2}}\right] - 1$$

$$(5.4\text{-}26)$$

从式(5.4-25)和式(5.4-26)可得出一个结论:深度和水平位移相对误差仅与层面的入射角、声速和该层的相对面积差有关,而与其他因素无关。

5.4.7.2 等效声速剖面模型

(1) 等效声速剖面法

如图 5.4-7 所示,C_0-C_B 为常梯度声速剖面,它与实际声速剖面的面积差为 0。根据 Geng 和 Zielinski 的观点,在计算实际波束脚印位置时,常梯度声速剖面 C_0-C_B 可以替代实际声速剖面。

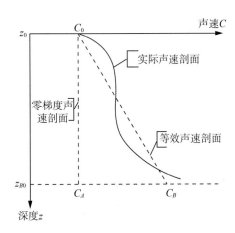

图 5.4-7 等效声速剖面原理示意图

若以零梯度声速剖面 C_0-C_A 作为参考声速剖面,采用误差修正思想,只要得到常梯度声速剖面 C_0-C_B 的梯度,声波在整个水柱中传播路径便可视为以常梯度变化,即可采用类似于常梯度声线跟踪的方法获得深度值。

设波束的初始入射角、声速、入射水层深度和水平位移分别为 θ_0、C_0、z_0、x_0,海底波束脚印位置(z_B, x_B),则

$$\begin{cases} z_B = z_0 + \dfrac{z'_B - z_0}{1 + f_z(\varepsilon_s, \theta_0)} \\ y_B = y_0 + \dfrac{y'_B - y_0}{1 + f_y(\varepsilon_s, \theta_0)} \end{cases} \quad (5.4\text{-}27)$$

$$\begin{cases} z'_B - z_0 = C_0 T\cos\theta_0 \\ y'_B - y_0 = C_0 T\sin\theta_0 \end{cases} \quad (5.4\text{-}28)$$

设 ε_s 为实际声速剖面与参考声速剖面间的面积差,若以 θ_0 为入射角的波束的参考

深度 z_{B0} 已知,由参考声速剖面确定的深度为 z'_{B0},则深度相对误差 ε_z 可定义为

$$\varepsilon_z = \frac{z'_{B0} - z_{B0}}{z_{B0}} \tag{5.4-29}$$

根据梯度的定义,可以得到常声速剖面的梯度 g_{eq} 以及对应的声线弧段曲率半径 R_{eq},即

$$g_{eq} = \frac{2\varepsilon_s C_0}{z_{B0} - z_0} \tag{5.4-30}$$

$$R_{eq} = \frac{-C_0}{g_{eq} \sin\theta_0} \tag{5.4-31}$$

若波束单程的旅行时间为 t,根据常梯度声线跟踪原理,深度 z_B 为

$$z_B = z_0 + R_{eq} \left\{ \sin\theta_0 + \frac{2 g_{eq} R_{eq} (1 + \cos\theta_0) C_0 e^{g_{eq}t}}{[g_{eq} R_{eq} (1 + \cos\theta_0)]^2 + (C_0 e^{g_{eq}t})^2} \right\} \tag{5.4-32}$$

由式(5.4-32)可以看出,实际深度的计算仅利用表层声速 C_0 和参考深度 z_{B0},实际声速剖面仅用于面积差的计算。

由于常梯度剖面与实际声速剖面的面积差为零,利用常梯度声速剖面计算所得到的深度和利用实际声速剖面计算结果相同,因此,常梯度声速剖面可称为等效声速剖面,利用常梯度声速剖面确定波束脚印位置的方法可称为等效声速剖面法。

(2) 等效声速剖面的改进模型

等效声速剖面模型是在假设传播时间相同的基础上进行解算的,然而,由于测量过程中,声速误差特别是表层声速误差的存在,测量得到的时间与实际声波的传播时间不同,从而产生误差。因此,上述模型仍然有不完善之处,必须对声速误差加以考虑,主要体现在对返回时间的修正上。由于表层声速误差对测量成果的影响是最大的,在改正模型中主要考虑表层声速的变化。设声速误差为 dC,则其对旅行时间的影响为

$$\begin{cases} d\theta_1 = \dfrac{\sin\theta_0}{\cos\theta_1 C_0} dC \\[2ex] dt = \dfrac{z_0 \sec\theta_1 \tan\theta_1}{C_0} d\theta_1 - \dfrac{z_0 \sec\theta_1}{C_0^2} dC \end{cases} \tag{5.4-33}$$

则式(5.4-32)中的 t 应为 $t + dt$。

5.4.7.3 基于等效声速剖面的声速改正计算过程

相对于声线跟踪法,等效声速剖面法的计算过程十分简单。计算前先确定参考声速剖面,参考声速剖面的选择视计算精度而定,若精度要求不是非常高,可以以常声速剖面作为参考声速剖面。下面将具体阐述等效声速剖面法(等效声速剖面改进法)的计算过程。

(1) 在波束脚印附近给出参考深度 z_{B0}(可通过其他测深资料获得);

（2）根据式(5.4-29)计算 z'_{B0}，这里对整个水柱采用一级近似；

（3）根据式(5.4-30)和式(5.4-31)计算等效声速剖面的梯度 g_{eq} 和声线弧段的曲率半径 R_{eq}；

（4）将 g_{eq} 和 R_{eq} 代入式(5.4-32)确定深度 z_B，若采用声速剖面改进法，则 $t=t+\mathrm{d}t$；

（5）采用同样的方法确定水平位移 y_B。

5.4.8　实测数据声速改正试验及分析

为了验证上述各种方法的正确性及可行性，本节利用某区多波束测深数据进行声线弯曲修正试验。实测声速剖面如图 5.4-8 所示，最大深度为 70 m，平均声速为 1 449.95 m/s。试验中的深度相对误差按式(5.4-29)计算得到。由于声速误差和声线弯曲现象的存在，实际测得的水深值存在系统误差，不能作为评价精度的标准。在计算深度相对误差时，依据实际声速剖面，采用精细分层的常梯度-声线跟踪法计算得到深度值并将其作为水深真值 z_B。

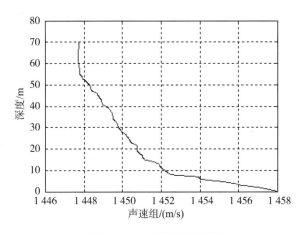

图 5.4-8　实测声速剖面

（1）声线跟踪模型的比较

声线跟踪模型主要有层内声速变化假设为常值的常声速-声线跟踪模型、层内声速变化假设为常梯度的常梯度-声线跟踪模型以及本节提出的改进模型。为比较三种模型的计算精度，分别采用 1 m 分层和 7 m 分层进行计算，其中改进模型是基于常声速模型进行计算的。计算结果如表 5.4-1 所示，深度相对误差如图 5.4-9 所示。

表 5.4-1　声线跟踪模型的比较　　　　　　　单位：m

入射角/(°)	1 m分层			7 m分层		
	常梯度	常声速	改进模型	常梯度	常声速	改进模型
15	68.896	69.654	69.012	69.669	69.639	69.576

入射角/(°)	1 m 分层			7 m 分层		
	常梯度	常声速	改进模型	常梯度	常声速	改进模型
30	68.885	69.753	69.025	69.767	69.762	69.667
45	69.245	70.005	69.255	69.465	70.005	69.572
60	69.995	70.759	69.874	70.208	70.208	69.998
75	71.983	76.780	73.218	74.938	76.982	74.117

注:常梯度是指常梯度-声线跟踪模型;常声速是指常声速-声线跟踪模型,下同。

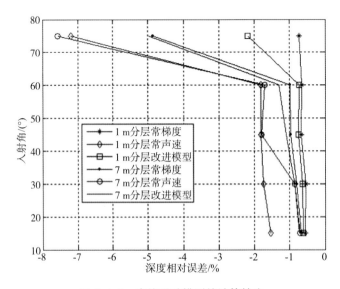

图 5.4-9 声线跟踪模型的计算精度

从表 5.4-1 及图 5.4-9 可以看出,声线跟踪模型的深度相对误差远小于国际海道测量组织(IHO)规定的 $4z‰$ 的精度指标,而且分层越细,精度越高,常梯度-声线跟踪模型精度优于常声速-声线跟踪模型精度,这主要得益于在每层计算中严格参考实际声速剖面的测量参数,并采用常梯度的方式来模拟声速变化,其计算精度优于 $z‰$。常声速-声线跟踪模型,虽然顾及了声速剖面,但未严格地考虑声速在每层中的实际变化规律,当入射角小于 60° 时,具有较高精度。基于常声速的改进模型,其计算精度比常声速模型有明显提高,当入射角小于 60° 时,已接近常梯度模型计算精度。在实际应用中,对于波束覆盖较小的多波束设备,使用较粗的声速分层,三种声线跟踪模型都具有较高的精度;对于波束覆盖较大的设备,采用常梯度-声线跟踪模型和基于常声速的改进模型进行声速改正均有较好的效果。

(2) 等效声速剖面法的比较

等效声速剖面法和等效声速剖面改进法都是基于等效声速剖面的思想。它们的计算精度如表 5.4-2 所示。

表 5.4-2　等效声速剖面法的比较

入射角 /(°)	深度/m		深度相对误差/%	
	等效声速剖面法	等效声速剖面改进法	等效声速剖面法	等效声速剖面改进法
15	69.477	69.012	−1.44	−0.62
30	69.544	69.250	−1.40	−0.85
45	69.714	69.573	−1.28	−1.12
60	70.219	69.977	−0.92	−0.87
75	72.884	72.218	−1.87	−1.5

由表 5.4-2 可知,当入射角较小时,计算精度较高;反之,计算精度较差。但两种方法的所有深度相对误差均远小于 IHO 规定的 $4z‰$ 的精度指标,这主要是因为采用了等效声速剖面和参考深度。等效声速剖面法的精度略逊于等效声速剖面改进法,其主要原因是等效声速剖面法相对于等效声速剖面改进法少了一个计算条件,它是以常声速剖面为参考剖面,而等效声速剖面改进法以常梯度声剖面为参考剖面进行计算。考虑了声速影响的等效声速剖面改进法的深度相对误差小于等效声速剖面法,说明等效声速剖面改进法能更有效地修正声速误差和声线弯曲误差。

(3) 各种方法的比较

为了比较利用常梯度-声线跟踪法(1 m 分层)、常声速改进法(1 m 分层)、等效声速剖面法和等效声速剖面改进法进行声速改正的计算精度,将深度相对误差绘于图 5.4-10 中,并从计算条件、计算精度、简易程度方面进行比较。

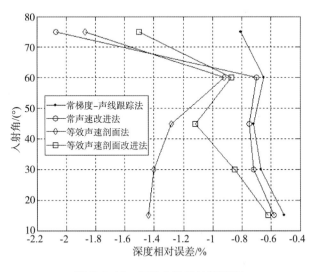

图 5.4-10　各种方法的计算精度

①对实际声速剖面的依赖程度。声线跟踪法与实际声速剖面的联系表现在每个波束的每层计算中;等效声速剖面法和等效声速剖面改进法则表现在实际声速剖面有效作用范围内的波束计算。声线跟踪法对实际声速剖面的依赖性较大。

②深度的计算精度。四种声速改正法的计算精度均满足规范要求,由于本次试验中分层较细,常梯度-声线跟踪法和常声速改进法与实际比较吻合,其计算精度相对较高,试验表明,当 $z < 100$ m 时,它们的深度相对误差小于 z‰;当入射角小于 $60°$ 时,常声速改进法的计算精度较高,与常梯度-声线跟踪法接近,当入射角大于 $60°$ 时,尽管深度相对误差急剧增大,但计算精度也小于 z%,说明常声速改进法较常声速法精度有所提高,适用于入射角小于 $60°$ 时的深度数据声速修正;等效声速剖面法的计算精度一般不大于 z%,进行时间修正后的等效声速剖面改进法的精度明显提高,略逊于精细分层下的常梯度-声线跟踪法但优于粗略分层下的常梯度-声线跟踪法及其改进法。

③计算过程的复杂性。声线跟踪法是根据实际声速剖面计算波束在每层的水平位移和垂直位移,并叠加各层位移量从而得到波束脚印位置,计算非常烦琐;等效声速剖面法及其改进法只需要确定参考声速剖面与实际声速剖面的相对面积差,以此为参数,修正一级近似结果,计算过程十分简单。

综上所述,精细分层下的常梯度-声线跟踪法的计算精度最高,但计算过程烦琐;精细分层下的常声速改进法在入射角小于 $60°$ 时精度较高,当入射角继续增大时,深度相对误差明显增大,适用于入射角较小时的声速修正;等效声速剖面改进法的计算精度仅次于精细分层下的常梯度-声线跟踪法,但精度能满足规范要求,且计算过程十分简单。在实际应用中,可根据实际需要选择声速修正的方法。

5.5 不同工作频率对测深的影响

声波在传播中遇到障碍物时,它的传播方向及声强均因障碍物的影响而有所变动,其影响程度由障碍物的大小、性质以及声波的波长而定。要让声波绕过障碍物而不被障碍物反射,所用的声波波长必须大于障碍物的尺寸。反之,要从障碍物上获得反射,则声波波长必须小于或等于障碍物的尺寸。对于一个固定尺寸的障碍物,频率低的声波容易绕过它,而频率高的则不易绕过,因此测深仪采用高频率测深时,其分辨率更高。

多波束测深仪常用的频率范围在 $200 \sim 400$ kHz,由于声波在水中传播时频率越高损耗越大,在测深深度上受到的限制较大。但是高频率的换能器波束窄,能较好地判别出河床的陡度,同时高频率声波波长短,会大量被松散的河床质反射,而不会穿透河床质,这样就能得到较为准确的界线分明的迹线。与此同时,由于金沙江上游水库水层中的泥沙问题,采用高频率测深时,水中粒径较大的泥沙将会反射声波从而产生假水深。如何选用合适的测深频率也是多波束测深过程中面临的问题之一。

5.5.1 绝对坐标计算

绝对坐标计算主要包括两步:通过 GNSS 接收机坐标计算换能器处的大地坐标;声线跟踪坐标转换为大地坐标。

（1）换能器大地坐标的计算

假设测船在静止的水面上是水平的，即测船停泊时，在涌浪的作用下船的左右摇摆幅度相同。MRU 安装偏差为 MRU 坐标系与船体坐标系之间的轴向对齐误差。其简化示意图如图 5.5-1 所示。

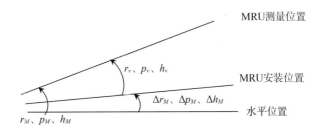

图 5.5-1　MRU 安装偏差简化示意图

换能器与 GNSS 接收机之间的差量投影到以测船位置为原点的站心坐标系统中的计算方法为

$$\begin{bmatrix} \Delta X \\ \Delta Y \\ \Delta H \end{bmatrix}_{G-T}^{\mathrm{LCS}} = \boldsymbol{R}(h_v)\boldsymbol{R}(p_v)\boldsymbol{R}(r_v) \begin{bmatrix} Y_O^T - Y_O^G \\ X_O^T - X_O^G \\ -(Z_O^T - Z_O^G) \end{bmatrix} \tag{5.5-1}$$

换能器在大地坐标系统中的大地坐标为

$$\begin{cases} \varphi_T = \varphi_G + \Delta Y_{G-T}^{\mathrm{LCS}}/M \\ \lambda_T = \lambda_G + \Delta X_{G-T}^{\mathrm{LCS}}/N\cos\varphi_T \\ H_T = H_G + \Delta H_{G-T}^{\mathrm{LCS}} \end{cases} \tag{5.5-2}$$

（2）水深点大地坐标的计算

换能器到测深点大地坐标的计算与换能器大地坐标计算方法类似，声线跟踪向量利用下式转换到站心坐标系统下：

$$\begin{bmatrix} \Delta X \\ \Delta Y \\ \Delta Z \end{bmatrix}_{T-S}^{\mathrm{LCS}} = \boldsymbol{R}(\alpha_{\mathrm{Azimuth}}) \begin{bmatrix} y_{rt} \\ 0 \\ -z_{rt} \end{bmatrix} \tag{5.5-3}$$

则水深点的大地坐标 $(\varphi_S, \lambda_S, H_S)$ 为

$$\begin{cases} \varphi_S = \varphi_T + \Delta Y_{T-S}^{\mathrm{LCS}}/M \\ \lambda_S = \lambda_T + \Delta X_{T-S}^{\mathrm{LCS}}/N\cos\varphi_S \\ H_S = H_T + \Delta H_{T-S}^{\mathrm{LCS}} \end{cases} \tag{5.5-4}$$

通过上述计算，即可获得水深点的大地坐标。

其简便算式为

$$\begin{cases} \varphi_S = \varphi_G + (\Delta Y_{G-T}^{\mathrm{LCS}} + \Delta Y_{T-S}^{\mathrm{LCS}} + \Delta Y_t)/M \\ \lambda_S = \lambda_G + (\Delta X_{G-T}^{\mathrm{LCS}} + \Delta X_{T-S}^{\mathrm{LCS}} + \Delta X_t)/N\cos\varphi_S \end{cases} \tag{5.5-5}$$

其中：ΔX_t、ΔY_t 分别表示延时在 X 和 Y 方向的距离。

5.5.2 水深计算

通常河道测量更加关注的是深度基准下的水深。所以将测量值转换为水深是有必要的，从水面到水深点的深度计算方法如下式所示

$$D(t) = z_{rt} - H_{\mathrm{all}} + draft(t) \tag{5.5-6}$$

其中：z_{rt} 表示换能器到水深点的深度，即声线跟踪的深度；H_{all} 表示所有涌浪总影响值，主要包括 MRU 测量的涌浪 $Heave$ 和 MRU 与换能器不同心而导致的诱发涌浪 H_{ind}；$draft(t)$ 表示换能器总吃水，包括静吃水、动吃水和船体载重吃水。

涌浪主要包括两部分：MRU 测量的涌浪 $Heave$，其主要表示瞬时水面到平均水面（平衡位置）的距离；MRU 与换能器不同心，船体姿态造成的诱发涌浪 H_{ind}。其计算方法为

$$H_{\mathrm{all}} = Heave + H_{\mathrm{ind}} \tag{5.5-7}$$

其中，诱发涌浪的计算方法为

$$\begin{aligned} H_{\mathrm{ind}} &= (Z_O^T - Z_O^M) - \boldsymbol{R}(h_v)\boldsymbol{R}(p_v)\boldsymbol{R}(r_v)\begin{bmatrix} X_O^T - X_O^M \\ Y_O^T - Y_O^M \\ Z_O^T - Z_O^M \end{bmatrix}_Z \\ &= \Delta X_M^T\sin p_v - \Delta Y_M^T\sin r_v\cos p_v + \Delta Z_M^T(1 - \cos r_v\cos p_v) \end{aligned} \tag{5.5-8}$$

式中：$(\Delta X_M^T, \Delta Y_M^T, \Delta Z_M^T)$ 表示从 MRU 到换能器的坐标差。

换能器吃水计算公式为

$$draft(t) = draft - squat - load \tag{5.5-9}$$

式中：$draft$ 为静吃水，以向下为正；$squat$ 为动吃水，以向上为正；$load$ 为船体载重吃水，以向上为正。

在多数情况下，静吃水和船体载重吃水是合在一起的，只需要测量换能器的静吃水即可。由于船上的燃料消耗、食物消耗等，船体载重吃水是变化的，所以要在一天中多测量几次。由于船型不同，在不同的船速下动吃水会发生变化，所以要对船体在不同速度下测量其动吃水。其测量方式是首先在测船停泊时测量天线大地高和姿态数据，求取涌浪传感器处的平均高程；然后测船以不同船速航行，测量天线大地高和姿态数据，对不同船速单独计算涌浪传感器的平均高程，其与停泊时的涌浪传感器高程差即为不同船速下的动吃水。

则水深的计算公式为

$$D_{\text{depth}} = D(t) - h_{\text{tide}} \tag{5.5-10}$$

其中：h_{tide} 为潮汐水位。

5.6　多波束边缘波束异常压制

5.6.1　声速误差对测深影响的特点

多波束测深系统是由多传感器组成的综合测量系统。多波束测深系统获得的测深数据主要由四类数据融合获得,包括声学子系统提供的测深点相对于换能器的三维坐标,GNSS 提供的大地坐标,MRU 提供的船体姿态数据,声速剖面仪或温盐深剖面仪(CTD)提供的声速剖面数据。测深数据质量不但取决于测深传感器自身的先进性,还与其他辅助测量设备的技术性能和海洋环境效应有关。因此,多波束测深误差具有显著的多源性。

声速误差由于受硬件条件限制难以有效探测到,因此在数据处理过程中很少被顾及,这就导致处理结果中存在系统性的测深误差,尤其是对边缘波束的影响较大。为获得高精度、高分辨率的海底地形,声速剖面中包含的声速误差必须得到妥善处理。

声速误差由测定误差和漂移误差组成。声速剖面仪的采样值包括水深值和该水深下的声速值,在采样过程中二者均可能与真实值之间存在偏差,通过多次观测等方法可以减少偶然因素,但无法完全消除这类测定误差。同时,由于测量载体在运动状态下,受海洋动态环境影响,并且随着采样时间和采样位置的变化,海水中的声速也在不断变化,声速剖面仪所获取的声速剖面值(SVP)与真实声速剖面值之间存在变差,这类误差称为偏移误差。

声速误差对多波束测深的影响可以通过层内常梯度声线跟踪的计算来分析。如图 5.6-1 所示,假设声速在第 $i+1$ 层出现误差,前面几层无误差,在第 i 层的声速为 C_i,在第 $i+1$ 层的真实声速为 C_{i+1},测量声速为 C'_{i+1},其中 $C_{i+1}<C'_{i+1}$;存在两个波束,初始入射角分别为 θ_1 和 θ_2,其中 $\theta_1<\theta_2$,由于声速误差的影响,测深误差分别为 $\triangle z_1$ 和 $\triangle z_2$。

因为 $C_{i+1}<C'_{i+1}$,所以梯度值 $g>g'$,基于真实声速形成的声线的曲率半径小于基于测量值形成的声线的曲率半径,即真实波束点位于计算波束点的下方。对于两条不同入射角的波束,因为 $\theta_1<\theta_2$,所以入射角 θ_1 的波束的声线弧长小于入射角 θ_2 的波束的声线弧长,在声速误差的影响下,$\triangle z_1<\triangle z_2$。综上所述,由声速误差造成的测深系统性误差随波束入射角的增大而增大。

5.6.2　基于地形趋势面的边缘波束异常测深误差削弱方法

声速误差导致多波束测深的系统性误差,该主要误差影响边缘波束的长波项,在地

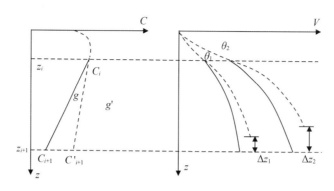

图 5.6-1 声速误差对多波束测深的影响

形上表现为整体的地形趋势,但是对于边缘波束的短波项,即高频信息影响较小。所以,可以利用两相邻条带的中央波束点的信息,获取地形趋势,近似拟合出边缘波束的长波项,然后与已有的短波项融合,对系统性误差进行校正。

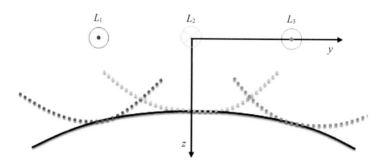

图 5.6-2 基于趋势面改正的示意图

如图 5.6-2 所示,假设存在 L_1、L_2、L_3 为三条相邻测线,分别表示为红、黄、蓝三色。三条虚线分别代表三条测线所测得的海底点连线。以测线 L_2 的坐标(x_0,y_0)点为原点,y 轴指向船的右舷方向,竖直向下为 z 轴方向。将 L_1、L_2、L_3 三条相邻测线所测得的波束点坐标(X_i,Y_i,Z_i)投影到新建的坐标系中,其投影坐标为(y_i,z_i)。令测线 L_2 的航向为 A,若方位角 $A=0$,则

$$\begin{cases} z_i = Z_i \\ y_i = Y_i - y_0 \end{cases} \tag{5.6-1}$$

若方位角 $A\neq0$,则

$$\begin{cases} z_i = Z_i \\ k = \tan\left(\dfrac{\pi}{2} - A\right) \\ y_i = \dfrac{(kY_i - ky_0) + (X_i - x_0)}{\sqrt{k^2 + 1}} \end{cases} \tag{5.6-2}$$

（1）获取海底地形的拟合曲线（长波项）

根据中央波束的测深点坐标，通过上述的坐标转换，可以建立 z 坐标与 y 坐标的多项式函数。如果测区地形平坦，可以利用此多项式函数模型对边缘波束点进行趋势面拟合。若联合三条相邻测线计算地形趋势，使用二次或三次多项式即可，高阶会导致局部细节异常。设 n 次多项式的表达式为

$$z(y) = \sum_{j=0}^{n} a_j y^j \tag{5.6-3}$$

在相邻的三条测线的中央波束中优选出 N 个合适的测深点，建立矩阵多项式

$$\mathop{Z}_{N \times 1} = \mathop{B}_{N \times (n+1)} \cdot \mathop{x}_{(n+1) \times 1} \tag{5.6-4}$$

其中各矩阵的具体形式如下：

$$\begin{cases}
\mathop{Z}_{N \times 1} = \begin{bmatrix} Z_1 \\ Z_2 \\ \vdots \\ Z_N \end{bmatrix}_{N \times 1} \\[2em]
\mathop{B}_{N \times (n+1)} = \begin{bmatrix} y_1^n & y_1^{n-1} & \cdots & y_1 & 1 \\ y_2^n & y_2^{n-1} & \cdots & y_2 & 1 \\ \vdots & \vdots & \vdots & \vdots & \vdots \\ y_N^n & y_N^{n-1} & \cdots & y_N & 1 \end{bmatrix}_{N \times (n+1)} \\[2em]
\mathop{x}_{(n+1) \times 1} = \begin{bmatrix} a_0 & a_1 & \cdots & a_n \end{bmatrix}_{(n+1) \times 1}
\end{cases} \tag{5.6-5}$$

根据最小二乘原理，可以求解参数矩阵

$$x = (B^{\mathrm{T}} B)^{-1} B^{\mathrm{T}} Z \tag{5.6-6}$$

求解完成后，还需要对结果进行显著性分析，若不通过，还需修改阶数重新计算，直至满足要求。

（2）获取边缘波束测深点的变化趋势（短波项）

边缘波束的实测数据在测深误差的影响下，呈现的地形趋势与整体地形存在差异。同地形趋势拟合类似，首先需要确定错误趋势的函数模型，设其为 m 阶多项式：

$$z(y) = \sum_{j=0}^{m} b_j y^j \tag{5.6-7}$$

然后提取 M 个合适的边缘波束点，与长波项的计算方法一致，根据最小二乘原理，求解其多项式参数，获得边缘波束测深点变化趋势的函数模型。

（3）削弱波束点测深系统性误差

传统方法通常采用人机交互的方式来剔除条带重叠区域处不符合值超限的波束点，

这种做法抹去了边缘波束点包含的细部地形变化等有用信息,趋势面法采用长波项和短波项相结合的方法,可有效弥补该缺陷。

首先计算 L_2 测线的波束点在 $O\text{-}yz$ 下的坐标 $P(y_P, z_P)$,利用边缘波束测深点的变化趋势模型计算波束点的细部变化量 Δz。

$$\Delta z = z_P - z_e(y_P) \tag{5.6-8}$$

其中:z_e 是根据边缘波束测深点的变化趋势多项式所计算出来的深度值。再将细部变化量 Δz 叠加到地形趋势面多项式所计算的结果中,即

$$depth = z_c(y_P) + \Delta z \tag{5.6-9}$$

其中:z_c 是根据中央波束测深点的变化趋势多项式所计算出来的深度值,利用 $depth$ 值替代波束点原三维坐标中的水深值,恢复坐标后完成测深系统性误差的削弱。

第六章
综合测深技术

6.1 概述

6.1.1 主要测深技术

最早的水深测量的方式是杆测或者锤测，效率低且误差大。20 世纪 20 年代，单波束测深技术开始被应用到水深测量中，使得水深测量取得巨大飞跃。单波束测深仪通过换能器垂直向下发射单波束水声信号，测量声波到海底的往返时间，然后根据已知声速得出所测水深。但是，由于单波束测深仪采用垂直向下的单波束声波，在海底地形坡度较大时，会有较大误差。另外，单波束测深仪属于点测量，当进行较大区域测量时，需要反复测量，耗时耗力。

为了改善单波束测深的局限性，20 世纪 50 年代，多波束测深的思想在美国被首次提出。多波束测深能够在一个收发周期内对海底多个点的深度进行测量，且同单波束测深技术相比，多波束测深数据的分辨力更高，并且可以极大地提高大面积水域的地形测量效率。多波束测深技术打破了传统测深理论的限制，给世界海洋测深技术带来了质的飞跃。

虽然多波束测深仪在技术性能上有着单波束测深仪无法比拟的优势，但是，多波束测深仪比单波束测深仪要复杂得多，且体积庞大，成本也高很多。多波束测深仪的高性能对很多中小用户来说，并不是必须的。因此在实际使用中，性能适中、价格低廉、使用便捷的单波束测深仪仍被广泛使用。

6.1.2 测深技术不足

在进行多波束测量作业时，边缘波束数据质量受声速误差影响较大，表现为"哭脸"和"笑脸"地形，如图 6.1-1 所示。边缘波束的测量精度直接关系到多波束测量数据的利用率和整体测量作业的精度，是影响多波束数据质量的一个重要因素。

单波束测深仪无论在测深精度还是在稳定性和可靠性方面均达到了较高的水平，且因

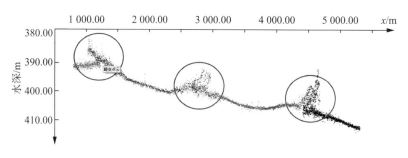

图 6.1-1　多波束"笑脸"地形图

为借助垂直入射波束测深,测深结果不受声线弯曲的影响。若在同一测区,既有多波束测深数据,又具有一定数量的单波束测深数据,则可利用单波束受声线弯曲影响小、测深精度高的优势对该区域多波束条带边缘波束测深数据进行修正,提高多波束条带边缘波束的测深精度。

单波束在地形坡度较大和地形复杂区域,由于其波束开角较大(一般不低于 4°),会表现出明显的波束角效应,会造成地形坡度改变和地形失真现象,如图 6.1-2 所示。所以联合单波束和多波束进行河道、水库水深测量是获得高精度水下地形的重要方法。

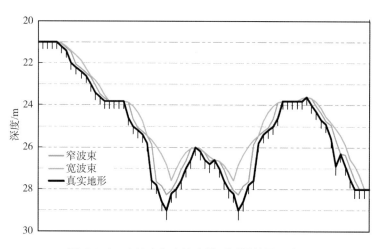

图 6.1-2　窄波束和宽波束地形测量结果示意图

在地形较为平缓的浅水区域,单波束精度较高、作业成本低;在地形较为复杂的区域和岸坡部分,使用多波束进行水下地形测量,可以获得较为准确的边坡地理信息。

6.1.3　本章技术路线

受测深设备及测深技术的限制,水深测量精度相对较低且精度影响因素多,精度控制难度大;再者,陡深型河段水深值大、地形坡度陡,由此带来的误差也随之增加。目前,测深主要设备为单波束测深仪、多波束测深系统两种。单波束测深仪具有安装操作简便、数据处理简单等优势,但受波束角效应影响,复杂、陡峭水域的精度损失较大;多波束测深系统因其角度分辨率高,可削弱波束角效应影响,但其在水深较浅、边缘波束水域精度较低。二者可取长补短,提高陡深型河段测深精度。本章主要内容结构见图 6.1-3。

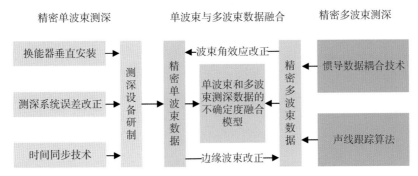

图 6.1-3 本章内容结构

6.2 精密单波束测深数据采集与处理

6.2.1 数据采集

（1）数据采集区确定

在山区型深水水库选择代表性的断面,进行精密测深数据采集,选取的典型断面见表 6.2-1。

表 6.2-1 实验断面

断面	最大水深/m	地形平均坡度/(°)	断面形态
S119	143	33	V 形
S134	103	18	U 形
S139	115	24	复式断面

（2）与传统作业方式的比较

通过精密测深数据与传统方法测深数据绘出的 S134 断面见图 6.2-1。

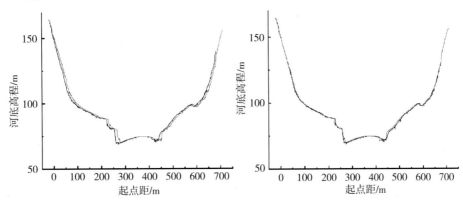

图 6.2-1 S134 断面传统方法(左红)、精密测深(右红)与真值断面套绘图

（3）精度评估

对与真值断面相同桩点距的精密测深数据、传统方法测深数据对应的高程较差进行精度评估,高程较差分布见图 6.2-2。

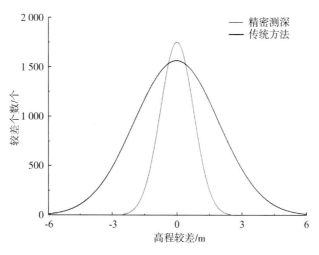

图 6.2-2　高程较差分布图

传统方法、精密测深精度统计见表 6.2-2。

表 6.2-2　改正后各断面往返测精度统计　　　　　　　　　　　　单位:m

断面		S119	S134	S139
最大值	传统方法	6.04	3.43	6.78
	精密测深	2.56	3.60	3.19
最小值	传统方法	−10.03	−8.40	−19.82
	精密测深	−3.61	−2.39	−3.07
平均值	传统方法	0.29	−0.11	−0.13
	精密测深	0.07	−0.06	−0.01
中误差	传统方法	1.81	0.75	1.61
	精密测深	0.74	0.50	0.45

由此可见,精密测深精度显著提升,且坡度较大断面的精度提升得更为显著。

6.2.2　数据处理

6.2.2.1　原始数据滤波

根据不同源观测数据的特点,研制数据质量控制模块,在记录观测数据的同时对原始观测数据进行自动滤波处理。原始数据滤波主要包括:测深数据滤波、GNSS 定位数据滤波、姿态和航向数据滤波、声速数据滤波及水位数据滤波。

1．测深数据滤波

以实际测量时的高采样率记录为参考,对测深采样记录进行全面的校对,并对地形特征点进行平均加密。测深数据编辑能有效地消除异常测深的影响,且增强了对水下地形特征的真实全面反映。

2．GNSS 定位数据滤波

在 GNSS RTK 测量中,每个历元的观测高程都必须准确,否则将会影响最终的水下地形测量成果,因此,需对 GNSS 平面解和高程解进行质量控制。

（1）GNSS 平面解质量控制

RTK 定位数据异常主要表现为平面坐标的"跳变",在时间序列上,按照动态测量时出现的频次可分为个别点异常、短时异常及较长时间的异常。

个别点异常是指由于船姿剧变或无线电中断,GNSS 观测数据中常出现连续几个观测历元(几秒钟)的异常。此时,可认为测量船在短时间内保持航向,其平面位置修正可采用线性内插法。

若观测数据中出现短时(十几秒)连续异常,则可借助卡尔曼滤波,根据先验统计特性进行滤波处理。借助 GNSS 正常观测得到平面解和质量因子,从而实现异常定位解的修复。

若平面解序列中出现较长时间异常(大于 3 min),其间测量船航向/方位可由罗经连续提供,则平面位置修正可借助航向和航速以及前一时刻正确的平面定位解,通过位置递推方法来获得。

（2）GNSS 高程解质量控制

①基于 Heave 的短时异常 GNSS 高程信号修正

在精密水下地形测量中,GNSS 可以监测船体的垂直运动,MRU 也可以提供船体垂直运动的涌浪参数,因此船体的瞬时垂直运动可通过 GNSS 高程和 Heave 两个时序来反映。正常 GNSS 高程时序和 Heave 时序反映的船体垂直运动具有很强的一致性,短时间内可以利用 Heave 序列检测和修正异常的 GNSS 高程记录。

②长时间异常和中断的 GNSS RTK 高程修正

长时间异常和中断的 GNSS RTK 高程采用潮位＋Heave＋吃水联合修正。类似于Heave 修正,利用合成的多波束换能器处的瞬时高程,实现合成信号对换能器处的 GNSS RTK/PPK 高程修正。

3．姿态和航向数据滤波

对于姿态传感器和罗经高频输出的姿态数据(横摇、纵摇、涌浪)和方位数据,利用高频滤波器通过高通滤波的方式进行滤波;也可采用滑动平均方法来发现异常,并利用有效的姿态数据和方位数据,内插异常时刻的姿态数据和方位数据。

4．声速数据滤波

根据声速剖面曲线变化的光滑性,对异常导致的曲线"尖刺"进行平滑处理;自动滤波基于相同的原理,采用滑动平均的方法进行滤波。

5. 水位数据滤波

异常水位数据的检查基于水位曲线的连续性,使用滑动平均方法进行滤波。

6.2.2.2 偏差探测及修正

（1）延时探测和修正

在水下地形测量中,GNSS RTK 系统的内部算法问题、数据传输和编码问题会导致测深和定位不同步,即存在时间延迟。为确保二者的同步,必须进行延迟的探测和修正。利用往返测量断面,采用特征点对匹配法和断面整体平移法,实现整个系统延时的准确确定。

（2）姿态传感器安装偏差

罗经在安装时易产生方位安装偏差 dA,该偏差为罗经 x 轴指向与船轴线的夹角。当存在 dA 时,会造成测深点以中央波束为原点的旋转变化,中央波束位移量为零,边缘波束位移最大;与艏摇偏差影响相同,对于整个条带地形,该偏差将会引起地形的旋转变化,因此必须对其进行探测并修复。可借助 GNSS RTK 进行 dA 探测。

Heave 具有零均值特征,反映的是船体在波浪作用下的上下涌动变化,但受其内部数据处理算法的影响,尤其当船加速或减速等剧烈变化时,易导致 Heave 异常,其变化不再满足正态分布。根据正常 Heave 变化及统计特点,对于一段 Heave 时序,其理论均值应为零,可根据在航获取的 Heave 数据,分段计算其平均值。

在外业测量中,姿态传感器不可能安置得绝对水平,各轴向不一定与船体坐标系完全一致,因而存在初始安置偏差。在姿态传感器安装稳妥后、正式测量前,将测量船泊于码头,保持测量船稳定,利用 HYPACK 或其他导航软件连续采集 MRU 姿态参数约 15 min,利用该数据实现 MRU 初始安置偏差的确定。测量船泊于码头时,尽量使其稳定,但这时实测的数据也是在变化的,这种变化由两部分组成:测量误差和系统安装偏差。

6.2.3 测深数据综合处理

测深数据综合处理主要包括:涌浪改正、延时改正、吃水改正、声速改正和水位改正。其实施过程如图 6.2-3 所示。

（1）声速改正

声速改正可借助下式完成:

$$\Delta D_c = D_0\left(\frac{C_0}{C_m} - 1\right) \tag{6.2-1}$$

其中:ΔD_c 为声速改正量;D_0 为声速为 1 500 m/s 时的测深结果;C_m 为输入测深仪的声速;C_0 为实际声速。

则声速改正后的深度值为

$$D = D_0 + \Delta D_c \tag{6.2-2}$$

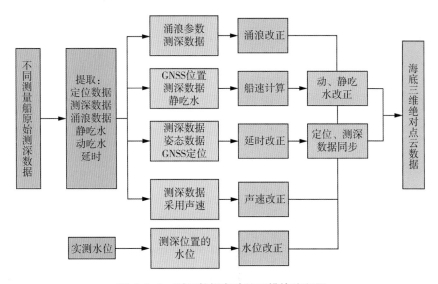

图 6.2-3　测深数据自动处理模块流程图

其中:D 为声速改正后的测深结果。

（2）吃水改正

吃水包括静吃水和动吃水,静吃水为测深换能器在测船停泊在码头、锚定时测定的换能器活性面到水面的垂直距离;动吃水则是利用船型系数和船速相对于静止的船进行改正的垂直距离。不同测量船采用的静吃水可以在海上测量时直接测定和改正:

$$D_s = D + \Delta \tag{6.2-3}$$

式中:D 为实测水深;D_s 为水面水深;Δ 为静吃水和动吃水。

换能器动吃水通常可以通过实测和模型计算两种方法确定。

（3）涌浪改正

利用同步的涌浪参数对测深数据进行实时改正。

$$D_T = D - Heave \tag{6.2-4}$$

式中:D 为实测水深;$Heave$ 为涌浪参数;D_T 为以稳态水面为起算的水深。

涌浪改正消除了涌浪对测深的影响,获得了以稳态水面(当时的水位面)为起算的水深。

（4）水位改正

基于已存储的验潮站的观测数据,利用水位改正模型内插水位。该部分顾及了潮流的方向,分为单站水位改正、双站水位改正、三站及多站水位改正。

单站水位改正:单站水位改正模型可用于小范围的局部区域,此时水位站水位应具有代表性,其与测区内任一位置的瞬时水位差最大不超过 0.1 m。

双站改正:双站水位改正模型可用于存在纵比降的狭长区域,此时两水位站的瞬时水位差最大不超过 0.2 m。

三站及多站水位改正：三站及多站水位改正模型可用于水面形态复杂的宽阔水域，三站及多站水位改正模型分为两步内插法、距离加权法、平面内插法。

6.3 精密多波束测深数据采集与处理

6.3.1 数据采集

多波束测深数据采集系统如图 6.3-1 所示。

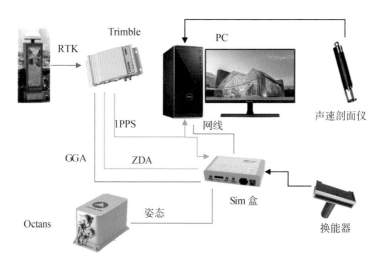

图 6.3-1 多波束测深数据采集系统

精密多波束测深数据采集见图 6.3-2，左为全貌图，右为细部图。

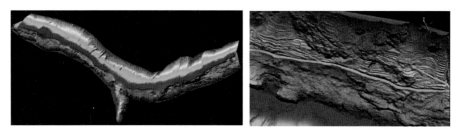

图 6.3-2 精密多波束测深数据采集

6.3.2 数据处理

多波束数据处理也就是将换能器测得的时间和角度通过计算转换到大地坐标系统下，得到测深点的绝对坐标，它是水下地形呈现的重要步骤和过程，主要包括声线跟踪、绝对坐标计算和水深计算。

多波束测深数据与紧耦合导航后处理数据融合处理流程见图 6.3-3。

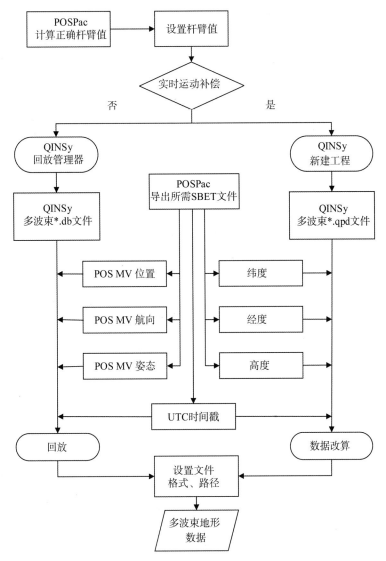

图 6.3-3　多波束测深数据与紧耦合导航后处理数据融合处理流程图

6.4　单波束与多波束数据耦合

由于不同系统或不同方法所测量的数据精度不一致,在公共测量覆盖区容易出现地形不一致的情形,具体表现为相邻拼接区域地势陡变,等高线出现拐点或复杂化,因此需要在公共测量覆盖区进行多源数据的融合。一般来说,有两种融合方法:一种是低精度数据向高精度数据校正,另一种是根据精度进行定权,通过加权平均的方法实现公共区域测量成果的融合。数据融合的基本流程如下:

(1) 对不同源数据进行预处理,消除各项误差因素的影响,使其具有内部一致性。

（2）构建平面基准转换模型和垂直基准转换模型，实现不同源数据平面和垂直测量基准的统一。

（3）根据不同源数据的整体范围设置一定的格网大小，对所有数据分别进行格网化。

（4）对于每块格网数据，找到其在不同源数据中所对应的格网，找出该格网中每个点在对应格网中平面距离最小的点，计算这些点间高差的平均值，作为不同源数据在该格网处的系统误差。按照前面所选择的融合方式为不同源数据块分配系统误差。

（5）对于那些在不同源数据中对应格网不含数据的块，通过已计算的块的系统误差插值得出该块的系统误差。

（6）根据计算的各块的系统误差对数据进行系统误差修正。

（7）按照前面所选择的融合方式确定不同源数据各个测量点的权值，通过加权插值的方式计算出各点融合后的高程值。

为了将单波束和多波束数据融合，可以以某种数据源为基准或者将二者按比例向中间靠拢来消除二者之间的系统误差，然后根据两种数据的精度/不确定度进行赋权，通过加权平均的方法实现公共区域测量成果的融合。

单波束与多波束测深数据耦合，对于高效、准确获取陡变库区地形至关重要。通过同河段单波束、多波束测深精度的分析，定量分析坡度、水深对单波束、多波束测深精度的影响，确定不同水深、坡度的测深设备，并对二者数据耦合，以此提高测深精度。技术路线见图6.4-1。

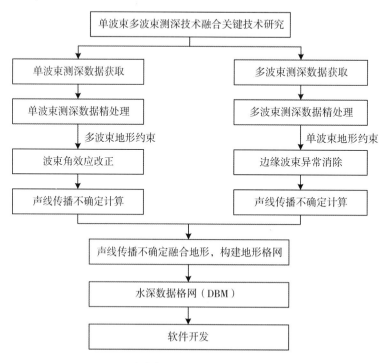

图 6.4-1　单波束多波束测深技术融合技术路线

6.4.1 测深误差模型

将单波束地形数据与多波束地形数据融合具有精度更高、密度更高、覆盖区域相互弥补的优点,因此根据单波束和多波束水深点的不确定度进行数据融合是较优的方法。根据二者的水深点不确定度确定不同测深点的权重,采用反距离加权或 CUBE 方法建立水下地形。

单波束和多波束的水深点不确定度计算方法类似,采用 Hare 等提出的多波束不确定度估计模型(HGM)。测量中定义的不确定度有三种:总传播不确定度 TPU(Total Propagated Uncertainty)、总水平不确定度 THU(Total Horizontal Uncertainty)、总垂直不确定度 TVU(Total Vertical Uncertainty)。

THU 和 TVU 均在 95% 置信度下计算,THU 和 TVU 的计算表达式如下:

$$THU = 2.45\sigma_{\text{Position}}$$
$$TVU = 1.96\sigma_{\text{Depth}}$$

(6.4-1)

式中:σ_{Position} 表示包含随机误差和系统误差的定位总误差;σ_{Depth} 表示包含随机误差和系统误差的总归化水深误差。

TPU 越大,表示水深点的精度越低;TPU 越小,表示水深点的精度越高。

为了将单波束和多波束不确定度进行融合,采用如下两种方法:

方法一:将不确定度转换为点位精度,即 $p = 1/\sigma^2$,利用反距离加权获得格网点的点位坐标,将两种数据进行融合。

方法二:使用 CUBE 方法,以待估点邻域范围内的测深点的水深值、平面位置及不确定度为原始数据,基于多重估计原理采用简单卡尔曼滤波方法获取待估点的水深估值,最终根据最优水深估计选择原则获取最优水深估计值。CUBE 根据不确定度确定的格网点水深值如图 6.4-2 所示。

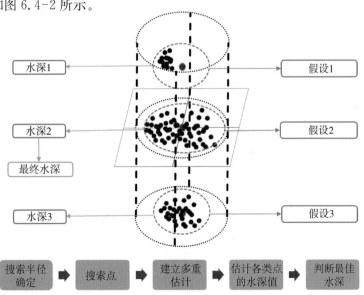

图 6.4-2 CUBE 水深估计

6.4.2 测深误差改正

河道断面的单波束测深波束角效应改正方法是利用河道断面的拟合坡度来减弱甚至消除波束角效应的影响,其流程见图6.4-3。由于在测深过程中,将测深仪换能器记录接收的最强声波信号作为计算水深的依据,因此测深仪记录的声波信号最强的位置,极可能为水底波束角"脚印"内至换能器的最短距离。

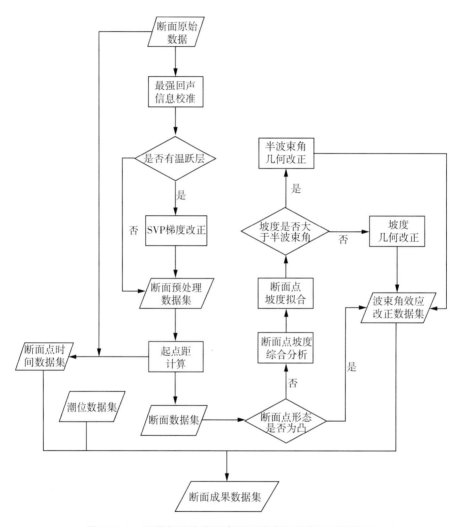

图6.4-3 河道断面的单波束测深波束角效应改正流程图

该方法利用仪测水深回声数据最强回波对水深数据进行校对,对水温跃层进行SVP梯度改正,得到断面预处理数据集Q;对Q进行断面起点距计算,得到断面数据集D;对D中的断面点按照断面点起伏形态进行区分,对断面点坡度影响最大的两个倾角进行坡度拟合;根据建立的数学几何模型,实现对河道断面的单波束测深波束角效应的水深改正;最后通过潮位改正,得到断面成果数据集$D_{成}$。实践证明,该方法大大削弱了单波束测深中人们常常忽略的波束角效应的影响,提高了单波束测深精度。

（1）断面预处理数据集 Q 获取

测深仪的仪测水深在回波内存在一定的不确定性。为得到波束角效应最大时的仪测水深值,应对仪测回声信息最强回波进行分析校对,结果见图 6.4-4。若测深环境存在水温跃层,应对仪测水深值进行 SVP 梯度改正。水深改正后的数据输出可得到断面预处理数据集 Q。

$$Q=\{Q_1,Q_2,\cdots,Q_n\},Q_n=(X_n,Y_n,H_n) \tag{6.4-2}$$

式中： Q_n 为断面第 n 个断面点； X_n 为第 n 个断面点的北坐标； Y_n 为第 n 个断面点的东坐标； H_n 为第 n 个断面点的水深值。

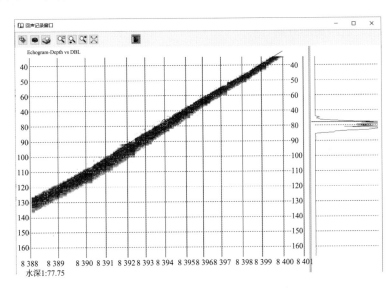

图 6.4-4　测深仪测深回波与能量波形图

（2）基准数据获取

由于水下地形测量的测深精度较陆上测量低,水库基准数据可根据水库蓄水前建立的测深基准场,施测的固定平坝、公路或者退水后的陆上地形获取。没有基准场的水库、天然的水域可利用多波束测深系统等精度更高的测深设备获取。

（3）断面数据集 D 获取

断面起点距是以断面零点桩 $L_0(X_L,Y_L)$ 为起点,计算所述断面预处理数据集 Q 中各二维 $Q_n(X_n,Y_n)$ 在断面线上的投影点至零点桩的距离。设断面 l 坐标方程为 $Y=AX+B$,断面另一桩点为 $L_R(X_R,Y_R)$,则

$$A=\frac{Y_R-Y_L}{X_R-X_L},B=Y_R-\frac{Y_R-Y_L}{X_R-X_L}X_R \quad (X_R\neq X_L) \tag{6.4-3}$$

在断面预处理数据集 Q 中,二维 $Q_n(X_n,Y_n)$ 在直线 Y 的投影点为 $Q'_n\left(\dfrac{A(Y_n-B)+X_n}{A^2+1},\right.$

$$\frac{A^2(Y_n - B) + AX_n}{A^2 + 1} + B\Big)\text{。}$$

若 $X_R = X_L$，则断面 l 坐标方程为 $X = X_L$，在所述断面预处理数据集 Q 中，二维 $Q_n(X_n, Y_n)$ 在直线 Y 的投影点为 $Q'_n(X_L, Y_n)$。

若 $L_0 \to L_R$ 方位角为 α，则有象限角 γ：

$$\gamma = \arctan \frac{Y_R - Y_L}{X_R - X_L} \quad (X_R \neq X_L) \tag{6.4-4}$$

$$\alpha = \begin{cases} \gamma, & Y_R - Y_L \geqslant 0, X_R - X_L > 0 \\ \gamma + 180°, & X_R - X_L < 0 \\ \gamma + 360, & Y_R - Y_L < 0, X_R - X_L > 0 \end{cases} \tag{6.4-5}$$

若用 K 值判断距离的方向，则

$$K = \begin{cases} -1, & \alpha \in (0°, 180°), \dfrac{A^2(Y_n - B) + AX_n}{A^2 + 1} + B < Y_L \\[2mm] 1, & \alpha \in (0°, 180°), \dfrac{A^2(Y_n - B) + AX_n}{A^2 + 1} + B > Y_L \\[2mm] -1, & \alpha \in (180°, 360°), \dfrac{A^2(Y_n - B) + AX_n}{A^2 + 1} + B > Y_L \\[2mm] 1, & \alpha \in (180°, 360°), \dfrac{A^2(Y_n - B) + AX_n}{A^2 + 1} + B < Y_L \\[2mm] -1, & \alpha = 0°, \dfrac{A(Y_n - B) + X_n}{A^2 + 1} < X_L; \alpha = 180°, \dfrac{A(Y_n - B) + X_n}{A^2 + 1} > X_L \\[2mm] 1, & \alpha = 0°, \dfrac{A(Y_n - B) + X_n}{A^2 + 1} > X_L; \alpha = 180°, \dfrac{A(Y_n - B) + X_n}{A^2 + 1} < X_L \\[2mm] -1, & X_R = X_L, Y_R - Y_L < 0 \\[2mm] 1, & X_R = X_L, Y_R - Y_L > 0 \end{cases}$$

$$\tag{6.4-6}$$

二维 $Q_n(X_n, Y_n)$ 在断面 l 上的起点距表达式为

$$L_n = \begin{cases} K\sqrt{\left(\dfrac{A(Y_n - B) + X_n}{A^2 + 1} - X_L\right)^2 + \left(\dfrac{A^2(Y_n - B) + AX_n}{A^2 + 1} + B - Y_L\right)^2}, & X_L \neq X_R \\[4mm] K(Y_n - Y_L), & X_L = X_R \end{cases}$$

$$\tag{6.4-7}$$

输出的断面数据集 D 为

$$D = \{(L_1, H_1), (L_2, H_2), \cdots, (L_n, H_n)\}, \text{其中} L_n \leqslant L_{n+1} \tag{6.4-8}$$

断面数据集示例数据见表 6.4-1。

表 6.4-1　断面数据集示例数据

起点距/m	水深/m	起点距/m	水深/m	起点距/m	水深/m	起点距/m	水深/m
−87.4	44.9	34.0	141.9	158.3	133.0	290.9	57.8
−72.9	58.5	47.5	148.8	178.0	123.7	304.9	49.7
−72.3	59.1	60.2	152.9	199.4	112.3	319.0	42.0
−57.4	73.3	72.2	155.3	214.8	104.4	333.2	32.9
−42.2	82.0	84.9	154.8	228.9	93.6	344.1	26.2
−28.3	94.1	103.2	157.4	240.7	88.0	357.5	18.2
−16.2	102.7	113.6	154.5	253.1	80.0	370.9	9.8
−1.2	120.7	128.2	146.5	266.9	71.7	382.4	1.9
17.8	133.5	147.9	137.3	280.7	63.4	383.0	1.6

（4）断面点形态判断

断面数据集中 $D_{n-1}(L_{n-1}, H_{n-1})$，$D_n(L_n, H_n)$，$D_{n+1}(L_{n+1}, H_{n+1})$ 为断面 l 上连续 3 个点，则 $D_n(L_n, H_n)$ 的凸形断面点数学表达式为

$$D_n(L_n, H_n) = \min[D_{n-1}(L_{n-1}, H_{n-1}), D_n(L_n, H_n), D_{n+1}(L_{n+1}, H_{n+1})]$$

$$(6.4-9)$$

$D_n(L_n, H_n)$ 的凸形断面点断面形态如图 6.4-5 所示。

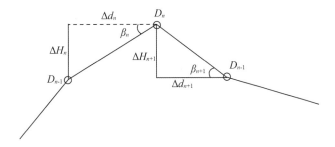

图 6.4-5　凸形断面点断面形态图

$D_n(L_n, H_n)$ 的凹形断面点数学表达式为

$$D_n(L_n, H_n) = \max[D_{n-1}(L_{n-1}, H_{n-1}), D_n(L_n, H_n), D_{n+1}(L_{n+1}, H_{n+1})]$$

$$(6.4-10)$$

$D_n(L_n, H_n)$ 的凹形断面点断面形态如图 6.4-6 所示。

$D_n(L_n, H_n)$ 的倾斜断面点数学表达式为

$$D_n(L_n, H_n) = \mathrm{small}\{[D_{n-1}(L_{n-1}, H_{n-1}), D_n(L_n, H_n), D_{n+1}(L_{n+1}, H_{n+1})], 2\}$$

$$(6.4-11)$$

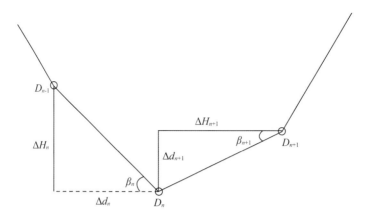

图 6.4-6　凹形断面点断面形态图

$D_n(L_n, H_n)$ 的倾斜断面点断面形态如图 6.4-7 所示。

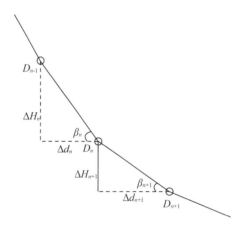

图 6.4-7　倾斜断面点断面形态图

如果 $D_n(L_n, H_n)$ 为凸形断面点，那么

$$\text{if}\{D_n(L_n, H_n) = \max[D_{n-1}(L_{n-1}, H_{n-1}), D_n(L_n, H_n), D_{n+1}(L_{n+1}, H_{n+1})], 1, -1\} = 1$$

（5）断面点坡度拟合

断面数据集中 $D_{n-1}(L_{n-1}, H_{n-1})$，$D_n(L_n, H_n)$，$D_{n+1}(L_{n+1}, H_{n+1})$ 为断面 l 上连续 3 个点，那么

$$\begin{cases} \Delta H_n = H_{n-1} - H_n \\ \Delta H_{n+1} = H_n - H_{n+1} \end{cases}, \quad \begin{cases} \Delta d_n = L_{n-1} - L_n \\ \Delta d_{n+1} = L_n - L_{n+1} \end{cases} \quad (\Delta d_n, \Delta d_{n+1} \neq 0) \quad (6.4\text{-}12)$$

则 $D_n(L_n, H_n)$ 坡度倾角 λ_n 的相关角度 (β_n, β_{n+1}) 的数学表达式为

$$\begin{cases} \beta_n = \arctan \dfrac{\Delta H_n}{\Delta d_n} \\[3mm] \beta_{n+1} = \arctan \dfrac{\Delta H_{n+1}}{\Delta d_{n+1}} \end{cases} \qquad (6.4\text{-}13)$$

式中：Δd 为相邻两点投影在断面上的水平间距。

令 $\min[\mathrm{abs}(\beta_n), \mathrm{abs}(\beta_{n+1})] = \delta_n$，$\max[\mathrm{abs}(\beta_n), \mathrm{abs}(\beta_{n+1})] = \varphi_n$，由于在对 $D_n(L_n, H_n)$ 单波束测深波束角效应改正中，δ_n 的影响要大于 φ_n，那么当 φ_n 相对于 δ_n 小到一定程度后，可以忽略 φ_n 的影响，以便改正方法达到要求的精度，按照常用的忽略不计原则，当 $\delta_n < \dfrac{1}{3}\varphi_n$ 时，令 $\lambda_n = \delta_n$。当 δ_n 与 φ_n 相对大小在一定的范围内时，应当给 δ_n 加权，使得在 $D_n(L_n, H_n)$ 的坡度拟合中，δ_n 的权重大，综合考虑。当 $\dfrac{1}{3}\varphi_n \leqslant \delta_n < \dfrac{2}{3}\varphi_n$ 时，$\lambda_n = \delta_n + \left(\dfrac{3}{2}\delta_n - \dfrac{1}{2}\varphi_n\right) \times \dfrac{\varphi_n - \delta_n}{\varphi_n}$。当 δ_n 与 φ_n 相对大小接近时，认为它们对 $D_n(L_n, H_n)$ 的坡度影响相等，综合考虑，当 $\dfrac{2}{3}\varphi_n \leqslant \delta_n$ 时，$\lambda_n = \dfrac{\delta_n + \varphi_n}{2}$，即

$$\lambda_n = \begin{cases} \delta_n, & \delta_n < \dfrac{1}{3}\varphi_n \\[3mm] \delta_n + \left(\dfrac{3}{2}\delta_n - \dfrac{1}{2}\varphi_n\right) \times \dfrac{\varphi_n - \delta_n}{\varphi_n}, & \dfrac{1}{3}\varphi_n \leqslant \delta_n < \dfrac{2}{3}\varphi_n \\[3mm] \dfrac{\delta_n + \varphi_n}{2}, & \dfrac{2}{3}\varphi_n \leqslant \delta_n \end{cases} \qquad (6.4\text{-}14)$$

（6）断面点水深改正

若断面点 $D_n(L_n, H_n)$ 为凸形断面点，根据波束效应的规律，可认为该点不受波束角效应的影响。若断面点 $D_n(L_n, H_n)$ 为凹形断面点或者倾斜断面点，则 H_n 可根据拟合坡度进行水深改正，得到断面改正数据集 $D_{改}$。波束角效应改正数学模型见图 6.4-8，改正数据集 $D_{改}$ 如下式所示。

$$h_n = \begin{cases} H_n \times \left(\cos\dfrac{\Psi}{2} + \sin\dfrac{\Psi}{2}\tan\lambda_n\right), & \lambda_n \geqslant \dfrac{\Psi}{2} \\[3mm] H_n \times (\cos\lambda_n + \sin\lambda_n\tan\lambda_n), & \lambda_n < \dfrac{\Psi}{2} \end{cases} \qquad (6.4\text{-}15)$$

$$D_{改} = \{(L_1, h_1), (L_2, h_2), \cdots, (L_n, h_n)\}, \quad L_n \leqslant L_{n+1} \qquad (6.4\text{-}16)$$

式中：$\dfrac{\Psi}{2}$ 为测深仪半波束角；h_n 为改正后的水深值。特别声明，相对于倾斜断面点，凹形断面点的坡度拟合改正精度低，由于波束角效应的特性，凹形断面点的改正数学模型是

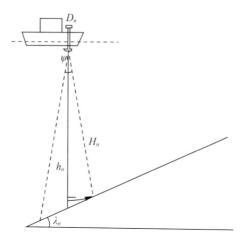

图 6.4-8　波束角效应改正数学模型图

一种估值模型。基于上述水深改正对断面数据集进行改正，得到改正数据集数据，见表 6.4-2。

表 6.4-2　断面改正数据集示例数据

起点距/m	水深/m	起点距/m	水深/m	起点距/m	水深/m	起点距/m	水深/m
−87.4	45.78	34.0	144.36	158.3	134.97	290.9	58.90
−72.9	60.44	47.5	150.82	178.0	125.79	304.9	50.65
−72.3	61.08	60.2	154.16	199.4	114.28	319.0	42.84
−57.4	75.11	72.2	155.42	214.8	106.67	333.2	33.60
−42.2	84.00	84.9	154.80	228.9	95.50	344.1	26.74
−28.3	96.64	103.2	158.28	240.7	89.67	357.5	18.58
−16.2	105.87	113.6	156.29	253.1	81.69	370.9	10.02
−1.2	124.22	128.2	149.01	266.9	73.16	382.4	1.94
17.8	136.20	147.9	139.33	280.7	64.63	383.0	1.60

（7）断面点潮位改正

根据由潮位涨幅以及潮位值建立的潮位数据集 $Q_{潮}$、由原始数据建立的时间数据集 $S_{数}$ 以及已经得到的断面改正数据集 $D_{改}$，内插改正得到断面成果数据集 $D_{成}$，即

$$\left.\begin{aligned}
Q_{潮} &= \{(时间_1, 潮位_1), (时间_2, 潮位_2), \cdots, (时间_i, 潮位_i)\} \\
D_{改} &= \{(L_1, h_1), (L_2, h_2), \cdots, (L_n, h_n)\} \\
S_{数} &= \{(L_1, 时间_{a1}), (L_2, 时间_{a2}), \cdots, (L_n, 时间_{an})\}
\end{aligned}\right\} \Rightarrow$$

$$D_{成} = \{[L_1, (潮位_{a1} - h_1)], [L_2, (潮位_{a2} - h_2)], \cdots, [L_n, (潮位_{an} - h_n)]\}$$

$$(6.4-17)$$

（8）精度评定

由于水下测量的特性，难以得到测量真值，大型水库可根据水下固定地物，如蓄水前建立的测深基准检校场、固定平坝、公路或退水后的陆上地形作为基准数据，没有基准场的水库、天然的水域可利用多波束测深系统等精度更高的测深设备获取的数据进行验证。中误差是衡量观测精度的一种数字标准，其计算公式见式（6.4-18）。

$$\sigma = \pm \sqrt{\frac{[\Delta\Delta]}{2n}} \tag{6.4-18}$$

示例检校数据为多波束测量数据，改正前后效果见图 6.4-9。单波束波束角效应改正前中误差为 1.60 m，改正后中误差为 0.41 m，精度提高了近 2 倍。

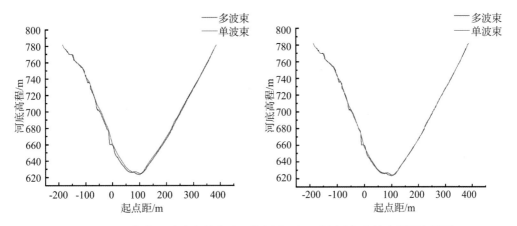

图 6.4-9　示例断面波束角效应改正前（左）、改正后（右）与多波束断面套绘图

6.4.2.2　多波束边缘波束改正

基于单波束约束的多波束边缘波束测深异常的角度和传播时间相关改正方法，是一种以单波束测深数据为约束，通过构建与多波束的波束入射角和传播时间相关的改正模型，实现多波束边缘波束测深异常改正的方法，其目的在于提高多波束测深系统的精度。

水下地形是最基础的地理要素，在河床演变、水域治理、水资源利用等领域具有重要的应用价值。水下地形常借助单波束测深系统或多波束测深系统来获得，相较单波束测深系统，多波束测深系统一次可以获得 100～500 个测深点，可实现条带式全覆盖扫测，显著提高了测深效率，已成为当前水下地形获取的主要手段。

多波束测深系统是一个由多元传感器组成的综合系统，姿态传感器安装偏差、换能器安装偏差、罗经校准偏差、声速误差等均会给最终的测深结果带来显著的系统性误差，这种误差随着波束入射角和深度的增大而增大，在测深数据的断面地形中呈现出边缘波束测深异常，导致相邻测线公共覆盖区测深数据不一致，进而引起地形的不合理突变。针对该问题，现有的解决方案主要有两种，即强制压制法和趋势面拟合法。强制压制法是根据相邻测线公共覆盖区测深数据，寻求公共位置的测深数据，取分别属于两个测线的测点深度的平均值作为该位置的最终深度,通过这种强制压制的方式,实现相邻测线公共位置测深数据的一致。强制压制法实施简单,但缺少原理,虽然实现了相邻测线公共覆盖区测深数据的一致,但不能正确地反映真实的地形变化。趋势面拟合法利用多波束的测深特点,即中央波束测深数据受诸因素影响较小,边缘波束所受影响较大,利用相邻测线的中央波束测深数据,构建地形趋势面,以该趋势面为参考面,内插边缘波束测量的地形趋势,将相邻测线的边缘波束压制到该参考面上,进而实现诸因素对边缘波束造成测深异常的改正。趋势面拟合法较强制压制法而言,顾及了诸因素对多波束测深影响的机理,但仅适用于地形变化相对平缓的水下地形,而对于地形变化比较复杂的水下地形,基于相邻测线中央波束构建的地形趋势则不能真实反映边缘波束扫测位置的水下地形趋势,由此实施的边缘波束测深异常压制会产生虚假地形。

通过研究发现,多波束边缘波束测深异常与两个因素相关,即波束入射角和传播时间,以相同位置的单波束测深系统测深结果为参考,寻求多波束扫测断面地形在不同入射角和传播时间下的偏差量,构建与波束入射角、传播时间相关的测深改正模型,实现多波束边缘波束测深异常的削弱。该方法从机理上彻底解决了削弱多波束边缘波束测深异常的难题,无论边缘波束地形变化平缓还是复杂,均能实现测深异常的削弱和真实地形的获取。

基于单波束约束的多波束边缘波束测深异常的角度和传播时间相关改正方法技术方案如下:

(1) 在单波束测深结果与多波束测深结果相同的位置(图6.4-10),以单波束测深结果为参考,计算同名点位置的深度偏差 dz。

$$dz = z_m - z_s \tag{6.4-19}$$

式中:dz 为同名点位置的多波束水深 z_m 与单波束水深 z_s 的差值。

(2) 根据同位置点(同名点)上的深度偏差、多波束测深点对应的波束角和传播时间,构建深度偏差 dz 与波束角 φ 和传播时间 t 的数据序列。

$$\{(dz_{\varphi 1}, \varphi_1, t_{\varphi 1}); (dz_{\varphi 2}, \varphi_2, t_{\varphi 2}); \cdots; (dz_{\varphi m}, \varphi_m, t_{\varphi n})\} \tag{6.4-20}$$

其中,下角 $1 \sim m$ 为波束角的编号。在多个位置构建多组 (dz, φ, t) 如上序列。

(3) 构建关于波束传播时间和入射角的自变量 $x_1 \sim x_5$ 表达式。目前的多波束测深数据均采用分层声线跟踪技术。在第 i 层内假设声速为常声速,则实测深度 z_i 为

$$z_i = C_i t_i \cos \varphi_i \tag{6.4-21}$$

式中:z_i、C_i、t_i 和 φ_i 分别为第 i 层的深度、声速、传播时间和波束入射角。

根据 Snell 法则,下列关系成立:

$$\frac{\sin \varphi_0}{C_0} = \frac{\sin \varphi_i}{C_i} = p$$

$$\sin \varphi_i = \frac{C_i \sin \varphi_0}{C_0} \tag{6.4-22}$$

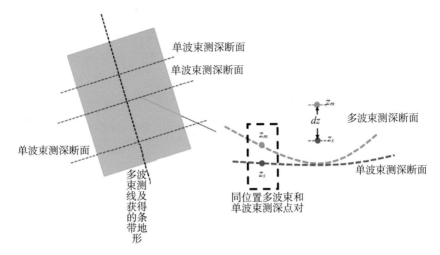

图 6.4-10　同位置单波束和多波束测深同名点对及深度偏差 dz 计算示意图

式中：p 为 Snell 常数；C_0 和 φ_0 分别为水体表层的声速和波束入射角。

据此关系，式（6.4-21）中的深度 z_i 可以表示为关于 φ_0、C_0 和 C_i 的函数：

$$z_i = \frac{C_i t_i \sqrt{C_0{}^2 - C_i{}^2 \sin^2 \varphi_0}}{C_0} \tag{6.4-23}$$

全微分上式可得到声速误差 $\mathrm{d}C$ 带来的测深误差 $\mathrm{d}z_i$ 的关系式：

$$\mathrm{d}z_i = \left(\frac{C_0 t_i}{\sqrt{C_0{}^2 - C_i{}^2 \sin^2 \varphi_0}} - \frac{2C_i{}^2 t_i \sin^2 \varphi_0}{C_0 \sqrt{C_0{}^2 - C_i{}^2 \sin^2 \varphi_0}} \right) \mathrm{d}C \tag{6.4-24}$$

考虑 C_i 与 C_0 接近（C_i 与 C_0 差异而产生的水深误差在后续估计模型中体现），简化式（6.4-24），得到

$$\underset{C_i \to C_0}{\mathrm{d}z} = 2t_i \cos\varphi_0 - \frac{t_i}{\cos\varphi_0} \tag{6.4-25}$$

则对于由 n 层组成的整个水体，声速误差 $\mathrm{d}C$ 对测深的影响可描述为

$$\mathrm{d}z = \sum_{i=1}^{n} \left(2t_i \cos\varphi_0 - \frac{t_i}{\cos\varphi_0} \right) \mathrm{d}C = 2t \cos\varphi_0 - \frac{t}{\cos\varphi_0} \tag{6.4-26}$$

上式表明，声速误差对测深的影响与波束入射角和传输时间相关，为此构建自变量（每个波束的传播时间 t 和波束入射角 φ）与因变量 $x_1 \sim x_5$ 的关系式。

$$\begin{cases} x_1 = t \\ x_2 = \cos\varphi_0 \\ x_3 = \cos^{-1}\varphi_0 \\ x_4 = t\cos\varphi_0 \\ x_5 = t\cos^{-1}\varphi_0 \end{cases} \tag{6.4-27}$$

（4）根据（2）形成的数据序列，构建深度偏差与（3）给出的自变量 $x_1 \sim x_5$ 的多项式关系模型，并根据最小二乘原理，解算多项式模型系数，建立多波束测深数据改正模型。

$$dz = a_0 + a_1 x_1 + a_2 x_1{}^2 + a_3 x_2 + a_4 x_2{}^2 + a_5 x_3 + a_6 x_3{}^2 \\ + a_7 x_4 + a_8 x_4{}^2 + a_9 x_5 + a_{10} x_5{}^2 + \varepsilon \tag{6.4-28}$$

式中：$a_0, a_1, a_2, \cdots, a_{10}$ 为待求系数；ε 为残差项。

利用前面构建的序列，若有 m 组 $\{(\Delta z, \varphi_0, t)_1, (\Delta z, \varphi_0, t)_2, \cdots, (\Delta z, \varphi_0, t)_m\}$，则可以形成如下方程组：

$$\begin{cases} dz_1 = a_0 + a_1 x_{11} + a_2 x_{11}{}^2 + \cdots + a_9 x_{51} + a_{10} x_{51}{}^2 + \varepsilon_1 \\ dz_2 = a_0 + a_1 x_{12} + a_2 x_{12}{}^2 + \cdots + a_9 x_{52} + a_{10} x_{52}{}^2 + \varepsilon_2 \\ \qquad\qquad\qquad \cdots \\ dz_m = a_0 + a_1 x_{1m} + a_2 x_{1m}{}^2 + \cdots + a_9 x_{5m} + a_{10} x_{5m}{}^2 + \varepsilon_m \end{cases} \tag{6.4-29}$$

其矩阵形式为

$$\boldsymbol{Y} = \boldsymbol{X}\boldsymbol{A} + \boldsymbol{\Delta}$$

其中

$$\boldsymbol{Y} = \begin{bmatrix} \Delta z_1 & \Delta z_2 & \cdots & \Delta z_N \end{bmatrix}^{\mathrm{T}}$$

$$\boldsymbol{X} = \begin{bmatrix} 1 & x_{11} & x_{11}{}^2 & \cdots & x_{51} & x_{51}{}^2 \\ 1 & x_{12} & x_{12}{}^2 & \cdots & x_{52} & x_{52}{}^2 \\ \vdots & \vdots & \vdots & \vdots & \vdots & \vdots \\ 1 & x_{1N} & x_{1N}{}^2 & \cdots & x_{5N} & x_{5N}{}^2 \end{bmatrix}$$

$$\boldsymbol{A} = \begin{bmatrix} a_0 & a_1 & \cdots & a_{10} \end{bmatrix}^{\mathrm{T}}$$

$$\boldsymbol{\Delta} = \begin{bmatrix} \varepsilon_1 & \varepsilon_2 & \cdots & \varepsilon_N \end{bmatrix}^{\mathrm{T}}$$

则根据最小二乘原则，解算待求系数 $\boldsymbol{A} = \{a_0, a_1, a_2, \cdots, a_{10}\}$，

$$\boldsymbol{A} = (\boldsymbol{X}^{\mathrm{T}} \boldsymbol{X})^{-1} \boldsymbol{X}^{\mathrm{T}} \boldsymbol{Y} \tag{6.4-30}$$

（5）利用（4）建立的改正模型，根据各个波束的传播时间和波束入射角，计算改正量，修正原始测深数据，提高测深数据的质量。

根据式（6.4-29）所示的与角度和深度相关的改正模型，对所有的多波束测深数据，将其波束入射角 φ 和测量深度 D，代入建立的改正模型，计算其改正量 dz。利用 dz，对该边缘波束即波束角大于 $45°$ 的多波束测深点进行改正。

$$z_0 = z - dz \\ = z - (a_0 + a_1 x_1 + a_2 x_1{}^2 + a_3 x_2 + a_4 x_2{}^2 + a_5 x_3 + a_6 x_3{}^2 \\ + a_7 x_4 + a_8 x_4{}^2 + a_9 x_5 + a_{10} x_5{}^2) \tag{6.4-31}$$

其中:z 为原始测深数据;z_0 为改正后的深度。

将该方法应用于长江流域,研究水域水深为 $10\sim224.3$ m,河床中间河谷平坦但较窄,水道两边区域坡度较大,整体地形十分复杂。应用水域的水下地形图见图 6.4-11。

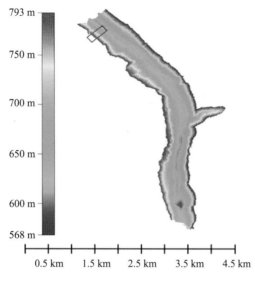

图 6.4-11 应用水域水下地形图

以检查线中央波束测深数据为参考,统计两种方法的深度误差及其精度,结果见图 6.4-12。

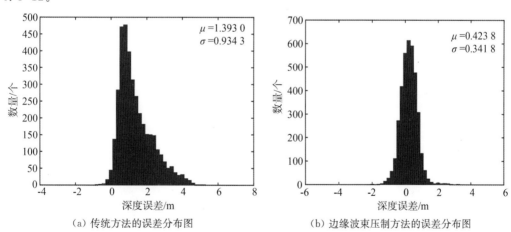

（a）传统方法的误差分布图　　　　（b）边缘波束压制方法的误差分布图

图 6.4-12 两种方法处理得到的测深数据误差分布图

综上,采用传统的多波束测深数据处理方法进行数据处理,误差较大;边缘波束压制方法将传统方法的测深成果精度提高了 2 倍以上。

6.4.3 单波束与多波束测深精度统计

实验数据来自 2022 年金沙江白鹤滩库区测深试验。水下地形采用单波束、多波束测量方式对金沙江白鹤滩库区测深试验河段进行测试,对试验区域内单波束、多波束数据进行对比分析。实验区局部情况见图 6.4-13。

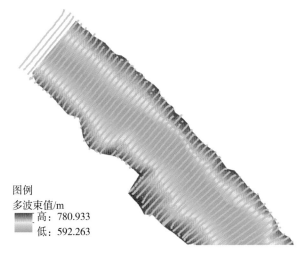

图例
多波束值/m
高：780.933
低：592.263

图 6.4-13 单波束-多波束实验区局部图

6.4.3.1 DEM 法分析

数字高程模型(DEM)是地形表面的数字化,以规则格网点高程数值矩阵来表示地表起伏形态特征信息。DEM 法即采用提取分析方式提取单波束点位置所在的多波束DEM 上的高程值,然后对它们进行对比分析。DEM 法分析较差分布图见 6.4-14,误差精度统计见表 6.4-3。

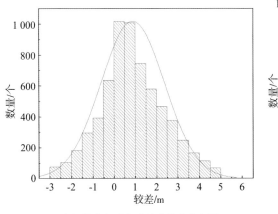

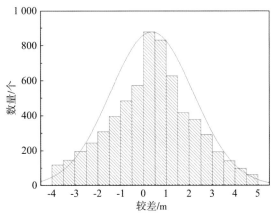

（a）常规单波束-常规多波束较差分布图　　　　（b）精密单波束-常规多波束较差分布图

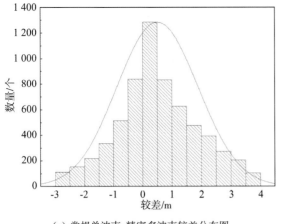

（c）常规单波束-精密多波束较差分布图　　　　（d）精密单波束-精密多波束较差分布图

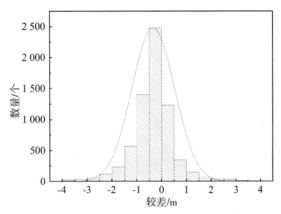

（e）常规多波束-精密多波束较差分布图

图 6.4-14　DEM 法分析较差分布图

表 6.4-3　DEM 法误差精度统计表

测量方式	常规多波束		精密多波束	
	较差均值/m	同精度中误差/m	较差均值/m	同精度中误差/m
常规单波束	1.26	1.13	1.13	1.04
精密单波束	1.11	0.95	0.88	0.77
常规多波束	—		0.45	0.39

由于单波束、多波束各自测量方式的特性,多波束不论精度还是测深分辨率都远高于单波束,精密单波束较常规单波束精度提高 30%,精密多波束较常规多波束精度提高 20%。

6.4.3.2　剖面法分析

河道断面剖面法主要采用横剖面进行分析,横剖面是垂直于水流方向的剖面。通过研究对比河道横剖面,可以较为直观地对不同年份、不同测次的河道形态进行对比分析,研究其差异与变化情况。剖面法分析剖面图见图 6.4-15,误差精度统计见表 6.4-4。

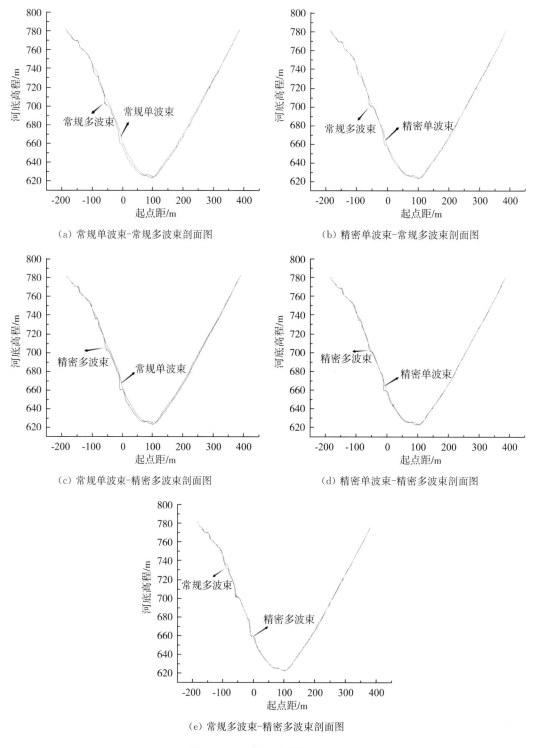

(a) 常规单波束-常规多波束剖面图

(b) 精密单波束-常规多波束剖面图

(c) 常规单波束-精密多波束剖面图

(d) 精密单波束-精密多波束剖面图

(e) 常规多波束-精密多波束剖面图

图 6.4-15 剖面法分析剖面图

表 6.4-4　剖面法误差精度统计表

测量方式	常规多波束		精密多波束	
	面积差	同精度中误差/m	面积差	同精度中误差/m
常规单波束	2.23%	1.17	1.96%	0.95
精密单波束	1.10%	0.64	0.77%	0.39
常规多波束	—		0.70%	0.30

根据表 6.4-4 可得出,精密单波束较常规单波束精度提高 100%,精密多波束较常规多波束精度提高 40%。就精度而言,精密多波束＞常规多波束＞精密单波束＞常规单波束。

6.4.4　测深数据融合

多波束测深技术采取广角度发射和多信道定向接收,获得高密度条幅式水下地形数据,大大提高了水下地形测量的精度、分辨率和工作效率。可是多波束测深的边缘波束的数据质量受声线误差影响较大,容易造成地形失真,影响多波束测量数据的利用率和整体测量作业的精度。在实际的资料处理过程中,边缘波束的数据往往被舍弃,造成了一定数据资源的"浪费"。

目前单波束测深技术日趋成熟,在测深精度、仪器稳定性、数据可靠性等方面均达到了较高的水准。相较多波束测深而言,单波束测深波束为垂直入射波束,基本不受声线弯曲的影响,可是单波束测深受波束角效应、测深姿态以及数据延迟等多重误差的影响。研究表明,若在多波束测深的区域内,有一定数量的高精度单波束测深数据,利用单波束受声线弯曲影响小这一特点,建立数学模型对该区域的多波束条带测深数据进行改正,有效提升多波束测深精度,这便是单波束与多波束组合测量模式。

6.4.5　单波束、多波束测深的不确定度评估方法

6.4.5.1　测量不确定度的概念

不确定度是一种衡量测量不确定性的指标,根据它的来源将其分为随机不确定度和综合不确定度。随机不确定度是随机误差的度量,综合不确定度是随机误差和系统误差的综合,但是粗大误差不在不确定度的度量范围内。为了便于不确定度的度量,也为了使不确定度与测量误差指标体系保持统一,国际计量协会和其他某些国际组织经过仔细讨论研究,最后确定不论观测值是否符合正态分布,不确定度都将标准差 σ 作为基本尺度。假设测深点的真值为 $\tilde{z}$,测深值为 z,真误差 $\Delta_z = z - \tilde{z}$,则 z 的不确定度定义为 Δ_z 的绝对值的某个上界,即

$$U = \sup |\Delta_z| \qquad (6.4\text{-}32)$$

若 Δ_z 以系统误差影响为主,不确定度就以 Δ_z 的上、下界为定义,即

$$U_1 \leqslant \Delta_z \leqslant U_2 \tag{6.4-33}$$

U 值往往借助于概率统计知识给出，若已知 Δ_z 的概率分布，则 Δ_z 的不确定度在给定置信概率 p 下有如下公式：

$$P(\mid \Delta_z \mid \geqslant U) = p \tag{6.4-34}$$

$$P(U_1 \leqslant \mid \Delta_z \mid \leqslant U_2) = p \tag{6.4-35}$$

6.4.5.2 基于不确定度的测深数据质量评估

国际海道测量标准（以下简称"标准"）中定义的不确定度有三种：TPU、THU 和 TVU。TPU 是误差传播的结果，包括了随机误差和系统误差，由所有测量不确定度的贡献值计算得到，综合了来自多种传感器的测量不确定度的影响；THU 是 TPU 在水平方向计算得到的分量；TVU 是 TPU 在垂直方向计算得到的分量。标准将海道测量划分为4个等级，分别是特等测量、1等（a级）测量、1等（b级）测量和2等测量，并规定了每个等级所允许的最大水平不确定度和垂直不确定度。1等（a级）测量和1等（b级）测量在 THU 和 TVU 的规定上是一样的，但是在特征探测和适用的水深范围上要求不一样。标准给出的是测量应满足的最低质量标准，任何测深数据的不确定度必须小于该标准规定的限值才有可能用于下一步的处理，否则此数据将直接标记为不可用，也就不再参与后处理过程。标准将不确定度作为测深点的基本属性，规定所有测深数据都要给出95%的置信水平下的 THU 和 TVU 估计值。标准还规定 THU 要基于国际地球参考系统（ITRS），如 WGS-84 坐标系，若基于当地坐标系，则该坐标系必须基于国际地球参考框架（ITRF），同时，TVU 必须是深度归化后的值。

TVU 由如下公式计算得到：

$$TVU = \sqrt{a^2 + (b \times d)^2} \tag{6.4-36}$$

式中：a 为固定因子，表示不确定度中不随深度变化的部分；b 为变化因子；d 为深度；$b \times d$ 为不确定度中随深度变化的部分。

THU 和 TVU 均在95%的置信度下计算。THU 也是定位的不确定度，表示水深点或者特征点在大地参考框架下的位置不确定度。THU 受很多参数的影响，因此要量化对 THU 有贡献的所有参数。尽管在使用时 THU 是一个单精度值，但实质是一个二维值，此处忽略了经向和纬向的相关性，假定水平不确定度是等方向性的且服从二维正态分布，因此可使用一个数字描述真值的误差分布半径。TVU 表示的是归化深度的不确定度，是一个一维数值，为了确定垂直不确定度的值，每一个不确定度来源都要在量化之后经过概率统计得出总垂直不确定度。

二维正态分布在95%的置信度下，置信系数 $k = 2.45$；一维正态分布在95%的置信度下，置信系数 $k = 1.96$。多波束测深系统生产厂商也会评估他们的系统以获得海道测量组织的认可，但是他们往往只比较测深部分的精度与测量规范规定的精度，而忽略了影响总归化水深误差的其他重要因素，比如声波折射、吃水误差，甚至定位误差、海底覆盖和目标物探测性能等。

总的深度误差可表示如下：

$$\sigma_D = \sqrt{\sigma_d^2 + \sigma_{D_H}^2 + \sigma_{D_D}^2 + \sigma_{D_W}^2} \tag{6.4-37}$$

则最终测深点的 TVU 计算模型也用下式表达：

$$TVU = 1.96 \times \sigma_D = 1.96 \times \sqrt{\sigma_d^2 + \sigma_{D_H}^2 + \sigma_{D_D}^2 + \sigma_{D_W}^2} \tag{6.4-38}$$

式中：σ_d^2 是当地坐标系下相对于换能器的水深误差，几乎包括了测深系统的所有误差；$\sigma_{D_H}^2$ 是由当地海面状况引起的测深误差，其中 $Heave$ 的改正值也作为测量误差被引进；$\sigma_{D_D}^2$ 是瞬时吃水误差；$\sigma_{D_W}^2$ 是水位误差。归化水深误差如图 6.4-16 所示。

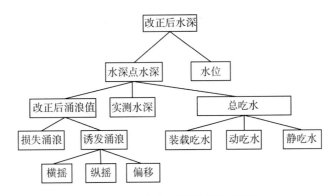

图 6.4-16　归化水深误差源树形图

6.4.5.3　实验与分析

通过量化各个误差源对多波束测深点水平不确定度和垂直不确定度贡献量级，使人们对各个误差源的重要性不只停留在感性认识上，而是有了更加具体的数据依据。本次实验选取 EM1002 型多波束测深系统采集的某 Ping 数据，平均深度为 46.882 m。

多波束测深系统在发射和接收 1 Ping 数据时接收机位置和船体姿态是相同的。本次实验选取其中某 Ping 数据，其中包含 111 个波束点，根据上述给出的不确定度计算模型，该 Ping 数据的 THU 计算结果如图 6.4-17 所示，可以看出，多波束测深系统的每 Ping 数据中，测深点的垂直不确定度和水平不确定度随着波束角变化存在明显的差异，均呈 U 形分布。

CARIS 是加拿大著名的多波束数据处理软件公司，经过 35 年的发展，它已经成为海洋制图软件的领军者，也是政府间海洋学委员会公认的一流调查数据处理软件公司。为了验证本节提出的基于不确定度的多波束测深点质量评估方法的有效性，将上述实验结果与 CARIS HIPS and SIPS 7.0 的结果进行对比。结果显示，二者 TVU 之差在 6 cm 以内，在特等测量 TVU 限差的 14% 以内，在 1 等测量和 2 等测量 TVU 限差的 10% 以内；

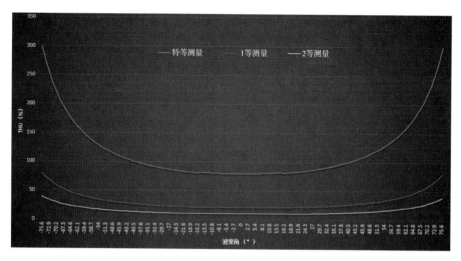

图 6.4-17 *THU* 计算实例

THU 之差基本在 0.5 m 以内,在特等测量 *THU* 限差的 25% 以内,在 1 等测量和 2 等测量 *THU* 限差的 5% 以内。实验结果显示,本节的 *TVU* 和 *THU* 计算方法取得了较好的成果。

6.4.6 单波束、多波束测深数据质量控制方法

单波束、多波束等测深设备一般包括测深换能器以及定位仪、表层声速计、姿态传感器、声速剖面仪、验潮计等附属设备。由于各项仪器设备的自身噪声、复杂海洋动态环境影响、换能器声呐参数设置不合理等多种因素,原始资料中不可避免地含有各种类型(如定位、姿态、声速、潮汐、测深)异常数据。若对这些异常数据不经判断处理而直接进行各项改正并融合得到的位置、水深信息,将集中表现为孤立性位置异常或深度异常或二者兼而有之,一般称为粗差,也可称为假信号。这些异常数据的存在将直接影响到海底微地形地貌的真实表达,因此需进行粗差的判断及剔除。

6.4.6.1 MAD 法粗差剔除

在对正态或近似正态分布的数据处理时,可以使用 3σ 准则剔除粗差,3σ 法又称为标准差法。标准差本身可以体现因子的离散程度,是基于数据的平均值而定的。然而在计算标准差时,使用的是数据到均值的距离平方,较大的偏差的权重也较大,不能忽视异常值对结果的影响,因此 3σ 准则会受到异常值的影响。绝对中位差(MAD)在统计学中是对单变量数值型数据的样本偏差的一种鲁棒性测量,即用来描述单变量样本在定量数据中可变的一种标准。

MAD 法比 3σ 法更能适应数据集中的异常值,少量的异常值不会影响实验的结果,并且由于 *MAD* 是一个比样本方差或者标准差更鲁棒的度量,它对于不存在均值或者方差的分布效果更好,比如柯西分布。

为了能将 MAD 当作标准差 3σ 估计的一种一致估计量,使用

$$\sigma = k \cdot MAD \tag{6.4-39}$$

其中:k 为比例因子常量,其值取决于分布类型。

假设数据呈正态分布,让异常值落在两侧 50% 的面积内,让正常值落在中间 50% 的区域内,则

$$P(\,|\,X-\mu\,|\leqslant MAD) = P\left(\left|\frac{X-\mu}{\sigma}\right| \leqslant \frac{MAD}{\sigma}\right) = P\left(\,|\,Z\,| \leqslant \frac{MAD}{\sigma}\right) = \frac{1}{2} \tag{6.4-40}$$

其中:Z 为标准正态分布。

所以有

$$\Phi\left(\frac{MAD}{\sigma}\right) - \Phi\left(-\frac{MAD}{\sigma}\right) = \frac{1}{2} \tag{6.4-41}$$

而

$$\Phi\left(\frac{MAD}{\sigma}\right) = 1 - \Phi\left(-\frac{MAD}{\sigma}\right) \tag{6.4-42}$$

得到

$$k = \frac{\sigma}{MAD} = \Phi^{-1}\left(\frac{3}{4}\right) = 1.482\,6 \tag{6.4-43}$$

$$MAD = \mathrm{median}\{\,|\,X_i\,| - \mathrm{median}(X)\} \tag{6.4-44}$$

其中:median 是取中值函数。

如图 6.4-18 所示,在一片深度数据中人工添加 60 个粗差,蓝色"＊"为粗差,红色圈为剔除的粗差,可以明显看出,MAD 法比 3σ 法的效果更优。

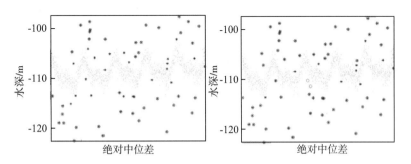

图 6.4-18　3σ 法与 MAD 法对比(左为 3σ 法,右为 MAD 法)

在使用 MAD 法去除粗差时,当数据序列没有一定的趋势,例如一片平坦的海底时,X 可以直接用深度代替。当数据序列存在明显的变化趋势时,最好先剔除序列中的趋势项。

6.4.6.2 抗差最小二乘曲线拟合

在对单波束和多波束数据粗差剔除时,单波束数据和多波束单 Ping 数据通常是呈线性分布的,并且通常带有深度的变化趋势,因此在使用 3σ 法或者 MAD 法剔除粗差时,需要先拟合出深度变化趋势。

最常用的曲线拟合方法为最小二乘法,以二阶多项式曲线拟合为例,设深度 z 为数据点到原点距离 x 的函数,则

$$z = f(x) = a_0 x^2 + a_1 x + a_2 + \varepsilon \tag{6.4-45}$$

其矩阵形式表示为

$$Z = BX + \Delta \tag{6.4-46}$$

其中:$Z = \begin{bmatrix} z_1 \\ z_2 \\ \vdots \\ z_n \end{bmatrix}$ 为模型的因变量矩阵;$B = \begin{bmatrix} x_1^2 & x_1 & 1 \\ x_2^2 & x_2 & 1 \\ \vdots & \vdots & \vdots \\ x_n^2 & x_n & 1 \end{bmatrix}$ 为模型的自变量矩阵;$X =$

$\begin{bmatrix} a_0 \\ a_1 \\ a_2 \end{bmatrix}$ 为模型的系数矩阵;$\Delta = \begin{bmatrix} \varepsilon_1 \\ \varepsilon_2 \\ \vdots \\ \varepsilon_n \end{bmatrix}$ 为模型的残差矩阵。

对于该模型,采用最小二乘对系数矩阵 X 进行估计,则

$$X = (B^{\mathrm{T}} B)^{-1} B^{\mathrm{T}} Z \tag{6.4-47}$$

当初始数据存在粗差时,粗差将会影响系数矩阵的估计,进而影响系数的正确性。因此在进行拟合时,需要考虑抗差最小二乘拟合。

选权迭代法是一种测量平差中应用最广泛、计算简单、算法类似于最小二乘平差、易于程序实现的 M 估计方法。

选权迭代法的迭代过程如下:

(1) 列立误差方程,令各权因子初值均为1,则权阵 $\bar{P}^{(0)} = P$,P 为观测权阵;

(2) 解算模型,得出参数 X 和残差 V 的第一次估值,即

$$\begin{cases} X^{(1)} = (B^{\mathrm{T}} P B)^{-1} B^{\mathrm{T}} P Z \\ V^{(1)} = B X^{(1)} - Z \end{cases} \tag{6.4-48}$$

由 $V^{(1)}$ 按 $\dfrac{\varphi(V_i)}{V_i} = \omega_i$ 确定各观测值新的权因子,按 $\bar{p}_i = p_i \omega_i$ 构造新的等价权阵 $\bar{P}^{(1)}$,再解算模型,得出参数和残差的第二次估值,即

$$\begin{cases} \dot{X}^{(2)} = (\boldsymbol{B}^{\mathrm{T}}\bar{\boldsymbol{P}}^{(1)}\boldsymbol{B})^{-1}\boldsymbol{B}^{\mathrm{T}}\bar{\boldsymbol{P}}^{(1)}\boldsymbol{Z} \\ \boldsymbol{V}^{(2)} = \boldsymbol{B}\dot{X}^{(2)} - \boldsymbol{Z} \end{cases} \tag{6.4-49}$$

（3）由 $V^{(2)}$ 构造新的等价权阵，再解算模型，类似迭代计算，直至前后两次解的差值符合限差要求；

（4）最后结果为

$$\begin{cases} \dot{X}^{(k)} = (\boldsymbol{B}^{\mathrm{T}}\bar{\boldsymbol{P}}^{(k-1)}\boldsymbol{B})^{-1}\boldsymbol{B}^{\mathrm{T}}\bar{\boldsymbol{P}}^{(k-1)}\boldsymbol{Z} \\ \boldsymbol{V}^{(k)} = \boldsymbol{B}\dot{X}^{(k)} - \boldsymbol{Z} \end{cases} \tag{6.6-50}$$

常用的取权方法为

$$\omega_i = \frac{1}{|v_i| + k} \tag{6.4-51}$$

其中，为了保证残差为 0 时出现定权问题，k 为很小数，此方法称为残差绝对和最小法（LAR），即带观测权的残差绝对和最小。

如图 6.4-19 所示，蓝色点为采用 MAD 法剔除粗差滑动窗口内的水深数据，最上方两个点为粗差数据，为了消除地形趋势对剔除粗差的影响，首先拟合出地形曲线，使用最小二乘法时，由于粗差的影响，曲线向上凸出，地形失真；使用 LAR 法可以较好地实现抗差效果。

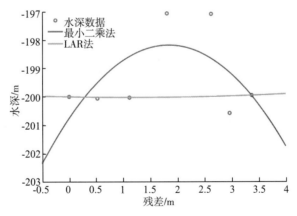

图 6.4-19　最小二乘法与 LAR 法对比

6.4.6.3　趋势面滤波法

趋势面滤波法是一种以曲面拟合函数为数值分析基础的误差处理算法。其算法构建原理为：依据水深数据的深度值和平面位置坐标，构造出反映海底地形变化趋势的多项式曲面函数，计算和统计实测水深值与所构造趋势面间的深度偏离量，结合误差处理理论建立粗差数据的判定准则，实现多波束测深数据的自动滤波。

趋势面滤波法中曲面拟合函数的一般形式为

$$z = f(x,y) = \sum_{l=0}^{n}\sum_{m=0}^{l} a_{l,m} x^{l-m} y^{m}, (x,y) \in Q(x_q,y_q) \qquad (6.4\text{-}52)$$

式中:z 表示波束脚印的深度值;(x,y) 表示波束脚印的平面位置坐标;$a_{l,m}$ 表示各多项式系数;n 表示多项式总阶数;$Q(x_q,y_q)$ 表示以待检测点 $q(x,y)$ 为中心的曲面拟合函数 $f(x,y)$ 的局部曲面拟合范围。趋势面滤波法的关键在于多项式总阶数 n 与局部曲面拟合范围 Q 的选择。相关研究表明:局部曲面拟合范围 Q 选择过小且多项式总阶数 n 选择过高,可能存在粗差点未被有效滤除的情况;Q 过大且 n 过低,可能引起海底有效地形信息的丢失。一般情况下,多项式总阶数 n 与局部曲面拟合范围 Q 由拟合范围内的海底地形复杂度来确定,多项式总阶数 n 控制在 3 阶以内比较合适,对 Q 进行分块时应避免出现狭长的区域。根据最小二乘法或者 LAR 法可以求得模型中各阶多项式系数,然后使用 3σ 法或 MAD 法剔除粗差。

从图 6.4-20 中可以看出,对于离群的粗差点,趋势面滤波法效果明显;对于复杂地形部分,存在将不确认是粗差的数据剔除的情况,这时可以选择提高阶数,或者手动剔除粗差。

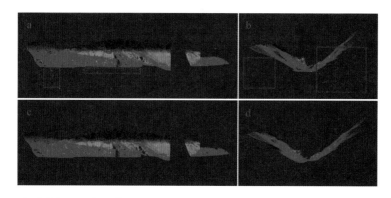

图 6.4-20　多波束数据趋势面滤波前后对比(其中,a、b 为滤波前,c、d 为滤波后,红框内为粗差)

6.4.6.4　融合模型原理

如图 6.4-21 所示,绿色矩形表示主测线 L_1 的条带覆盖区,红色矩形表示检查线 L_{ck} 的中央条带覆盖区,二者相交于一片重叠区域 Area,在沿主测线前进方向的垂直断面内,分布有主测线 L_1 和检查线 L_{ck} 对应的两组波束点 P_1 和 P_{ck}。由于 Area 区域范围内的点 P_{ck} 位于中央条带,相比于 Area 区域内的点 P_1 的边缘波束具有较小的入射角,因此可将 P_{ck} 看成具有更高精度的地形点。

在 Area 区域范围内,认为检查线 L_{ck} 的中央波束水深测量值为真值。若波束点 $P_1(x_1,y_1,z_1)$ 和 $P_{ck}(x_{ck},y_{ck},h)$ 位于相同的位置,则可以根据二者的较差得出水深的改

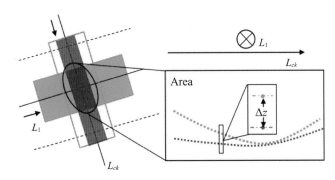

图 6.4-21 测线重叠区域示意图

正值 $\Delta z(\Delta z = h - z_1)$。再结合波束点 P_1 的入射角 θ 和检查线水深值 h，可以获得一组拟合起算数据 $(\Delta z_i, \theta_i, h_i)$，遍历整片区域获取不同位置处共 n 组重合点对，组成起算数据集合 $\{(\Delta z_1, \theta_1, h_{ck1}), (\Delta z_2, \theta_2, h_{ck2}), \cdots, (\Delta z_n, \theta_n, h_{ckn})\}$。

由于波束点 P_{ck} 接近真实地形点，水深改正值 Δz_i 即为测深系统误差，Δz_i 同样与波束入射角和深度值之间存在相关性，因此可使用较低次多项式对起算数据进行拟合，构建函数模型：

$$\Delta z(\theta, h) = \sum_{i=0}^{m} \sum_{j=0}^{n} a_{ij} \theta^i h^j \tag{6.4-53}$$

在 Area 区域范围内优选出 N 个合适的测深点，建立矩阵多项式

$$\underset{N \times 1}{\boldsymbol{Y}} = \underset{N \times (mn+m+n)}{\boldsymbol{X}} \cdot \underset{(mn+m+n) \times 1}{\boldsymbol{B}} \tag{6.4-54}$$

根据最小二乘原理求解其多项式参数，获得边缘波束测深点误差与入射角和深度的函数模型。

6.4.7 测深数据耦合平台开发

6.4.7.1 软件需求分析

目前主流的测深技术主要包括单波束、多波束测深技术。单波束测深具有安装操作简便、数据处理简单等优势，但分辨率低，在复杂、陡峭水域受波束角效应影响显著，成果可信度较低；多波束测深具有作业效率高、数据分辨率高、全覆盖等特点，中央波束精度高，非常适合陡变地形水域高精度地形测量，但也存在安装复杂、数据处理难度大、边缘波束测量精度低等不足。为高效、准确获取陡变库区地形，单波束、多波束综合数据处理软件系统需具备以下功能：

（1）实现单波束、多波束测量数据读取；

（2）实现大水深高精度快速声线跟踪及单波束、多波束测深数据处理；

（3）实现多波束水深约束的地形陡峭水域单波束波束角效应精密改正；

（4）实现基于单波束测深数据约束的多波束边缘波束异常测深消除；

（5）实现复杂地形下单波束和多波束测深数据的不确定度融合，基于此，融合单波束、多波束点云数据，实现水下地形的高精度呈现和表达；

（6）实现改正后数据输出、精度报表输出等功能。

6.4.7.2 软件架构设计

根据以上需求分析，研制软件系统，形成单波束、多波束综合数据处理软件系统，软件架构如图 6.4-22 所示。

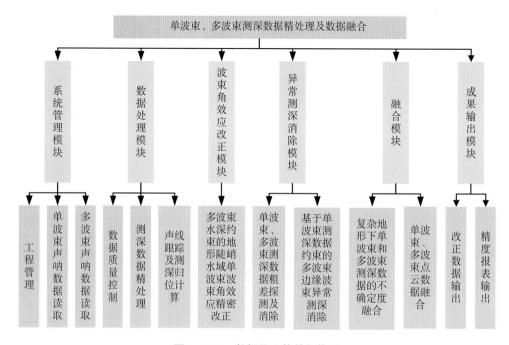

图 6.4-22　数据处理软件架构图

6.4.7.3 试验验证与软件测试

（1）模型验证

软件模型应正确、可靠，应满足单波束、多波束及二者数据融合后的测深数据精度满足 1% 水深的要求。具体验证情况主要从以下几个方面进行。

①内符合精度

单波束、多波束数据精度验证可通过布设垂直交叉线进行内符合精度评定，垂直交叉线按左、中、右泓布设，按等精度计算中误差。

$$M = \pm\sqrt{\frac{\Delta\Delta}{2n}} \qquad (6.4\text{-}55)$$

②机载 LiDAR 点云符合性

利用白鹤滩水库本底地形的机载 LiDAR 点云数据，在地质稳定、冲淤分析的基础上，利用高精度的点云数据进行测深改正模型符合性验证。按高精度计算中误差。

$$M = \pm\sqrt{\frac{\Delta\Delta}{n}} \tag{6.4-56}$$

③测深基准场验证

利用白鹤滩库区蓄水前建设的测深基准场，对测深改正模型进行可靠性验证，按式（6.4-56）进行高精度中误差计算。

（2）软件性能

系统功能齐全，响应速度快，人机界面友好，易操作，易维护，具有较强的容错能力，与相关系统、平台、数据等的接口设计全面清晰，系统运行稳定、安全可靠。对出错或异常状态给予用户提示和帮助。

（3）可扩展性

系统建设应具有良好的可扩展性。软件开发技术应满足需求变化，及时增加新功能或者及时方便地改变原功能，最大限度地满足需求变化。

（4）安全性

为了提高系统的性能，系统能够进行灵活的资源管理、功能访问权限管理、身份统一认证等。系统应具有一定的信息共享能力，能够转换使用各种异构数据资源。

6.5　联合测深信息的水下地形点云获取技术

6.5.1　船体坐标系及各传感器安装参数

船体坐标系 VFS 是多波束测深系统中的重要坐标系，是测深点归算到地理坐标系的中间桥梁。一般以船的重心为坐标原点；x 轴沿着龙骨，指向船首方向；y 轴与 x 轴正交，指向右舷方向；z 轴与 x、y 轴正交垂直向下，该坐标系属于右手坐标系。船在水面的时候，由于水体运动（如波浪），导致船的姿态发生变化，将其分解为船体坐标系下各坐标轴上的姿态角。其中绕 x 轴旋转的姿态角称为横摇角，绕 y 轴旋转的姿态角称为纵摇角，绕 z 轴旋转的姿态角称为艏摇角，其与坐标系的关系如图 6.5-1 所示。

设艏摇角为 α，横摇角为 r，纵摇角为 p，以艏摇角顺时针为正，以横摇角右舷抬起为正，以纵摇角船头抬起为正，所以船体坐标系下的旋转矩阵分别为

$$\boldsymbol{R}(\alpha) = \begin{bmatrix} \cos\alpha & -\sin\alpha & 0 \\ \sin\alpha & \cos\alpha & 0 \\ 0 & 0 & 1 \end{bmatrix} \tag{6.5-1}$$

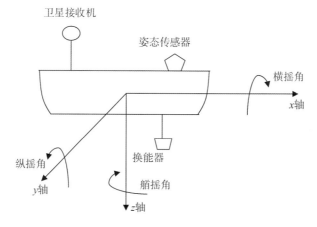

图 6.5-1 船体坐标系与姿态角关系图

$$\boldsymbol{R}(r) = \begin{bmatrix} 1 & 0 & 0 \\ 0 & \cos r & \sin r \\ 0 & -\sin r & \cos r \end{bmatrix} \tag{6.5-2}$$

$$\boldsymbol{R}(p) = \begin{bmatrix} \cos p & 0 & \sin p \\ 0 & 1 & 0 \\ -\sin p & 0 & \cos p \end{bmatrix} \tag{6.5-3}$$

各种传感器的安装参数,包括在船体坐标系下的位置和各自的安装偏角,如表 6.5-1 所示。

表 6.5-1 各种传感器的安装参数表

	换能器	姿态传感器	罗经	卫星接收机
位置坐标	$\begin{bmatrix} x \\ y \\ z \end{bmatrix}^{VFS}_{T_0}$	$\begin{bmatrix} x \\ y \\ z \end{bmatrix}^{VFS}_{M_0}$	—	$\begin{bmatrix} x \\ y \\ z \end{bmatrix}^{VFS}_{G_0}$
安装偏角	$\mathrm{d}r_t, \mathrm{d}p_t, \mathrm{d}\alpha_t$	$\mathrm{d}r_m, \mathrm{d}p_m, \mathrm{d}\alpha_m$	$\mathrm{d}A$	—

6.5.2 波束脚印的归位计算

波束经过声线跟踪计算之后,可以获得波束脚印(测深点)相对于换能器坐标系(TFS)下的坐标,为获得波束脚印的绝对地理坐标,需要进行波束脚印的换能器坐标到船体坐标(VFS)的转换,以及船体坐标到 CGCS2000 国家大地坐标的转换。

(1)波束脚印在理想换能器坐标系下的坐标

利用波束束控技术,可以获得接收回波的入射角,但是,所获得的入射角未考虑各姿态传感器的安装偏角和船体的姿态角,如果用未经处理的入射角进行声线跟踪,所获得的波束脚印的位置存在很大的偏差。所以,波束脚印的计算引入空间入射角这一概念,即在原有的入射角基础上,考虑各姿态传感器的安装偏角和船体的姿态角,获取波束脚印的精确坐标。

考虑各姿态传感器的横向安装偏角和横摇角,设初始入射角 θ_0 为实际入射角,需要经过如下处理:

第一步,船体的横摇角 r 应该为姿态传感器所观测到的横摇角 r_0 减去其横向安装偏角 $\mathrm{d}r_m$,即

$$r = r_0 - \mathrm{d}r_m \tag{6.5-4}$$

第二步,考虑换能器的横向安装偏角 $\mathrm{d}r_t$,波束的实际入射角 θ 为

$$\theta = \theta_0 + (r + \mathrm{d}r_t) \tag{6.5-5}$$

同上,换能器的纵摇角 p 为

$$p = p_0 - \mathrm{d}p_m - \mathrm{d}p_t \tag{6.5-6}$$

其中:p_0 为姿态传感器所测量的纵摇值。

由上式可知,波束的空间入射角 I 为

$$I = \arctan\sqrt{\tan^2\theta + \tan^2 p} \tag{6.5-7}$$

利用空间入射角进行声线跟踪计算,可以获得波束脚印 P 相对于换能器的垂直距离 h 和水平距离 l。利用几何关系可以获得波束脚印在换能器坐标系下的坐标,即

$$\begin{bmatrix} x \\ y \\ z \end{bmatrix}_{P_0}^{\mathrm{TFS}} = \begin{bmatrix} \dfrac{l\tan p}{\sqrt{\tan^2\theta + \tan^2 p}} \\ \dfrac{l\tan\theta}{\sqrt{\tan^2\theta + \tan^2 p}} \\ h \end{bmatrix} \tag{6.5-8}$$

然后,考虑到换能器艏摇安装偏角 $\mathrm{d}\alpha_t$、姿态传感器艏摇安装偏差 $\mathrm{d}\alpha_m$ 以及瞬时艏摇测量值 α,波束脚印在理想换能器坐标系下的坐标为

$$\begin{bmatrix} x \\ y \\ z \end{bmatrix}_{P}^{\mathrm{TFS}} = R(\alpha - \mathrm{d}\alpha_m + \mathrm{d}\alpha_t)\begin{bmatrix} x \\ y \\ z \end{bmatrix}_{T_0}^{\mathrm{TFS}} \tag{6.5-9}$$

(2) GNSS 在理想船体坐标系下的瞬时坐标

顾及姿态传感器安装偏差及姿态测量值时,卫星接收机在理想船体坐标系下的瞬时坐标为

$$\begin{bmatrix} x \\ y \\ z \end{bmatrix}_{G}^{\mathrm{VFS}} = \boldsymbol{R}(\alpha - \mathrm{d}\alpha_m)\boldsymbol{R}(r - \mathrm{d}r_m)\boldsymbol{R}(p - \mathrm{d}p_m)\begin{bmatrix} x \\ y \\ z \end{bmatrix}_{G_0}^{\mathrm{VFS}} \tag{6.5-10}$$

其中：r，p，α 为姿态传感器的观测值。

换能器与 GNSS 的相对位置在理想船体坐标系下的表示如下：

$$\begin{bmatrix} x \\ y \\ z \end{bmatrix}_{T-G}^{\text{VFS}} = \boldsymbol{R}(\alpha - \mathrm{d}\alpha_m + \mathrm{d}\alpha_t) \begin{bmatrix} \Delta x \\ \Delta y \\ \Delta z \end{bmatrix}_{T_0-G_0}^{\text{VFS}} \tag{6.5-11}$$

（3）波束脚印在理想船体坐标系下的坐标

波束脚印在理想船体坐标系下的坐标可以表示为：换能器在理想船体坐标系下的坐标加上波束脚印在理想换能器坐标系下的坐标，即

$$\begin{bmatrix} x \\ y \\ z \end{bmatrix}_{P}^{\text{VFS}} = \begin{bmatrix} x \\ y \\ z \end{bmatrix}_{T}^{\text{VFS}} + \begin{bmatrix} x \\ y \\ z \end{bmatrix}_{P}^{\text{TFS}} \tag{6.5-12}$$

（4）波束脚印在地理坐标系下的坐标

首先计算波束脚印与卫星接收机在理想船体坐标系下的相对位置，然后获得由罗经所测得的方位角 A 及其安装偏角 $\mathrm{d}A$ 所确定的真实方位角，最后经过坐标转换获得波束脚印在地理坐标系下的坐标。

$$\begin{bmatrix} x \\ y \\ z \end{bmatrix}_{P}^{\text{GRF}} = \begin{bmatrix} x \\ y \\ z \end{bmatrix}_{G}^{\text{GRF}} + \boldsymbol{R}(A - \mathrm{d}A) \begin{bmatrix} \Delta x \\ \Delta y \\ \Delta z \end{bmatrix}_{G-P}^{\text{TFS}} \tag{6.5-13}$$

联合上式可以解算出波束脚印的地理坐标。

6.5.3 垂直基准的无缝转换技术

利用建立的测区似大地水准面模型、无缝深度基准面模型，构建测区的无缝垂直基准面转换模型。

实测大地高向 1956 年黄海高程系的转换如下式：

$$H(\Delta B, \Delta L) = h(\Delta B, \Delta L) - \xi(\Delta B, \Delta L) \tag{6.5-14}$$

式中：h 为 CGCS2000 大地高；ξ 为 CGCS2000 椭球面到似大地水准面的差距。

综上，实现了测区水域无缝垂直基准面转换模型的构建及多波束测深点云垂直解在 1956 年黄海高程系的表达。

6.5.4 实验及分析

试验区域白鹤滩坝下河段水位落差大、流速大。传统潮位法往往根据测区沿途潮位站时间、河道中心线距离推导沿途水位，试验区某一时刻落差见图 6.5-2。受水库调节影响，水位呈非恒定无序变化，试验区某潮位站脉动信息见图 6.5-3。在受水库调节影响的

河段,水面多呈现非线性,传统方法往往不能完全呈现真实的水面情况。针对这一特殊情况,本试验采用点位高程较差法、断面分析法、DEM 分析法,对试验数据进行精度分析。

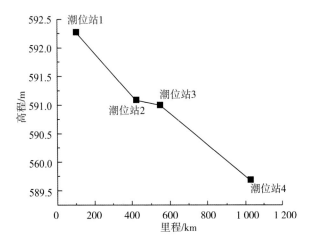

图 6.5-2 试验区某一时刻落差图

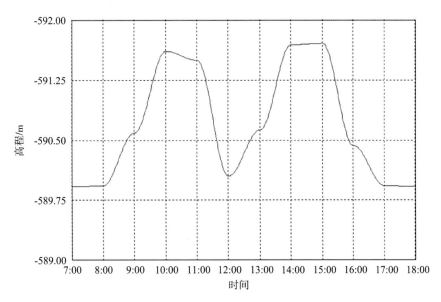

图 6.5-3 试验区某潮位站脉动信息图

6.5.4.1 点位高程较差法

点位高程较差法即通过传统潮位法与三维测深法比较同一位置的高程较差。图 6.5-4 为两种方法高程较差分布图,按照同精度中误差计算:

$$\sigma = \sqrt{\frac{\sum \Delta_i \Delta_i}{2n}}$$ (6.5-15)

由此得到与传统水位改正方法高程较差中误差为 0.19 m,可见在这种特殊的地形环境下,两种方法的结果还是有很大差异的。

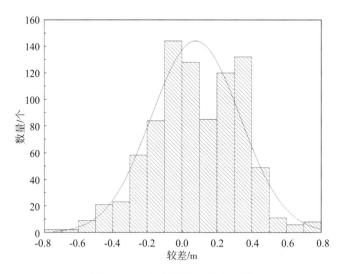

图 6.5-4 点位高程较差分布图

6.5.4.2 断面分析法

断面分析法是将不同方法得到的断面数据按同一零点桩绘制在同一张图上,可以清晰地表示它们的差异信息。本试验将传统潮位法与三维测深法得到的数据按照不同潮位站间区域截取的断面套绘,进行对比分析。

截取的断面 A、断面 B 位于潮位站 2 与潮位站 3 之间,截取的断面 C、断面 D 分别位于潮位站 1 与潮位站 2 之间、潮位站 3 与潮位站 4 之间。通过对比分析,由于潮位站 2 与潮位站 3 之间落差较小,断面 A 套绘图(图 6.5-5)、断面 B 套绘图(图 6.5-6)中两种方法并无太大差异。由于潮位站 1 与潮位站 2、潮位站 3 与潮位站 4 之间落差较大且落差呈非线性,断面 C 套绘图(图 6.5-7)中传统潮位法被整体抬高,断面 D 套绘图(图 6.5-8)中传统潮位法整体变低。可见三维测深法在受水库调节影响引起水位脉动的河段有较大优势。

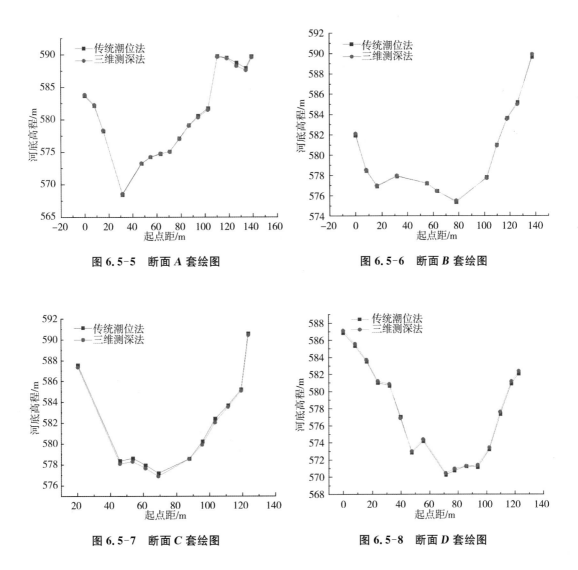

图 6.5-5　断面 *A* 套绘图

图 6.5-6　断面 *B* 套绘图

图 6.5-7　断面 *C* 套绘图

图 6.5-8　断面 *D* 套绘图

6.5.4.3　DEM 分析法

DEM 分析法即将传统潮位法与三维测深法所得到的成果数据生成 DEM 栅格数据（图 6.5-9），分析它们的三维特征。

按照高程 592 m 以下计算传统潮位法与三维测深法 DEM 图体积，分别为 1 615 763 m³与 1 607 027 m³，体积差占比为 0.53%。

将图 6.5-9 中传统潮位法与三维测深法较差 DEM 图中按照河道中心线截取，得到的较差值和河道中心线里程见图 6.5-10。可见两种方法结果差异波动巨大，且无规律可言。可见在受水库调节影响引起水位脉动的河段，传统潮位法很难用线性方式代表真实潮位信息。

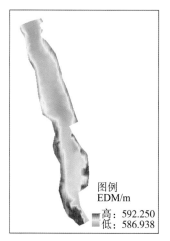

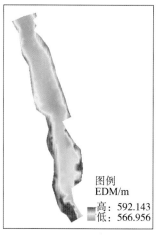

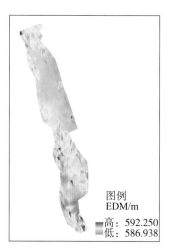

（a）试验区传统潮位法 DEM 图　　　（b）试验区三维测深法 DEM 图　　　（c）传统潮位法与三维测深法较差 DEM 图

图 6.5-9　试验区不同方法 DEM 图

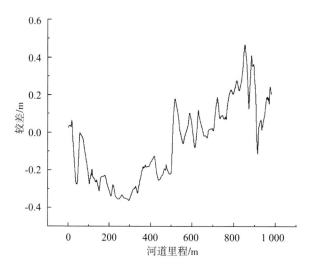

图 6.5-10　试验区河道中心线里程-较差图

第七章
组合激光扫描测量技术

7.1 概述

长江流域河道库岸坡度大、地形狭窄且破碎、植被覆盖度高,地形复杂,传统人工走测难度大、效率低、风险高、地形表达信息量不足且失真率高;摄影测量高程精度低,受植被遮挡无法获取全地形、数据处理自动化程度低。三维激光扫描技术具有精度高、穿透性能强、数据获取效率和分辨率高等优势,为长江流域河段复杂库岸地形的高精度、全覆盖获取提供了条件,但也存在测量数据冗余度高、异常或非地形回波剔除难度大等不足。

水库库岸地理信息作为一项基础数据,为水利工程建设、水库泥沙淤积观测、水库库容及库容曲线成果、水资源管理、航道整治与保护等工作发挥着重大作用。水库库岸地理信息收集工作贯穿于水利工程建设规划设计阶段、建筑施工阶段与运营管理阶段全过程,具有较高精度与时效性等要求。

长江上游大型水库群尤其是金沙江流域梯级水库群的自然地理环境表现出地形地貌复杂、边坡高陡、蓄水后消落带高差大等特性。河道河段属于山区峡谷地貌,地形陡峭,坡度较大,库区库岸除有少数城镇区域,坡度≥60°的高山地形比比皆是,部分区域为坡度近90°的垂直陡岸地形(图 7.1-1)。河道宽约数十米至数千米,主要呈 V 字形;沿江主要为灌木丛及稀疏植被,溪洛渡库区以上植被稀少,多为裸露岩石;受横断山脉地区地形影响,局限在南北向切割的狭长地带,谷深坡陡、断裂发育强烈、岩层破碎、地面松散固体物质多,最为典型的小江流域断裂活动频繁,新构造运动强烈,崩塌、滑坡、泻溜、地震较为常见。历史上常发生崩塌堵江现象,2018 年 10—11 月,西藏自治区昌都市江达县和四川省甘孜藏族自治州白玉县境内发生山体滑坡,堵塞金沙江干流河道,形成堰塞湖。水库群绝大多数位于高山峡谷区域,两岸边坡与坝顶高差最大可达到 1 000 m 左右。此外,金沙江流域属于干热河谷,气候条件恶劣,气象时空变化明显,水平、垂直梯度均变化剧烈。如白鹤滩库区已有气象资料显示一年有 200 多天大风天气,主要集中在每年 10 月底至次年 4 月份。加之受水陆交通不便、库区大风浪诸多因素综合影响,水库库岸地理信息观测难度极大。

图 7.1-1　金沙江下游河道地形地貌图

水库库岸地理信息主要内容是大比例尺地形图和断面测图，一般是指比例尺为
1∶5 000～1∶500 的地形图和断面测图。在金沙江下游梯级水电站测图比例尺选择上，
干流采用 1∶2 000、支流采用 1∶1 000，特殊河段及近坝区等根据需要采用 1∶200、
1∶500。

传统的地理信息获取手段主要有平板仪测图法、小平板仪和经纬仪联合测图法、经
纬仪测绘法等。按测量手段划分，主要方法有电子平板法、测记法、航空摄影测量法，主
要采用全站仪、GNSS、摄影测量等方法进行单点式和影像式数据采集。在实际测绘作业
中，由于测区地形复杂、断层褶皱分布广、消落带淤泥、交通不便，进行传统接触式测量工

作难度较大,作业效率低、周期长、成本高。高陡边坡水库库岸地理信息的获取,靠人工走测非常困难,风险源多,传统的技术手段和数据采集方法已不能满足空间信息化的需要,亟待建立新型作业平台,改善生产模式,提高成图效率,降低作业风险。随着科学技术水平(光学技术、电子技术、计算机技术及信息技术等)的不断进步发展,越来越多的新仪器、新设备、新方法、新技术被运用于地形测量中,自动化、智能化成为水库库岸地理信息获取技术的发展方向。三维激光扫描技术可将水库库岸实体地理信息快速扫描为点云数据和影像数据,直接成为计算机可以识别和处理的电子信息,且该信息更加丰富翔实,易于加工表达和存储。

激光(LASER)是自然界中并不存在的一种光,LASER 是 Light Amplification by Stimulated Emission of Radiation 的缩写,意为"受激辐射光放大",它是 20 世纪一项重大的科学发现。激光的原理在 1916 年首先被物理学家爱因斯坦发现,1964 年在我国科学家钱学森建议下将"受激辐射光放大"改称为"激光"。自激光被发现后,与激光相关的各类技术都得到了一定的发展,同时很多与激光技术相关的产品也被生产出来,不仅大大提高了激光器的丰富性,而且与激光紧密相关的或者激光科学边缘的相关应用领域也得到了极大的扩展。随着激光技术和电子技术的发展,激光测量已经从静态的点测量发展到动态的跟踪测量和三维测量领域。

激光主动遥感产生于 20 世纪 90 年代中期,它利用激光测距的原理,通过高速激光扫描测量的方法,大面积、高分辨率地快速获取被测对象表面的三维坐标数据。三维激光扫描技术集光、机、电等各种技术于一身,它是从传统测绘计量技术并经过精密的传感工艺整合及多种现代高科技手段集成而发展起来的,是对多种传统测绘技术的概括及一体化,具有效率高、精度高、非接触式测量、信息获取大、环境适应强等优势。其应用推广是继 GPS 空间定位系统之后又一项测绘技术新突破,逐渐变成测绘领域的研究热点,2001 年,徕卡公司推出面向测绘的首款三维激光扫描系统。近年来三维激光扫描技术在基础测绘、工程测量、变形测量、数字城市、铁路、公路、考古研究等领域得到广泛应用。我国对这项技术的研究起步较晚,主要集中在微距、短距领域,并逐渐将研究深入到理论和技术方面。2000 年初,中国科学院、同济大学、原中国人民解放军信息工程大学相关学者专家开始对三维激光扫描技术在测绘领域中的应用进行研究,主要集中在近景摄影测量、机载三维成像等领域。

移动激光扫描技术(MLS)是一种非接触主动式快速获取物体表面三维密集点云的技术,已成为高时空分辨率三维测量的一种重要手段。经过 20 多年的发展,移动激光扫描硬件在稳定性、精度、易操作性等方面取得了长足进步,尤其在机载、车载、船载、背包移动激光扫描方面进展显著。移动激光扫描系统一般包括三维激光扫描设备、卫星定位模块、惯性测量装置、全景相机等,依托于载体的移动,高效、快速、便捷地获取高精度、高密度三维点云和高清连续全景影像数据。

三维激光扫描技术具有采集速度快、高分辨率、高精度、非接触式测量、原型逼近、实时动态以及高度自动化等优点,适合长江上游及金沙江峡谷河段库岸地理信息测量。由于水库群地势复杂,构筑物较多,存在隐蔽区域,因此研究多平台组合激光扫描技术以解决上述问题。

7.2　地面激光扫描技术

7.2.1　激光雷达技术简述

三维激光扫描仪利用激光作为信号源,对待测目标物按照一定的分辨率进行扫描。三维激光扫描仪主要由测距系统、测角系统及其他辅助设备如内置相机、双轴补偿器等构成。按照测距原理的不同,将其分为脉冲式三维激光扫描仪、相位式三维激光扫描仪和光学三角式三维激光扫描仪。其中,脉冲式三维激光扫描仪测程最远,但精度随距离的增加而降低;相位式三维激光扫描仪适用于中程测量,测量精度较高;光学三角式三维激光扫描仪测程最短,但精度最高,适用于近距离、室内测量。

(1) 脉冲测距法原理

脉冲测距法是一种高速的激光测时测距技术,它通过发射并接收目标物反射的激光脉冲信号所用的时间,来计算被测目标物与仪器之间的距离,其测距公式如下:

$$X = vt/2 \qquad (7.2\text{-}1)$$

式中:X 为测量距离;v 为光速;t 为脉冲信号往返所需要的时间。这种测距系统因为激光脉冲的持续时间非常短、瞬时功率大、激光的发散角较小,测量距离可以达到几百米,有的甚至可以达到上千米,但随着测量距离的增加,脉冲激光测距的精度也会受到损失。

脉冲测距系统主要由接收器、激光发射器、计时器三个模块组成。它的工作原理是基于时间脉冲测距法:首先由扫描仪发射出一束激光脉冲信号,通过仪器扫描镜旋转后将激光脉冲射向被测物体的表面,激光信号被目标物表面反射回来,并利用激光探测设备接收和记录它,最后转换成可以识别的数据信息,通过计算得到目标物体表面的坐标数据。

(2) 相位测距法原理

相位测距法是利用无线电波段的某一电波频率,对激光束进行幅度调制,测定被调激光往返测线所产生的相位延迟,再根据调制光的波长,换算此相位延迟所代表的距离。它主要利用激光光线为连续波发射的特点,精度能达到毫米级,扫描范围一般在100 m 内,在中等距离的测量中得到广泛应用,其测距公式为

$$X = \frac{v}{2}\left(\frac{\beta}{2\pi\alpha}\right) \qquad (7.2\text{-}2)$$

式中:β 为相位差;α 为调制激光的脉冲信号频率。

(3) 激光三角测距法原理

激光三角测距法是利用三角形几何关系,先由扫描仪发射一束激光到物体表面,利

用基线另一端的 CCD 相机接收物体的反射信号,记录入射光与反射光的夹角,激光光源与 CCD 相机之间的基线长度是已知的,由三角形几何关系推算扫描仪与物体之间的距离。光学三角式激光扫描仪适合短距离的测量,扫描范围一般只有几米到几十米,这种类型的三维激光扫描系统主要被应用于逆向产品设计及工业零件的扫描,它的精度很高,能够达到亚毫米级。

无论是基于何种原理的扫描仪,其工作原理都是通过测距系统获取每个扫描点到扫描仪的距离 S,再配合精密时钟控制编码器测角系统获取每个激光束相对仪器坐标系的水平角 α 和垂直角 φ,如图 7.2-1 所示。利用公式(7.2-3)即可计算出每一个扫描点(如 P 点)与扫描仪的空间相对三维坐标信息 X_P、Y_P、Z_P,然后在扫描的过程中利用本身的垂直和水平马达等传动装置,完成对目标物体的全方位扫描,并最终获取扫描物体的点云数据。

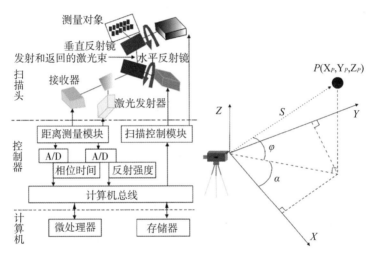

图 7.2-1　三维激光扫描仪工作原理图

在图 7.2-1 中,点 P 的坐标为

$$\begin{cases} X_P = S\cos\varphi\sin\alpha \\ Y_P = S\cos\varphi\sin\varphi \\ Z_P = S\cos\varphi \end{cases} \quad (7.2\text{-}3)$$

三维激光扫描技术按测量模式(载体)可分为地面三维激光扫描、船载三维激光扫描、空中机载三维激光扫描、手持式激光扫描。空中机载测量系统又叫航空激光扫描器(ALS)。它将三维激光扫描仪和航空数码摄像机安装在飞机等载体上,利用激光测距和航空摄影测量原理,快速获取地球表面坐标数据以及影像数据。它是一种集激光扫描仪(LS)、GNSS、INS、高分辨率数码相机、计算机、数据采集器以及电源等于一体的三维激光扫描系统。获取三维激光点云数据可以生成高精度数字高程模型(DEM)、数字表面模型(DSM),同时能够获取物体数字正射影像图(DOM)信息,通过对激光点云数据的处理可得到真实的三维场景图。手持式三维扫描仪因为设备体积小,是一种可以通过手持的

方式来获取物体表面三维数据的扫描仪,它的优势是便于携带,它也是三维激光扫描仪中最常见的扫描仪,既可以用来侦测现实世界中物体的几何构造,也可以创建虚拟世界的数字模型。

按照不同的扫描系统特性或者性能指标,三维激光扫描仪大致分类如表7.2-1所示。

表7.2-1 三维激光扫描仪分类

划分指标	仪器类型					
承载平台	台式	站式	手持式、背包式	车载	船载	机载
扫描距离	远程:>300 m		中程:100~300 m	短程:10~100 m		超短程:<10 m
扫描方式	线扫描系统			面扫描系统		
测距原理	脉冲测距法		相位测距法		激光三角测距法	
扫描视场	矩形扫描系统		环形扫描系统		穹形扫描系统	

注:扫描距离是仪器扫描的最远距离。

长江流域地理信息数据采集,主要用到的三维激光扫描设备为基于站式、船载或机载平台的远程扫描设备,其中船载三维激光扫描系统是基于站式三维激光扫描系统进行组装集成的。近年来出现了不少新型的地面三维激光扫描仪,我国自主研发生产的长量程三维激光扫描仪也如雨后春笋般涌现。典型的地面三维激光扫描仪及其部分性能指标如表7.2-2所示。

表7.2-2 典型的地面三维激光扫描仪及其部分指标

型号	中海达 HS1000i	南方测绘 SD-1500	TOPCON GLS-2000	Trimble TX8	RIEGL VZ-2000i
扫描速度/(万点/s)	50	200	12	100	50
扫描距离/m	<1 000	<1 500	<500	<340	<2 500
扫描范围(水平×竖直)	100°×360°	300°×360°	270°×360°	317°×360°	100°×360°
点位精度/mm	5	5	4	2	5
影像分辨率/像素	7 000 万	—	500 万	1 000 万	3 700 万
通信接口	千兆网	WLAN	线缆	WLAN	千兆网
主机重量/kg	10.5	7.3	10.0	10.6	9.8
仪器外观					

备注:以上各地面三维激光扫描仪指标均为厂商标称精度,仅供参考。

由表 7.2-2 可以看出，主流的地面三维激光扫描仪扫描速度和扫描范围均有大幅度提高，扫描距离标称指标最高可达 2 500 m，据实际项目应用结果可测至 2 800 m。同时，扫描获取的点位精度、辅助功能的影像扫描分辨度也在不断提高。今后的三维激光扫描仪会向更精确、更快速、更轻便、更智能、造价更低的方向发展，激光雷达技术也会随之获得更广阔的应用空间。

随着计算机硬件设施的不断发展更新，软件数据处理功能的日益强大，三维激光扫描技术的快速提高和发展，三维建模理论的逐步完善和相应软件功能的自动化、数字化和全面化，地面三维激光扫描技术的应用已经扩展普及现代行业的各个领域，并取得了显著的效果，这些行业包括：测绘领域、古建筑和文物保护领域、医学领域、逆向工程领域、事故调查和刑侦学领域、三维可视化和电影特效领域等。尤其在测绘领域，近年来三维激光扫描技术的应用范围极其广泛，应用前景相当乐观。

7.2.2 地面激光扫描作业流程

地面三维激光扫描系统由三维激光扫描仪、数码相机、计算机、电源组成（图 7.2-2）。激光扫描仪包括激光测距和激光扫描两大系统，同时集成 CCD 和仪器内部控制系统和自动校正系统等。数码相机通过三维激光预设端口与三维激光同轴安装，三维激光扫描仪与移动电源、计算机使用标配的电缆连接，三维激光扫描仪对中、整平等安置同全站仪。扫描数据可通过 TCP/IP 协议自动传输到计算机，数码相机拍摄的图像可通过 USB 数据线传输到计算机中。点云数据经过计算机处理后，可快速重构出被测物体的三维模型，能够直观反映线、面、体、空间等信息。

图 7.2-2 地面三维激光扫描系统（向家坝库区）

利用地面三维激光扫描仪进行库岸地理信息工程项目扫描时,其作业流程主要有:测区野外踏勘及作业方案拟定、外业扫描、点云数据处理、特征数据提取和三维模型展示等,具体如图 7.2-3 所示。

1. 测区野外踏勘

扫描工作开始前,应先了解整个测区的实际情况,全面掌握测区交通、测区范围、测区自然地理环境、水文地质复杂程度以及测量现场可能存在的安全隐患等。同时收集测区已有的各类图纸资料作为技术参考。

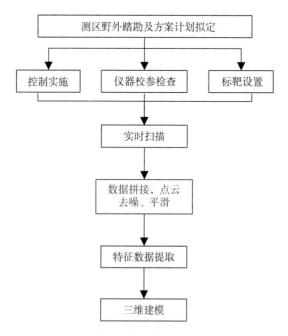

图 7.2-3　地面三维激光扫描系统作业流程

2. 作业方案拟定

主要确定三维激光扫描仪设备的选型、配套设施和工具,根据项目技术要求确定扫描密度以及设站方案。要合理布设扫描仪和拼接标靶的架设位置,以确保各站扫描的数据能够覆盖整个扫描区域,控制点之间要保证通视,每个测站的标靶应布设三个或三个以上,并且要求所有标靶不在一条直线上,标靶距离扫描仪不应太远,以实现不同站点云数据的拼接。

3. 外业扫描

在测站点上架设三维激光扫描仪,然后进行仪器预热与自检;设置好三维激光扫描仪的各项参数,如测站点坐标、三维激光扫描仪仪器高、温度、气压等;进行后视定向;对本测站点目标物进行扫描与拍照。在扫描作业时,首先为防止大量数据在采集完成后发生混乱,或者时间太久而不记得扫描的细节,有必要对每站点扫描仪、标靶的位置以及目标物体进行拍照处理,为后续点云数据高效配准提供辅助资料。扫描完成后,应检查采集点云数据是否完整,有无空白区,点云、照片质量如何,遇有复杂地物、植被严重遮挡区是否需要补测等,测量记录数据是否完整等。

4. 点云数据处理

主要包括点云拼接、点云合并、点云去噪、点云滤波、数据分割等。

(1) 点云拼接:由于三维激光扫描仪在每站所测得的数据都是该站点独立坐标下的点云,因此必须进行不同坐标系之间的转换,进行数据拼接。

(2) 点云合并:将拼接后的不同类的点云合并成一块点云。

(3) 点云去噪:由于外界环境、人为因素以及仪器设备本身的影像导致三维激光扫描仪采集得到的点云数据中含有大量的噪声数据,因此必须进行点云去噪。

(4) 点云滤波:经点云去噪后,各种误差基本去除,但仍有许多比较小的误差隐藏在点云中,因此必须进行滤波平滑处理,得到更加准确的目标测量数据。库岸地理信息的点云滤波主要表现在滤波去除植被、人工建筑物对自然表面的影响。对于自然起伏的地形表面而言,其邻近激光脚点的高程变化通常很小,即可认为高程是连续的。实际上,由于诸如人工建造或某些自然现象,也会出现一些高程不连续的情况,但是这些情况也有自身的特点,例如陡坎,通常只会引起某个方向的高程突变;而房屋等建筑物在其墙面周围都会引起高程突变。较高的树木以及塔形物等通常表现出邻近激光脚点的高程变化很剧烈的现象。鉴于此,可基于其不同的特征对数据进行滤波处理。滤波的基本原理是基于邻近激光脚点间的高程突变一般不是由地形的陡然起伏所造成的,而很可能是较高点位于某些地物上。点云数据滤波由三维激光扫描软件 RiSCAN PRO 实现,滤波前后点云分层设色浏览,见图 7.2-4。

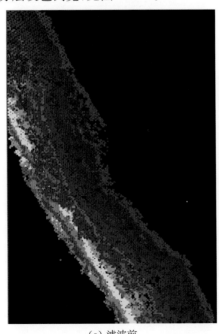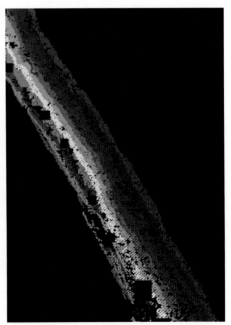

<table>
<tr><td>(a) 滤波前</td><td>(b) 滤波后</td></tr>
</table>

图 7.2-4　点云滤波

（5）数据分割：在点云数据有效范围内均进行数据采集，数据分割时可以某一空间范围进行，例如河道数据，进行首次分割时，只保留某一特定洪水位以下数据，该功能可由软件 Qinsy 或者 RiSCAN PRO 实现。由于点云数据为海量数据，是一个整体模型，为便于后续软件数据调入与处理，根据软件及计算机性能，可将数据以一定河段长进行分割，由 RiSCAN PRO 软件实现。

经数据预处理及分割后，即可输出所需数据，数据输出一般为 ＊.las 点云数据。在前面数据处理的基础上，最终实现目标点云漫游、地形图制作、三维建模和基本数据库的建立。

7.2.3 利用点云生成数字地形图

利用清华山维 EPS 三维测图系统（以下简称 EPS）中的三维测图模块，可直接实现基于点云的三维测图功能；基于清华山维 EPS 点云处理系统实现二、三维联动，实现所见即所得，点、线、面均含高程属性，方便用图及 GIS 空间分析与建模，其生成流程见图 7.2-5。

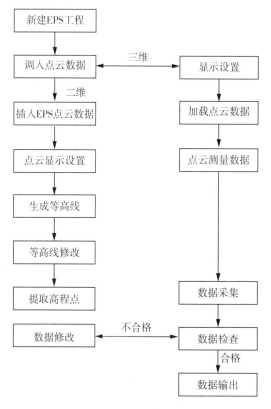

图 7.2-5 EPS 生成数字地形图流程图

将 ＊.las 点云数据在 EPS"工作空间"插入后，转换为其点云格式 ＊.pcd，在"三维测图"功能中，插入 ＊.pcd 点云数据，即可实现两个平铺窗口二、三维联动并进行地物编绘、高程点提取，提取的点、线、面均含有点云数据的高程信息。EPS 也可根据点云数据自动生成等高线、提取高程点。点云也可以通过等高距分层显示,直接进行等高线绘制。经过图面整饰、数据检查即可生成标准地形图成果。

7.2.4　适用性分析

地面三维激光扫描系统试验结合向家坝坝下重要涉水建筑物扫测及溪洛渡水电站库区变动回水区地形测量进行,见图 7.2-6。

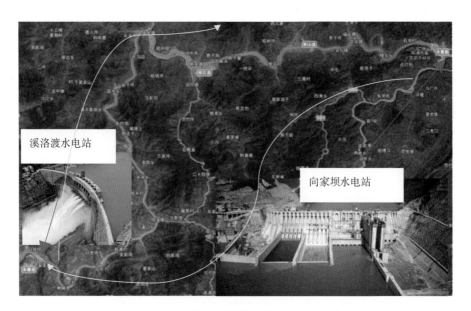

图 7.2-6　三维激光扫描系统试验河段示意图

7.2.4.1　精度分析

地面三维激光扫描系统精度评定中,比测内容包括地物特征点、切取断面、地形图体积、地形图高程注记点、地形图等高线误差几个方面。

特征点比较采用点云提取特征点,与 RTK 测点进行坐标较差比较。地面三维激光精度评定采用向家坝坝下重要涉水建筑物扫测数据与 2018 年汛前向家坝坝下地形进行比较。共选取 52 点,较差分布见表 7.2-3。精度特征值见表 7.2-4。

表 7.2-3　地面三维激光扫描系统特征点较差分布统计表

区间	较差/m		
	0.00～0.10	0.10～0.20	0.20～0.30
X	36.5%	50.0%	13.5%
Y	42.3%	40.4%	17.3%
Z	30.8%	40.4%	28.8%

表 7.2-4　地面三维激光扫描系统特征点精度特征值　　　　　　　　单位：m

类型	X	Y	S	H
最大值	+0.203	+0.207	0.293	+0.271
最小值	-0.243	-0.255	0.016	-0.277
平均值	-0.023	-0.040	—	+0.030
中误差	0.136	0.139	0.194	0.166

注：X、Y 是指 X、Y 坐标较差；S 是指点距较差；H 是指高程较差。下同。

对溪洛渡水电站库尾段地面三维激光扫描系统测得的点云数据切取断面与其实测固定断面进行面积差比较，统计套绘 JB181～JB221 共 41 个断面，断面相对面积差最大值为 1.05%，平均值为 0.34%。

地形图比较采用溪洛渡水电站库尾段地面三维激光扫描系统所测数据与其常规地形测量数据进行统计，地面三维激光高程注记共选取 172 点，较差分布见表 7.2-5，精度特征值见表 7.2-6。

表 7.2-5　地面三维激光扫描系统高程注记点较差分布统计表

区间	较差/m						
	0.00～0.10	0.10～0.20	0.20～0.30	0.30～0.40	0.40～0.50	0.50～0.60	0.60～0.70
X	37.8%	25.0%	23.8%	8.7%	2.9%	1.2%	0.6%
Y	39.5%	22.1%	17.4%	12.8%	6.4%	0.6%	1.2%
Z	35.5%	26.2%	25.0%	8.7%	4.7%	0.0%	0.0%

表 7.2-6　地面三维激光扫描系统高程注记点精度特征值　　　　　　　单位：m

类型	X	Y	S	H
最大值	+0.641	+0.483	0.425	+0.489
最小值	-0.412	-0.639	0.001	-0.455
平均值	-0.003	-0.046	—	-0.065
中误差	0.208	0.226	0.308	0.209

利用 RTK 或全站仪实测固定断面点数据，与由点云生成的等高线插值求得的测点位置的高程值，进行二者较差比较，进行精度评定。地面三维激光高程注记共选取 286 点，较差分布见表 7.2-7，精度特征值见表 7.2-8。

表 7.2-7　地面三维激光扫描系统等高线较差分布表

区间	较差/m				
	0.00～0.20	0.20～0.50	0.50～0.80	0.80～1.00	1.0～1.50
各较差占比	27.6%	29.8%	18.3%	6.7%	9.3%

表 7.2-8　地面三维激光扫描系统等高线精度特征值　　　　　　单位:m

类型	最大值	最小值	平均值	中误差
数值	+1.392	−1.332	−0.158	0.594

将地形图测点及等高线数据,利用 EPS 生成三角网,三角网最大构网边长 50 m,然后利用三角网内插计算 10 m 方格网数据,计算传统测图与地面三维激光扫描系统公共高程级范围内的体积,利用相对体积差统计精度,本次试验地形相对体积差为 1.46%。

静态三维激光扫描技术经过二十多年的发展,目前已被广泛应用于变形监测、工程测量、地形测量、城市规划、智能交通、防震减灾等领域。2015 年,长江水利委员会水文局引进了两套地面三维激光扫描仪,利用该设备参与全国水文应急演练、中小河流水文站地形测绘、溪洛渡水电站库区地形测绘等实践生产(图 7.2-7)。

图 7.2-7　静态三维激光扫描仪用于全国水文应急演练

7.2.4.2　点云生成地形图优势

(1)模型测绘

传统测图是根据项目需求对地形要素进行综合、取舍后的地形图;三维激光扫描系统测得的点云为包含全要素的密集测点,点云数据一经获取,相当于建立了该测区全要素信息档案,后期可反复进行模型测绘,根据任务需求,在点云模型上提取所需求的信息要素。

(2)地物识别

传统测图对地物的识别通常采用绘制野外草图、编码法、连续测点等方法,而点云数据则由"模型测绘"所得,辅以激光相机,地物识别容易且不易产生差错(图 7.2-8)。

(3)地形特征点、线选取

野外地形测量,除满足规范规定的测点密度外,还应在地形特征点、线上进行碎部点采集,其余未采点区域则认为其间的地形是呈均匀线性变化的,因此,对司尺人员现场识别地形特征点、线的能力和经验要求较高。而点云数据采集测点密度大,避免了遗漏地形特征点,且在点云模型上选点时,地形特征点、线一览无余(图 7.2-9)。

图 7.2-8 点云二、三维联动地物绘制

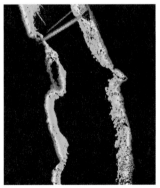

图 7.2-9 地形特征点、线选取(左:传统方法野外识别;右:室内点云选取)

(4) 等高线生成方式

传统地形图等高线生成是对野外实测点进行线性内插,求取所需等高线高程值在两测点连线所在位置,再用平滑曲线将各内差点逐点相连,如图 7.2-10 左图所示,所以各地形图规范对等高线高程精度的要求明显低于高程注记点中误差。而点云数据生成等高线则是采用 EPS 由密集、不经抽稀的点云直接自动生成等高线,然后在点云以基本等高距分层显示的基础上修饰等高线,等高线精度与高程注记点精度相当,如图 7.2-10 右图所示。

7.2.4.3 不足

采用地面三维激光扫描仪进行水库库岸地形观测,因需要架站,也存在因陡峭或遮挡而使架站困难、单站观测距离受限、多站点数据拼接难度大、频繁迁站导致的作业效率

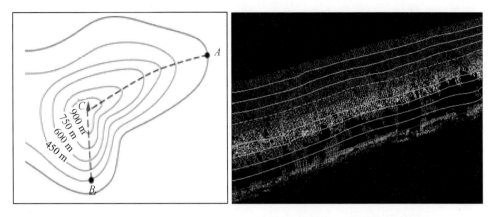

图 7.2-10　等高线生成方式比较(左:传统方法测图;右:点云生成等高线)

受限等不足。对于如何充分利用三维激光扫描仪的优势,同时避免重复架站、频繁迁站等劣势,专题项目组开展了大量的研究工作,将三维激光扫描仪与定位设备、姿态测量设备进行集成,从而实现三维激光扫描仪在动态平台(测船、无人机)上的观测。

7.3　背包式激光扫描技术

7.3.1　研究现状

SLAM 技术也称为即时定位与地图构建技术,这项技术目前主要应用于机器人的导航、定位、路径规划等领域。SLAM 基本框架包含四个模块:前端(视觉里程计)、后端、回环检测、建图。SLAM 技术起源于机器人视觉领域,其可在没有 GNSS 和 IMU 的情况下,在杂乱无章的点云中寻找线索,求取其中隐含的高阶特征点和特征向量,并连续跟踪这些特征点和特征向量,进而动态反向解算设备所处的位置和当前的姿态;然后将所有的位置与姿态数据进行整合,通过闭合环检测和连续特征匹配等高精度算法,将点云自动拼接,并最终得到高精度点云成果。

近年来,随着 SLAM 技术以及点云配准(ICP)算法的发展,便携式三维激光扫描(PLS)技术应运而生。PLS 技术的最大特点是可在没有 GNSS 和复杂惯导设备的条件下,快速、便捷、低成本地采集目标物体的三维点云数据。且不同于传统的机载、车载和船载移动扫描系统,此类设备由人员手持或背载,在数据采集过程中可以根据需要随时上下移动,人员能经过的地方都能进行数据获取,对工作环境要求低,适应性强,被广泛应用于工业测量、历史文物保护观测、竣工测量、地籍测绘等测绘领域。

PLS 技术是一种处于发展阶段的三维激光扫描技术,由单人背负设备进行扫描。便携式三维激光扫描仪由激光扫描雷达、IMU、控制显示平板及相关附件组成移动式激光测量系统,该系统利用经典的基于卡尔曼滤波的 SLAM 算法,可实现即时定位与模型构建。三维激光扫描技术的测量系统是非接触式的，在进行数据采集时具有高速度、高效率、高精度、大范围、不受地形影响等特点，采集得到的数据具有色彩信息，可以提供测量目标物的三维彩色图像。该测量仪器小巧、携带方便、测量精度高。

PLS 设备按照激光传感器的工作位置主要分为背包式与手持式两种。数据的采集均在操作人员行进的同时进行。在大多数的 PLS 设备中，GNSS/IMU/SLAM 协同工作，以计算传感器位于不同时间戳下的位置与姿态信息为依据对点云片段进行逐帧拼接与校正。

手持式三维激光扫描仪是三维激光扫描仪发展到第 4 代的产物，具有采样密度高、测量速度快、位置变换灵活方便等优势，能够快速方便地获取物体的数字模型信息，被广泛应用在文物保护、工业逆向工程等领域。手持式三维激光扫描仪的数据采集部分主要由激光扫描系统和两个 CCD 相机组成，其测量原理为激光三角测量法，激光发射器将激光投射到测量目标的表面，两个 CCD 相机拍摄目标表面反射的激光信号，从而构成了 3个三角形。对于 2 个小三角形中的任意一个，由于 CCD 相机和激光发射器之间的基线长度已知，联合发射光线、接收光线与基线的夹角，便可解算得到激光反射点的坐标。以激光棱镜中的激光发出点为原点，建立如式(7.3-1)所示的测站坐标系，设激光扫描仪的发射光线和接收光线与基线的夹角分别为 γ 和 λ，激光发射光线绕 X 轴旋转角度为 α，则根据正弦与余弦定理等关系可计算得到测量目标 P 的坐标如下式所示。

$$\begin{cases} x = L\ \dfrac{\cos\gamma\sin\lambda}{\sin(\gamma+\lambda)} \\[2mm] y = L\ \dfrac{\sin\lambda\sin\gamma\cos\alpha}{\sin(\gamma+\lambda)} \\[2mm] z = L\ \dfrac{\sin\lambda\sin\gamma\sin\alpha}{\sin(\gamma+\lambda)} \end{cases} \qquad (7.3\text{-}1)$$

由于手持式三维激光扫描仪单幅图像的像幅较小，随着测量范围的增大，其测量精度难以保证。虽然手持式三维激光扫描仪足够灵活，但为保证水文泥沙监测精度要求，实际中主要采用背包式三维激光扫描系统进行测试。

背包式三维激光扫描系统主要采用 IMU 结合 ICP 算法的定位方式，具有数据计算量较小、精度较高的优势。目前，背包式三维激光扫描系统根据定位原理的不同可分为 3种类型：单纯依靠 SLAM、SLAM+GNSS、IMU+ICP。3 种类型的背包式三维激光扫描系统用于水文泥沙监测时各有利弊，下面结合具体设备对其中的关键技术进行简要分析。

目前，单纯依靠 SLAM 技术的背包式三维激光扫描系统相对较少，其中具有代表性的是欧思徕(北京)智能科技有限公司完全自主研发的 3D SLAM 激光影像背包测绘机器人。该系统由 5 部分组成：全景相机、激光雷达、控制器、电源及平板设备，如图7.3-1 所示。

单纯依靠 SLAM 技术的背包式三维激光扫描系统的定位精度取决于周边环境的特

图7.3-1　3D SLAM 激光影像背包测绘机器人(左)与徕卡 Pegasus Backpack 移动背包扫描系统(右)

征形态。如果周边环境特征丰富且差异较大,SLAM 算法的定位精度会很高;但是当周边环境特征较少或十分雷同时,其定位精度会显著下降。这种情况一般发生在室外开阔区域,在此类环境下进行数据采集,往往只能采集到地面数据,而周边立面和天顶方向的数据十分稀少。此时,如果仍然单纯依靠 SLAM 技术进行定位,可能会导致计算无法收敛,从而无法获得合格的点云成果。对此,可将 SLAM 与 GNSS 结合,在室内或狭窄道路等无 GNSS 信号的区域使用 SLAM 技术进行定位解算,而在室外开阔区域使用 GNSS 结合 IMU 惯导进行定位解算,从而进一步增强其适用性、扩大应用领域。徕卡公司推出的 Pegasus Backpack 移动背包扫描系统便是此种类型的设备,它配备了5个相机和2个激光扫描仪,操作简单,佩戴舒适,使用灵活,适用于多种测绘领域。通过搭载三频 GNSS、采用最新的支持多光束的 SLAM 算法以及高精度 IMU,Pegasus Backpack 移动背包扫描系统可进行室内外一体化点云数据采集,精度达到厘米级。

　　除了使用 SLAM 算法进行定位,目前还出现了一种基于 IMU 结合 ICP 算法的定位方式,其中具有代表性的是意大利 Gexcel 公司生产的 HERON 系列背包式三维激光扫描系统,如图7.3-2所示。

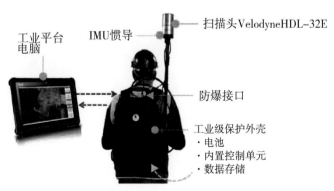

图7.3-2　HERON 系列背包式三维激光扫描系统

该设备通过两个阶段进行点云数据自动拼接。首先是在较短的距离内(5 m)利用 IMU 进行位置解算,获得一段点云数据;然后在数据采集完成后,利用 ICP 算法对各分段点云数据进行整体平差,从而得到高精度的点云成果。相比于 SLAM 算法,IMU 结合 ICP 算法的定位方式具有以下两个方面的优势。①数据处理效率更高:SLAM 算法需要反向解算每个时刻的位置和姿态数据,计算量大;而 IMU 结合 ICP 算法将分段点云数据作为一个刚体参与整体平差,数据计算量显著下降。②整体精度更高:SLAM 算法主要通过闭合环检测和连续特征匹配来提高最终的点云成果精度,当闭合环过长或没有闭合时,误差积累会十分大,且无法得到很好的分配;而 IMU 结合 ICP 算法通过分段点云之间的公共部分,利用 ICP 算法进行全局整体配准,可以有效提升拼接精度。然而,IMU 结合 CIP 算法的定位方式也存在一定的不足,其定位精度与 SLAM 算法类似,同样取决于周边环境的特征形态,当周边环境特征较少或十分雷同时,其最终的点云拼接质量会受到较大的影响。

7.3.2 适用性分析

为验证背包式三维激光扫描系统在水文泥沙监测中的适用性,在白鹤滩库区巧家河段选择有代表性的地形区域进行测试。

该地形区域位于金沙江下游梯级水电站白鹤滩库区、坝址上游 30～35 km 处,右岸为云南省巧家县,左岸为四川省凉山彝族自治州宁南县。测区海拔为 700～900 m,既有高山地、山地,也有平缓地段,地貌涵盖树林、灌木丛、草地、耕地、道路、人工构筑物等,具有代表性,如图 7.3-3 所示。

7.3.2.1 数据采集

此次测试采用北京数字绿土科技股份有限公司自主研发的 Li-Backpack DGC50 背包激光雷达扫描系统,内业软件采用 LiDAR 360 点云处理,结合激光雷达和 SLAM 技术,无需 GPS(GNSS)即可实时

图 7.3-3 测区位置概略图及现场测试工作示意图

获取周围环境的高精度三维点云数据。LiBackpack DGC50 背包激光雷达扫描系统查看

简洁方便,数据可在手机、平板等移动端实时显示,支持无线/有线方式查看数据;数据传输稳定性强,边采集边查看,效率高;实时显示高精度点云数据,支持在线闭环以及闭环优化,扫描完成即可导出采集点云数据和运动轨迹;设计轻巧便捷,可以手持、骑行、车载、船载轻松采集数据。该设备主要参数见表7.3-1。

表7.3-1 LiBackpack DGC50 背包激光雷达扫描系统主要参数

尺寸	960 mm×318 mm×315 mm	重量	8.6 kg
电池容量	5 700 mAh	工作时间	约2 h
功率	50 W	端口	HDMI、USB、网口
控制及显示	网络控制和显示(手机、平板电脑);有线数据传输(平板电脑)		
扫描频率(单回波)	600 000 点/秒	回波数	1
LiDAR 传感器	HDL-32E	LiDAR 精度	±2 cm
视场角	垂直180°,水平360°	测量范围	100 m
数据精度	5 cm	点云格式	.las, .ply
GNSS 模块	定位精度:1 cm±1ppm;信号跟踪:GPS/GLONASS/BeiDou		
相机	分辨率:3 840×1 920;像素:1 800 万		

采用背包式三维激光扫描系统施测时,将设备上电,开启相机后通过平板电脑(或手机)连接仪器 Wi-Fi 进入 192.168.12.1 这个网址,即可控制背包式三维激光扫描仪,在此网址页面同步显示设备的状态(相机状态、存储空间、电量、搜星情况、采集时间、行走距离等)并控制设备开始、结束、拷贝数据成果,开关机的操作。一切准备就绪之后,点击开始,走"8"字校准惯导,按照先前规划好的路线采集数据,在采集数据过程中为避免走直线,可走小幅度"s"路线,按照要求,调整自己与需要采集物体的视角,从而获取更全面的数据。开始数据采集之后,平板电脑页面会同步显示当前的轨迹数据和实时点云,可供数据采集人员现场实时检查数据采集过程是否无误,避免采集无用数据。采集数据完成后,再走"8"字校准惯导,等数据传输完成后点击停止,结束外业数据采集。其工作程序见图7.3-4。

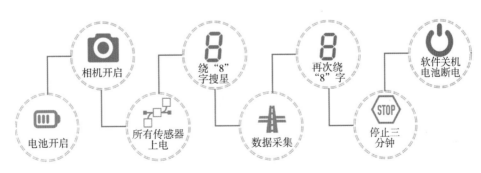

图7.3-4 背包式三维激光扫描系统工作程序

采用 LiBackpack DGC50 背包激光雷达扫描系统对测试区域进行地形测量、断面测量并评估其用于地形测量、断面测量的工作效率和测绘精度情况。综合考虑测区实地情况,计划树林地、码头区分 6 次实施数据采集然后合并,数据采集总时长 60 分钟,扫描面积为 0.2 km²,点云 106 783 098 个,创建作业全景视频 6 份。如图 7.3-5 所示。

图 7.3-5 树林地、码头区扫描现场图

此外,为解决孤岛、礁石测量问题,外业测试还通过乘船方式完成数据采集测试。技术人员背负 LiBackpack DGC50 背包激光雷达扫描系统,坐在冲锋舟或者专用测船上,保持激光雷达扫描系统视场角开阔,采集到数据即可。该测试尤其适用于采集水边线数据、蓄水后狭长岸带地形。

外业测试结果表明,背包式三维激光雷达扫描系统尤其适合陡变公路地带、乔木林两侧作业,是对地面三维激光扫描测量的一种较为有效的补充手段。考虑到白鹤滩库区蓄水后江面宽至 5 km,背包式三维激光雷达扫描系统可以弥补传统对岸观测作业的不足,进行固定断面观测、局部范围内的地形观测等工作。采用背包式三维激光雷达扫描系统进行局部地形观测、断面测量,其外业效率是常规观测方法的 2~5 倍,综合效率提升了 50% 以上。

7.3.2.2 点云数据处理

1. 数据采集完成后导出数据

将 U 盘插在 USB 接口上,点击用户界面主窗口下方的"Copy"按钮,选择采集. bag 文件以及 .log 文件,主窗口下方的提示栏会显示"正在 copy"的信息,同时会显示背包和 U 盘的系统空间以及剩余可用空间。数据拷贝完成后,状态栏会提示"Copy is completed!",主窗口会弹出"Completed!"的对话框,此时可以拔出 U 盘。拷贝相机中的数据时,确保相机处于开机状态,然后使用 USB 线将相机与电脑连接,此时相机处于 U 盘模式,然后将对应的视频文件拷贝出来。

2. 视频数据解算

打开 Insta360 Studio 2020 软件,修改所拷贝视频文件的后缀名,将. mp4 改为. insv,并将修改后的文件拖到红色区域。点击"导出"按钮,红色方框里的文件名不要修改,路径可以任意设置,其他参数默认即可,然后点击"OK"按钮,等待文件拼接完成就可以得到最终的全景视频文件。

3. 解算点云数据

启用 LiFuser—BPUserGuide 背包解算软件,选择"新建",点击背包按钮,出现新建工程向导配置原始数据页面,点击右侧按钮将导入需要加载的激光文件(. bag)。如果要解算彩色点云,需选择视频文件(. mp4)所在目录。点击右侧按钮,选择相机视频所在目录即可。

GNSS 数据配置页面,当无 GNSS 数据时,可不必勾选按钮处理 GNSS,直接跳过该页面。GNSS 数据配置页面包含了外部导入、差分 GNSS 以及内部模式。利用差分 GNSS 解算轨迹 POS。勾选处理 GNSS,点击差分 GNSS 按钮,页面转到差分 GNSS 模式,该模式下需要配置移动站和基站数据,最终解算结果为. LiGnss 格式。

4. 设置目标投影坐标系

设置坐标系统可对上一步导入或生成的 POS 文件进行重投影。如果无 GNSS 数据,可跳过该页面。若不勾选目标坐标系,则解算结果默认转换到当前采集所位于的 WGS84 UTM 6 度带所在坐标系。使用七参数坐标转换时,点击七参数设置按钮进行七参数定义。选择重投影的坐标系,通过输入坐标系关键字,可从坐标系列表中快速筛选出目标坐标系,例如:本次数据采集设置点云坐标系为 Beijing 1954 / 3-degree Gauss-Kruger CM 102E,可以在过滤选项中输入"102E"进行快速筛选,或者输入其 EPSG 编号(2431)实现快速查找;也可以点击"添加坐标系"按钮从外部导入坐标系。本次测试使用客户提供的七参数投影至 1954 年北京坐标系。

5. 高精度点云解算

切换到处理标签页,选择处理流程,通过是否勾选对应按钮来控制处理流程,软件支持的处理流程有以下 3 种:

(1) 差分全球卫星导航系统(DGNSS)+SLAM (默认):先进行 DGNSS 差分处理以获得 GNSS 轨迹,然后通过 SLAM 解算获得含真实地理坐标的点云,如果未设置 GNSS 信息,可以解算生成具有相对坐标的高精度点云数据。

(2) DGNSS:仅进行 DGNSS 差分处理以获得 GNSS 轨迹。

(3) SLAM:仅进行 SLAM 解算获得高精度点云数据,如果具有 GNSS 轨迹,可以生成含真实地理坐标的点云。

本次点云解算选择 DGNSS+SLAM 处理流程。

软件支持的处理模式共有以下 6 种,点击"mode"下拉框进行选择:①通用模式;②林业模式;③户外开阔空间模式;④户外紧凑空间模式;⑤室内模式;⑥自定义模式。本次点云解算选择通用模式。选好模式后点击"开始"即可。解算完成后将点云导入Li-DAR360软件进行点云去噪、点云平滑等处理，LiDAR360软件简易模式一键勾选需要处理的数据，点击"运行"即可得到多种结果。详见图7.3-6。

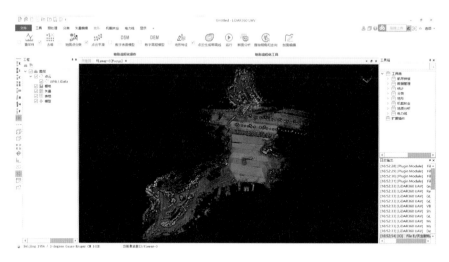

图7.3-6　点云数据效果图

6. 点云数据分类与点云滤波

LiDAR360软件具备一键提取点云类别功能，可直接将点云数据分类成地植被、水体、建筑物等类别，利用该功能即可剔除不需要的点云数据（如植被、建筑物等），也能进行点云布料模拟滤波，地面点分类是点云数据处理的基础操作，此功能采用基于布料模拟的地面点滤波算法。选择点云对应场景，设置参数后自动提取地面点。详见图7.3-7。

图7.3-7　地面点滤波效果图

7.3.2.3 成果绘制

1. 特征点成果图绘制

通过查看点云可直接在 LiDAR360 软件中绘制 CAD 成果（如水边线、建筑平面、陡坎、道路等地形），软件还支持自动提取水边线、路肩等要素，也可直接在点云上点取需要的特征点。详见图 7.3-8。

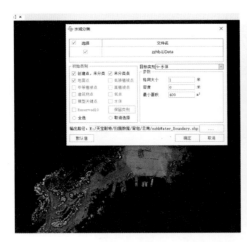

图 7.3-8 自动提取水边线及其效果图

2. 等高线成果图绘制

通过点云可直接生成等高线成果，也可实现土方量计算、填挖方计算等表面体积功能。详见图 7.3-9。

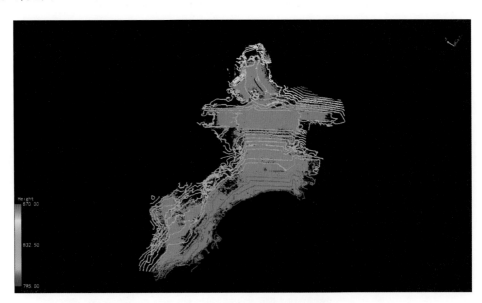

图 7.3-9 点云生成等高线效果图

3. 断面绘制

LiDAR360 软件断面分析模块主要解决基于点云和模型数据的参考断面线的设计、真实断面的提取、断面的超欠挖分析、报告的生成等问题。此功能基于实测数据获取各个位置的测量断面或真实的地形起伏状况，可以对测量断面进行编辑和管理，最终输出各个断面的信息以及生成超欠挖报告；也可手动绘制断面参考线或者添加 CAD 文件的断面参考线以及设计断面数据，按实际需求设置左右偏移距离、步长后，软件自动分析。详见图 7.3-10、图 7.3-11。

图 7.3-10　点云提取断面

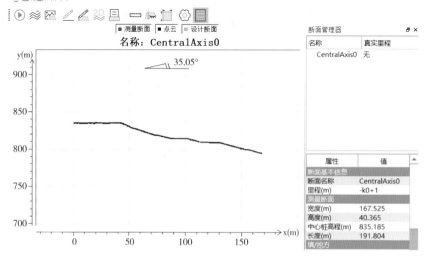

图 7.3-11　断面图绘制

7.3.2.4　精度分析

精度评定采用背包式三维激光扫描系统与常规方法获取的数据,对二者进行比较,并计算中误差。精度比测内容包括地物特征点的平面误差和高程误差、随机高程点的高程中误差。

将点云数据与常规方法获取的地形图进行融合,选取测区内的花坛、路灯、混凝土坡、道路边线等特征物,分别提取点云数据和碎部点并进行比较,统计差值并计算中误差。图 7.3-12 为点云融合图。特征物平面共选取 213 点,经统计计算,最大差值为0.063 m,最小差值为 0.009 m,平均差值为 0.029 m,中误差为 0.024 m。

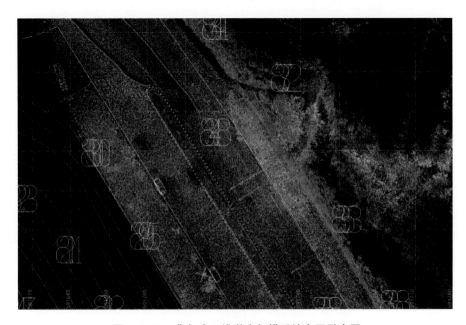

图 7.3-12　背包式三维激光扫描系统点云融合图

选择重合测区内高程为 835.5 m 的碎部点数据,在融合图上随机选取点,拾取半径小于 0.1 m,统计二者的高程差值并计算中误差。图 7.3-13 为点云高程分布图。经统计计算,最大差值为 0.013 m,最小差值 0.005 m,高程中误差为 0.044 m。

7.4　船载激光扫描技术

7.4.1　研究现状

船载三维激光扫描技术是以测船为搭载平台,将三维激光扫描仪及数码摄像机安装在大型船舶上,利用激光测距和摄影测量原理,快速获取河道沿岸陆域坐标数据以及影像数据,并可以搭载多波束测深系统同时采集水下三维数据。它是一种集 LS、GNSS、多

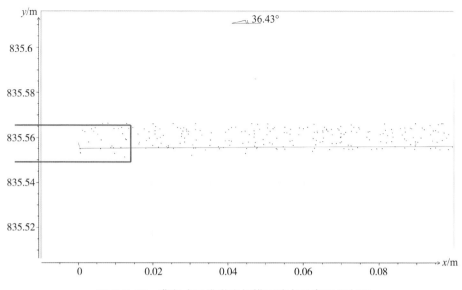

图 7.3-13　背包式三维激光扫描系统点云高程分布图

波束测深系统、运动状态传感器、声速剖面仪、高分辨率数码相机、计算机以及电源等于一体的水陆三维扫描系统。船载三维激光扫描系统以其独特的视角,能够采集到其他平台所不能采集到的数据,使其能够在水库泥沙冲淤观测、数字水利、智能航道、海岸带海岛礁测量、堤岸监测等领域发挥独特的优势。船载三维激光扫描技术除了搭载有激光扫描仪和全景相机外,还可以配备多波束测深系统,实现水陆一体化测量,在堤岸检测、变形监测、地形测量等方面有着广泛应用。

2010 年 3 月,英国 MDL 公司研发的激光测量船在泰晤士河进行了系统测试,实现了岸边和水下地形地貌的同步测量,这是目前已知最早的船载三维激光扫描系统实验。2011 年,德国学者将船载三维激光测量技术应用到航道清淤、河岸栖息地检测、海岸滩涂线、沿海边坡稳定性灾害调查以及港口、码头、桥梁等水岸工程。2013 年,国内广州中海达卫星导航技术股份有限公司自主研制了一体化三维移动测量系统 iScan,上海华测导航技术有限公司也相继自主研发了船载三维激光测量系统,初步掌握了多传感器高度集成、免标定的高精度一体化刚性平台等关键技术,具备了在数字水利、智能航道、海岸带海岛礁测量、堤岸监测等应用的基础。

7.4.2　方案构建

金沙江下游梯级水电站库区蓄水后,存在着线长面窄、观测时机性强、作业风险大、成果精度及时效性要求高等特点,常规的观测方法已经难以进一步满足需求,迫切需要转换思路。研究团队提出了一种更为高效的观测模式,即利用已有的地面三维激光扫描设备、姿态传感器、测量船舶等,将静态三维激光扫描仪架设在动态平台(测船)上,并加装定位、定姿设备,组成船载动态三维激光扫描系统,对库岸坡度陡峭地形展开观测。船载三维激光扫描系统见图 7.4-1。

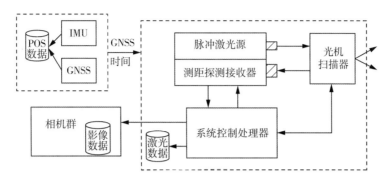

图 7.4-1 船载三维激光扫描系统

将观测设备放在测船上，直面库岸会有非常好的视场角，有利于库岸地形的观测。另外，在动态平台上观测，最大限度地发挥了三维激光扫描仪非接触式获取高密度、高精度、数字化的三维坐标优势。

船载动态三维激光扫描系统的主要构成及功能如下：

（1）移动搭载与测量平台：一般为自有水文测量船舶，用于搭载传感器快速采集数据。

（2）三维激光扫描仪：船载动态三维激光扫描系统中用于获取河道两岸地物表面的三维点云数据。随着船舶的移动，通过侧视扫描的方式获取被测目标相对于扫描仪中心的距离和扫描角度。采用 Riegl VZ-2000i 三维激光扫描仪作为本系统的扫描设备。

（3）动态差分 GNSS 接收机：可同时观测四颗及以上的卫星后进行三维定位，解算接收机的位置，确定测量船准确的瞬时位置。

（4）IMU：测量并记录测量船移动瞬间的加速度和角速率，用于确定测量船的瞬时姿态。本系统 IMU 传感器采用 Octans 光纤罗经，它能够提供 0.01°精度的横摆角、纵摇角改正参数和 0.1°精度的航向信息。

（5）成像系统：通常为全景相机或 CCD 相机，为 LiDAR 数据后处理提供同步图像数据，可为后期特征提取和地物分类识别提供颜色信息。

（6）同步控制器：用于多传感器的时间同步。

7.4.3 系统集成

专题研究团队开展了大量资料收集、整理、预研工作，经过设备测试、联合调试等工作，利用自有设备，攻克了"刚性支架制作、多端口调试、参数精确标定、坐标系统转换、时间与空间配准"等难题，研发了一套适用于长江流域梯级水电站测区的高精度、高效率船载三维激光扫描系统。

1. 系统构成

系统主要由定位定姿系统(GNSS/INS 组合)、三维激光扫描仪、高清全景相机、载体平台、计算机以及数据采集与存储软件等组成,主要仪器设备见表7.4-1,系统集成拓扑图见图7.4-2。

表7.4-1　系统集成的主要设备一览表

名称	数量	精度
Riegl VZ-2000i 三维激光扫描仪	1套	测距5 mm,垂直扫描角度分辨率优于0.000 7°,水平扫描角度分辨率优于0.000 5°
Trimble BX982 GNSS 接收机	2台	5 mm+1 ppm/10 mm+1 ppm
运动传感器 Octans	1套	横摇/纵摇0.01°
全景相机	1台	
Qinsy 软件	1套	
计算机	1台	

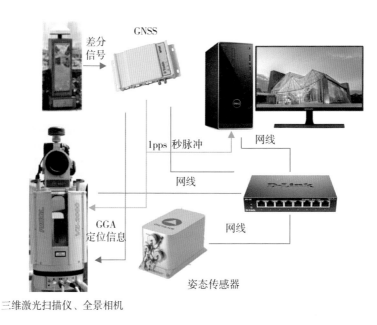

图7.4-2　系统集成拓扑图

2. 安装平台设计与搭建

船载三维激光扫描系统集成各硬件应相对稳定,且设备安装平台与船体应保证牢固安装。设备安装平台不仅需要很好的强度,且保持长时间行船震动而不发生永久变形。设备安装平台采用上下底面两层设计,底面材质采用5 mm厚度的加工性能好、韧性高、耐蚀性、耐热性的304不锈钢,上下底面采用直径16.5 mm的四根支柱连接,既保证安装平台强度,又保证各硬件的相对稳固性,其设计见图7.4-3。

系统集成各传感器相对位置关系的准确性直接决定三维空间数据的精度。为了精确确定传感器相对位置关系,参阅各硬件设备的操作手册,将实物及操作手册中设备尺

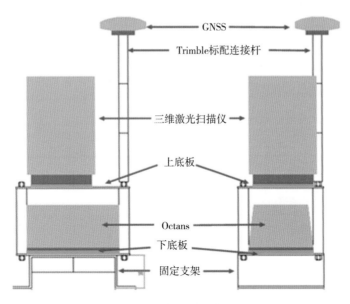

图 7.4-3　设备安装平台侧视图

寸数据交予机械设计人员进行图纸设计,机械加工在机床上完成。三维激光扫描仪底座三个固定孔位及其所在圆的直径、X 以及 Y 定义方向、三维激光扫描仪底座三个固定孔位(2,3,4)及中心(1)在三维激光空间直角坐标系之间的相对位置如图 7.4-4 所示。各部件之间采用螺栓连接,确保系统整体处于刚性状态。

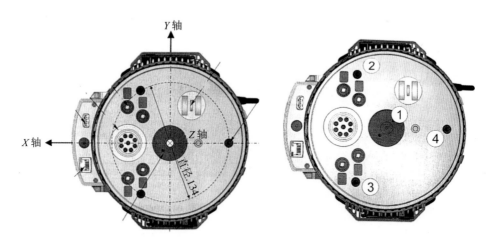

图 7.4-4　三维激光扫描仪底板图

运动传感器 Octans 底板三个固定孔及其几何中心尺寸如图 7.4-5 所示。

3. 安置角偏差探测与校正

船载三维激光扫描系统理论上要求船体坐标系与三维激光扫描仪坐标系重合或二者坐标轴间相互平行,但系统安装时不可能保证它们相互平行。因此,需要开展安置角

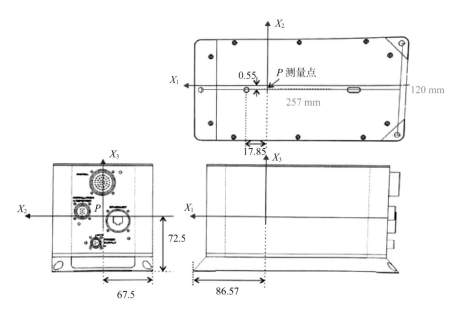

图 7.4-5　运动传感器 Octans 底板三个固定孔及其几何中心尺寸图(单位:mm)

偏差探测与校正工作,精确测定三维激光扫描仪坐标系与船体坐标系的坐标轴间的三个姿态安置角(横摇角、纵摇角和航偏角)的过程。按照不同轴系偏差,布设相应测线,见图 7.4-6,选取特征物依次完成三个轴系校正工作。校正可通过数据采集软件 Qinsy 提取相应特征物,使不同测线达到最佳吻合,从而实现校正的目的。

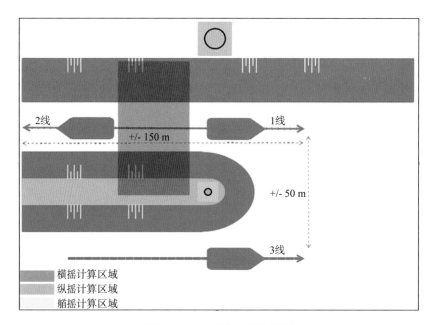

图 7.4-6　安置角校正布置图

4. 绝对标定

船载三维激光扫描系统的多传感器整体标定,一方面通过整体标定验证系统的整体性能和精度,另一方面对船载三维激光扫描系统中的各系统误差进行建模并消除其影响。船载三维激光扫描仪的绝对标定的主要工作在于寻找同名点,即地物点在大地坐标系中的三维坐标及地物点在激光扫描仪坐标系中的坐标,若经安置角校正后,同名点较差满足精度要求且无系统性偏差,则直接在数据采集软件 Qinsy 中预设 3 个平移参数、3个旋转参数进行数据采集。否则,通过同名点采用合适的参数解算模型求定激光扫描仪坐标系与大地坐标系之间的转换参数。常用的七参数转换模型包括布尔莎模型和莫洛金斯基模型。地物点在大地坐标系中的坐标可通过传统测量方法如 GNSS、全站仪等获得,地物点在激光扫描仪坐标系中的坐标需在激光扫描仪的原始扫描数据中获得。

点云数据有多种格式,其中一种即为 .xyz 格式,将求得的转换参数应用于点云数据,可实现点云数据采集后处理;也可以通过数据采集软件 Qinsy 在建立坐标系时预置,如图 7.4-7 所示,从而实现采集后的数据即为所需目标坐标的点云数据。

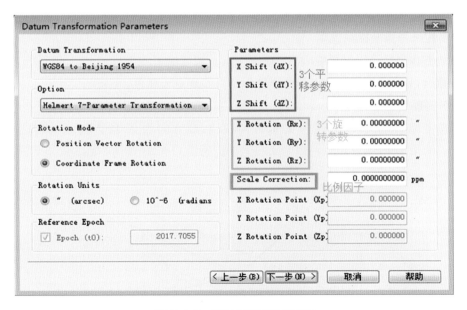

图 7.4-7　绝对标定参数设置图

5. 系统空间基准统一

系统各传感器与测船是刚性连接的,各传感器相对于测船的位置是固定的,均有其独立相关坐标系。在实际测量时,首先确定各传感器与测船参考系的相对关系,将各传感器坐标系归算至测船参考系,再利用 GNSS 定位数据、罗经航向数据、姿态仪数据实现测船坐标系向大地坐标系的转换。

（1）三维激光扫描仪坐标系建立

三维激光扫描仪坐标系原点位于扫描仪激光发射中心,待测点坐标可由 P 点与扫描仪中心距离 S、水平角 α、垂直角 β 计算得出,见图 7.4-8。

$$\begin{cases} X_P = S\cos\beta\cos\alpha \\ Y_P = S\cos\beta\sin\alpha \\ Z_P = S\sin\beta \end{cases} \tag{7.4-1}$$

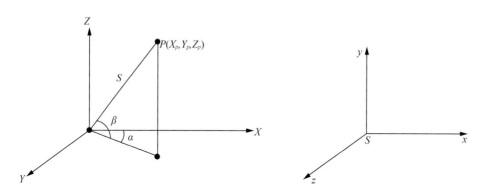

图 7.4-8　三维激光扫描仪坐标系　　　　图 7.4-9　相机影像坐标系

（2）相机影像坐标系建立

相机影像坐标系以摄影中心 S 为原点，x,y 轴与像平面坐标的 x,y 轴平行，z 轴与主光轴重合，见图 7.4-9。经点云与影像标定可实现点云赋色。

（3）测船坐标系建立

测船坐标系定义，以船艏为 Y 轴方向，以右舷方向为 X 轴方向，Z 轴向上，见图 7.4-10。为便于量测，其原点一般定义在运动传感器 Octans 几何中心。

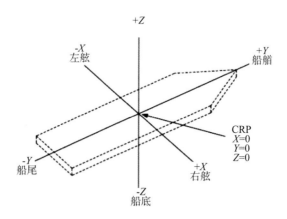

图 7.4-10　测船坐标系

（4）基于设备基座设计图的测船坐标系建立

为了削弱各传感器相对位置量取误差，基于船体设计图及三维激光扫描仪、GNSS、Octans、相机基座设计图的各传感器平面坐标建立船体坐标系，如图 7.4-11 所示。一般河道地形测量船舶在设计时均预设换能器的安装支架，其他传感器安装根据其规格在机

床上精确生产其基座。经游标卡尺测定,船顶各传感器平面偏差、垂直偏差均小于
1 mm;经游标卡尺、钢尺量取,换能器平面偏差小于 5 mm。

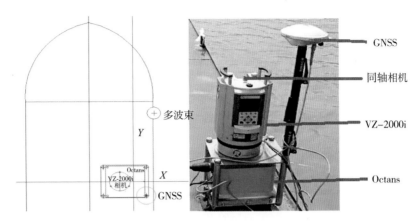

图 7.4-11 船体坐标系建立

7.4.4 适用性分析

为验证船载三维激光扫描技术在长江流域监测的适用性,结合项目研究及实践生
产,选择在向家坝库区开展船载三维激光扫描系统适用性试验。试验河段为金沙江干流
向家坝水电站坝址至溪洛渡水电站坝址,河段全长为 158 km,测区海拔 260~400 m,极
具代表性,现场试验如图 7.4-12 所示。

图 7.4-12 向家坝水电站坝址—溪洛渡水电站坝址试验现场图

试验区域同时采用了常规测量方法进行观测,两种观测方法外业效率对比如表 7.4-2
所示。

表 7.4-2　两种观测方法外业效率对比表

观测类别	常规测量方法	船载三维激光扫描系统
投入观测组	2 个	1 个
投入观测人员	16 人	5 人
实际观测耗时	59 天	19 天
外业效率	较常规测量方法提升 1~3 倍	
综合效率	较常规测量方法提升 50%	
其他	总体成本稳定	投入的技术和设备成本相应增加

从表 7.4-2 中可以看出,采用常规测量方法,在左右岸各投入一个组,耗时 59 天完成数据采集工作;而采用船载三维激光扫描系统,投入一个组,19 天即可完成,从总的投入来看,其外业效率是常规测量方法的 3 倍,综合效率提升 50%。

在精度评定方面,对常规测量方法与船载三维激光扫描系统获取数据进行比较,并计算中误差。精度比测内容包括地物特征点、截取断面、土方计算、高程注记点高程中误差、地形图等高线中误差几个方面。

1. 特征点精度统计

特征点精度统计采用点云提取特征点与 RTK 测点进行坐标较差比较,中误差计算按式(7.4-2)计算:

$$M = \pm\sqrt{\frac{\sum\limits_{i=1}^{n}\Delta_i^2}{n}} \tag{7.4-2}$$

利用地物特征点及人工设立的标志物与点云同名点进行精度评定。共检测点数 113 点,较差分布见图 7.4-13、表 7.4-3。精度统计见表 7.4-4。

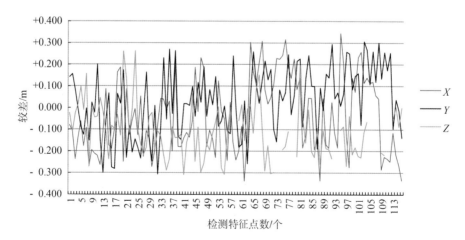

图 7.4-13　船载三维激光扫描系统特征点较差分布图

表 7.4-3 船载三维激光扫描系统特征点较差分布统计表

区间	较差/m			
	0.00～0.10	0.10～0.20	0.20～0.30	0.30～0.40
X	26.7%	41.4%	25.9%	6.0%
Y	43.1%	31.9%	22.4%	2.6%
Z	36.9%	35.9%	24.3%	2.9%

表 7.4-4 船载三维激光扫描系统特征点精度统计值　　　　　　　单位:m

类型	X	Y	S	H
最大值	+0.344	+0.307	0.372	+0.263
最小值	−0.338	−0.307	0.044	−0.309
平均值	−0.040	+0.033	—	−0.105
中误差	0.177	0.157	0.237	0.165

2. 断面面积相对较差统计

利用船载三维激光扫描系统测得的点云数据截取断面,并对其与传统方式实测得到的固定断面进行面积差比较,截取方法见图 7.4-14。

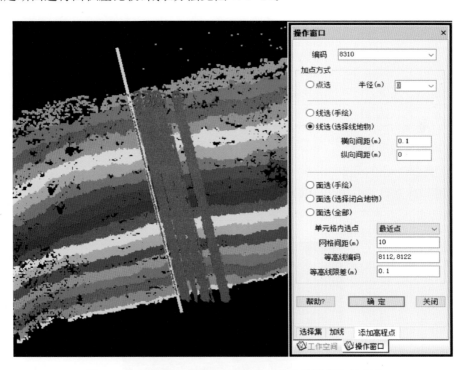

图 7.4-14 船载三维激光扫描系统计点云数据截取断面图

船载三维激光扫描系统断面面积精度统计见表 7.4-5。

表 7.4-5　船载三维激光扫描系统断面面积精度统计表

断面名称	高程区间/m		传统方式/m²	三维激光/m²	面积差/m²	相对面积差
JA137	376.83	389.63	4 976.30	4 964.20	−12.10	0.24%
JA138	376.93	388.89	4 079.97	4 063.80	−16.17	0.40%
JA139	376.99	389.73	3 021.27	3 022.00	0.74	0.02%
JA140	377.04	389.47	3 169.12	3 168.82	−0.30	0.01%
JA141	378.43	386.10	2 042.94	2 034.13	−8.81	0.43%
JA142	378.58	387.82	1 774.20	1 767.64	−6.56	0.37%
JA143	378.64	390.62	3 173.47	3 164.09	−9.38	0.30%
JA144	379.06	394.90	2 604.19	2 601.68	−2.51	0.10%
JA145	378.97	391.01	2 909.61	2 896.60	−13.01	0.45%
JA146	378.96	394.58	3 648.08	3 648.58	0.50	0.01%
JA147	379.03	397.18	6 022.55	6 006.56	−15.99	0.27%
JA148	378.78	392.37	2 468.74	2 464.33	−4.41	0.18%
JA149	378.78	393.89	3 965.03	3 967.77	2.74	0.07%
JA150	378.77	393.11	3 945.05	3 939.42	−5.63	0.14%
JA151	378.81	394.35	4 158.34	4 146.16	−12.18	0.29%
JA152	378.82	393.43	3 057.13	3 057.16	0.03	0.00%
JA153	379.88	395.36	3 807.73	3 787.91	−19.82	0.52%
JA154	380.00	392.21	2 851.18	2 834.34	−16.84	0.59%
JA155	380.11	397.42	3 819.87	3 800.67	−19.20	0.50%
JA156	379.22	390.68	2 215.64	2 218.48	2.84	0.13%

3. 地形图精度统计

（1）高程注记点高程中误差

利用 EPS 在点云中提取与 RTK 或全站仪实测固定断面点最近的点，如图 7.4-15 所示，红色为实测点，蓝色为点云中提取点。将二者较差进行高程注记点高程中误差统计。

图 7.4-15　高程注记点选取

船载三维激光扫描系统高程注记点共选取 124 点,其较差分布见图 7.4-16、表 7.4-6,精度特征值见表 7.4-7。

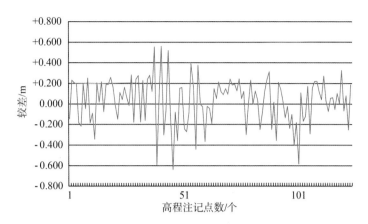

图 7.4-16　船载三维激光扫描系统高程注记点较差分布图

表 7.4-6　船载三维激光扫描系统高程注记点较差分布统计表

区间	较差/m					
	0.00～0.10	0.10～0.20	0.20～0.30	0.30～0.40	0.40～0.50	0.50～0.60	0.60～0.70
Z	29.0%	33.1%	24.2%	8.1%	0.8%	4.0%	0.8%

表 7.4-7　船载三维激光扫描系统高程注记点精度特征值统计表　　　　单位:m

类型	最大值	最小值	平均值	中误差
数值	+0.559	−0.637	+0.026	±0.226

（2）体积比较

将地形图测点及等高线数据,利用 EPS 生成三角网,三角网最大构网边长 50 m,然后利用三角网内插计算 10 m 方格网数据,计算传统测图与船载三维激光扫描系统相同测量范围内、同一高程面之上的土方,利用相对体积差统计精度,结果见表 7.4-8。

表 7.4-8　地形相对体积差统计表

河段	相对体积差
向家坝 JA051—JA056	1.37%
向家坝 JA107—JA111	0.76%
向家坝 JA148—JA157	2.49%

4. 特征点采集及精度统计

在船载三维激光扫描系统测量过程中,同时采用常规测量方法对特征点进行采集,以验证船载三维激光扫测的精度。通过精度对比分析可以看出,船载三维激光扫描系统获取的点云在东方向均方差为 0.017 m,北方向均方差为 0.016 m,高程方向均方差为 0.043 m,可达到 1∶500 大比例尺测图的精度要求。

7.5 机载激光扫描技术

7.5.1 研究现状

1998年,加拿大卡尔加里大学进行了机载激光扫描系统的集成与实验,通过对激光扫描仪与 GNSS、INS 和数据通信设备的集成建立了第一个机载激光扫描三维数据获取的系统,并进行了一定规模的实验,取得了理想的结果。近几年,随着相关技术的不断成熟,多个国家相继研制出多种机载激光扫描测量系统。由于使用的灵活性,以及获取三维地理信息方面的巨大优越性,机载激光扫描测量系统正日益引起广泛重视。

机载激光扫描技术是集激光扫描技术、高动态载体姿态测定技术、高精度动态 GNSS 差分定位技术和计算机技术为一体的新型遥感技术。机载激光扫描系统以飞机作为观测平台,以激光测距系统作为传感器,通过 POS 系统实时确定载体姿态参数,能直接、快速、准确地获取复杂地球表面三维空间信息。由于激光波束的穿透特性,激光扫描仪不受光照和云雾的影响,可以达到全天候任务的需求,因此机载激光扫描技术被广泛应用于各种测绘任务中。

7.5.2 适用性分析

为验证机载三维激光扫描系统的适用性,在长江流域选择代表性河段开展试验研究,主要情况见表 7.5-1。

表 7.5-1　机载三维激光扫描系统适用性试验情况

试验河段/面积(或河段长)	试验日期	系统主要硬件设备	试验环境
乌东德水电站龙街河段/面积 1.6 km^2	2019 年 7 月 22—30 日	载体:八旋翼无人机;激光扫描仪:Riegl VUX-1LR;IMU:NovAtel uIMU-IC;航摄仪:SONY A7R	金沙江乌东德库区,海拔约为 940 m
乌东德水电站洪门渡大桥—拉鲊河段/河段长 198 km	2020 年 4 月 30 日—5 月 13 日	载体:贝尔 407 直升机;激光扫描仪:北科天绘 E+AK1500;IMU:NovAtel uIMU-IC;航摄仪:SONY A7R	金沙江乌东德库区,海拔为 910~980 m
白鹤滩水电站坝址—龙滩河段/河段长 233 km	2020 年 3 月 18—26 日	载体:小松鼠 AS350 直升机;激光扫描仪:Optech Galaxy T2000;IMU:Applanix AP60;航摄仪:飞思 iXU-RS 1000	金沙江白鹤滩库区,海拔为 640~840 m
三峡库区重庆巴南区南坪坝/面积 1.4 km^2	2021 年 7 月 16—19 日	载体:八旋翼无人机;激光扫描仪:Riegl VUX-1LR;IMU:NovAtel uIMU-IC;航摄仪:SONY A7R	长江三峡库区,海拔约为 180 m

试验区包括长江三峡库区、金沙江乌东德及白鹤滩库区,试验区海拔从 180 m 到云贵高原的 980 m。试验区地势上含高山、平地,地表覆盖类型含树林地、草地、耕地、建构筑区、滩涂等,具有很好的代表性。详见图 7.5-1 至图 7.5-4。

图 7.5-1　乌东德水电站龙街河段试验区

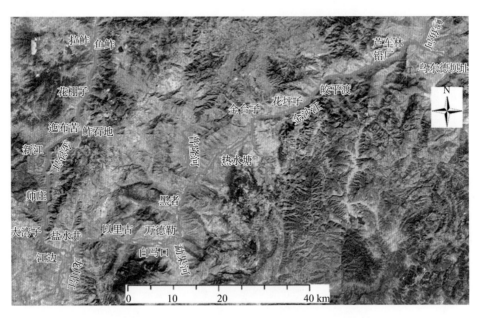

图 7.5-2　乌东德水电站洪门渡大桥—拉鲊河段

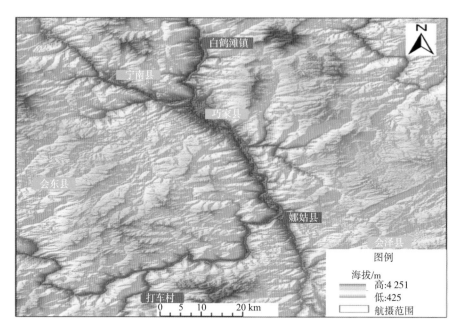

图 7.5-3　白鹤滩水电站坝址—龙滩河段

图 7.5-4　三峡库区重庆巴南区南坪坝

7.5.2.1　机载激光扫描植被穿透性

激光扫描仪发射的激光脉冲接触到被测目标时,部分脉冲能量的反射信号会被系统接收并记录,而剩余的脉冲能量继续传播,当遇到另一目标或原被测目标的另一部分时再次发生反射,直至能量消耗殆尽。多次反射使得机载激光扫描系统接收到多个反射信号即多次回波信息。当地势平坦且无地表覆盖物时,机载激光雷达所发射的激光束直接打在地表上;在建构筑物区,激光束通常会到达房屋的顶部、立面及地面,形成两次或三次回波;在植被区,激光束可能会分别到达树冠、树干和地面,形成多次回波。多次回波技术使得获取真实地表点成为可能。

利用 TerraSoild 软件对点云进行分类,各植被类型点云分类见图 7.5-5 至图 7.5-7,图中上半部分为 DOM 截取影像,下半部分为对应点云分类剖面图,棕色点云即为分类后的地面点。

图 7.5-5 至图 7.5-7 给出了激光对不同地表覆盖物穿透性的效果,可见地表均有密集的点云数据。

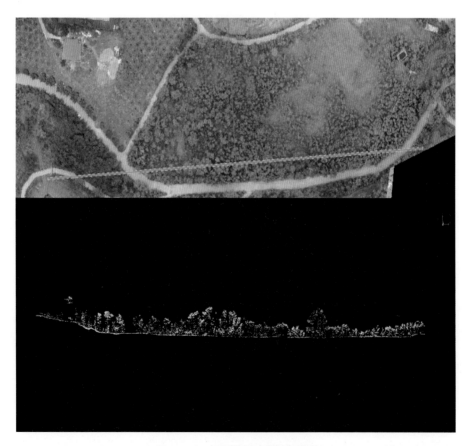

图 7.5-5　平坦树林地点云分类

图 7.5-6　山区树林地点云分类

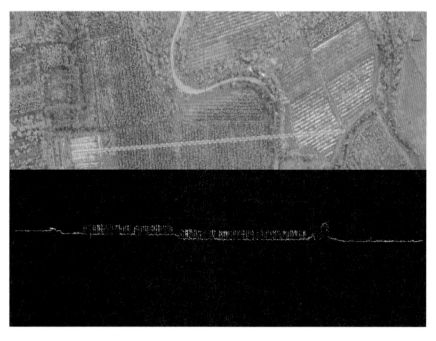

图 7.5-7　耕地点云分类

7.5.2.2　地形图生成流程

利用机载激光扫描作业方式生成地形图可分为航摄准备、数据采集、数据处理、成果生成四个阶段,具体作业流程见图 7.5-8。

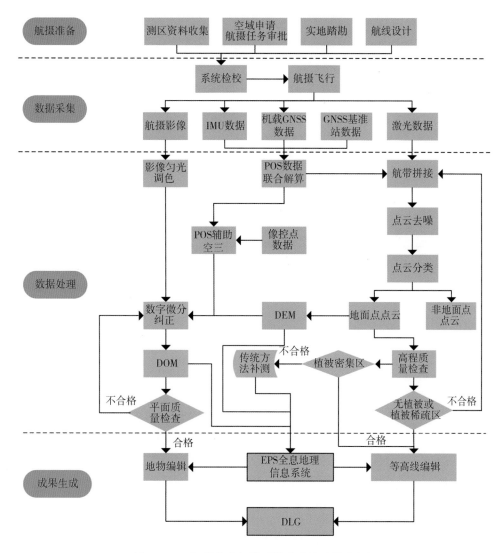

图 7.5-8 机载激光扫描系统生成地形图流程图

7.5.2.3 工作效率统计

（1）机载三维激光测量技术

以金沙江乌东德水电站龙街河段为例，研究人员利用八旋翼无人机搭载三维激光扫描系统在金沙江干流和龙川江支流各飞行了1个架次，每个架次完成了4条航线的飞行任务。航摄完成后，现场立即对数据进行预处理并进行质量检查，以确保数据可用。根据精度要求，在试验区域内采用RTK观测了65个像片控制点及检查点。总外业工作时间约为半天。

（2）传统测量技术

根据试验区域的地形特点，在平地、高山区域采用不同的传统测量方式，并在金沙江、龙川江完成了 6 个断面数据的施测,总工作时长为 4 天,具体情况见表 7.5-2。

表 7.5-2 传统测量方式统计表

地貌类型	植被类型	测量方式	仪器数量/台
平地	边滩	全站仪免棱镜	2
	耕地	RTK	2
	草地	全站仪免棱镜	2
	树林地	RTK	2
高山	草地	全站仪免棱镜	2
	树林地	RTK	2
	地物	RTK	1
断面测量		全站仪与 RTK	2

采用传统测量方法观测,实际耗时 4 天完成数据采集工作;而采用机载三维激光扫描系统实际耗时约 1.5 天(含作业准备时间),其外业效率大约是传统测量方法的 3 倍。

7.5.2.4 精度统计

机载三维激光扫描系统成果精度统计流程见图 7.5-9。

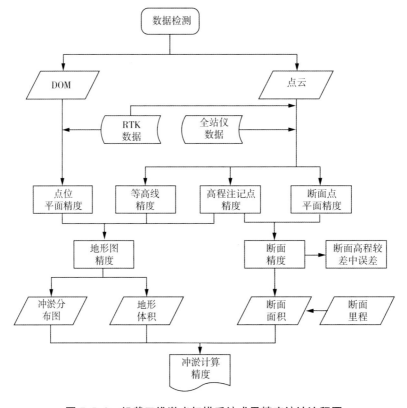

图 7.5-9 机载三维激光扫描系统成果精度统计流程图

（1）平面精度统计

分别从 DOM、点云中提取地物特征点，并对其与传统测量方法测得的坐标进行精度统计，其较差分布见图 7.5-10，精度统计见表 7.5-3。

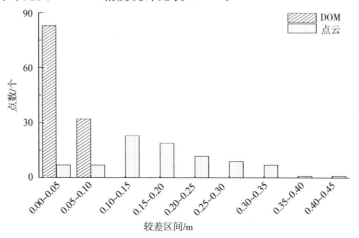

图 7.5-10　平面较差分布图

表 7.5-3　平面精度统计

类型	点数/个	中误差/m
DOM	115	±0.04
点云	86	±0.20

由上可知，机载激光点云、DOM 具有良好的精度，且 DOM 平面精度优于点云平面精度。

（2）点云高程精度统计

从点云数据中提取地形图高程注记点，则点云高程精度即为地形图高程注记点精度。提取距离 RTK、全站仪测点最近的点云，分别对不同地形、地表覆盖类型进行点云高程精度统计，其较差分布见图 7.5-11，精度统计见表 7.5-4。

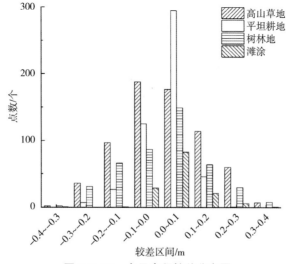

图 7.5-11　点云高程较差分布图

表 7.5-4　点云高程精度统计

类型	点数/个	中误差/m
高山草地	681	±0.14
平坦耕地	501	±0.07
树林地	437	±0.14
滩涂	142	±0.10
总体精度	1 761	±0.12

由上可知,对于不同的地形与地表覆盖物,其点云高程精度均优于±0.15 m;平坦区域精度优于山区;无植被滩涂精度优于草地、树林地,但植被对点云高程精度影响较小。

（3）等高线精度统计

利用软件实现基于不经抽稀的点云生成等高线,分别对不同地形、地表覆盖类型进行等高线插求点高程的精度统计,其较差分布见图 7.5-12,精度统计见表 7.5-5。

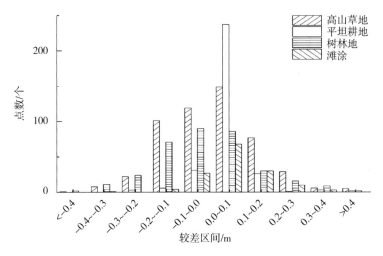

图 7.5-12　等高线较差分布图

表 7.5-5　等高线精度统计

类型	点数/个	中误差/m
高山草地	517	±0.15
平坦耕地	309	±0.11
树林地	341	±0.16
滩涂	143	±0.12
总体精度	1 310	±0.14

由上可知,不同的地形与地表覆盖物的等高线精度均优于±0.20 m,等高线精度与点云高程精度差别较小,平坦区域精度优于山区;无植被滩涂精度优于草地、树林地。

（4）成果精度

利用前述精度统计，比较机载三维激光扫描系统成果与规范中比例尺为 1∶500（山区地形图等高距为 1 m）的地形、断面精度要求的符合性，统计结果见表 7.5-6。

表 7.5-6　机载三维激光扫描系统成果精度的规范符合性统计表　　　　单位：m

成果	精度类型	成果精度	规范要求精度	符合性
地形图	平面位置精度	±0.04	±0.15	符合
	高程注记点的高程中误差	±0.12	±0.33	
	等高线插求点高程中误差	±0.14	±0.67	
断面	平面位置精度	±0.20	±0.38	符合
	测点高程精度	±0.12	±0.35	

由上可知，机载三维激光扫描系统生成地形、断面成果满足规范精度要求。

7.6　组合激光扫描技术

7.6.1　研究现状

尽管激光扫描测量技术优势明显，载体丰富，但在近年来长江流域水文泥沙监测中也暴露出一些不足，主要体现在技术自身短板、测区复杂环境、人为因素等方面。

地面三维激光扫描系统在操作本质上与全站仪测记法无异，其优势在于扫描观测可直接得到测区点云与影像，免去了人工逐点观测与记录。为保障观测数据的完整性与完备性及一定的重复性以保障数据拼接精度，地面三维激光扫描系统不可避免地需要重复架站与不断迁站，其自重较全站仪更重，普遍在 10 kg 以上，加上便携式移动电源、工作站、脚架等设备，频繁迁站同样十分不便。金沙江下游梯级水电站库区交通条件尚可，如有沿江公路，则迁站较为便利；如需要通过水上交通运输迁站，从水边由人工搬运仪器设备至架站点，则大大影响工作效率。以溪洛渡水电站库尾为例，云南一侧大部分陆上没有沿江公路，采用冲锋舟作为水上交通时的实际工作时间与迁站花费时间各占一半，在陆上交通不便的测区采用地面三维激光扫描系统的工作效率受重复架站、迁站影响较为明显。

地面三维激光扫描系统为对向观测，对于正角度地形，其反射率高，效果好，适用于大坡度的高陡边坡地形观测；对于平坦的沙滩、卵石、耕地等地形，扫测时扫描角度过小，尤其在乱石地貌等微地形起伏变化大等处，存在一定的地形失真现象，这就要求观测者在架站时的相对位置要尽量高一些，这在一定意义上给架站设站带来了困难。此外，在扫描角度受限的情况下，激光束对密集灌木丛、低矮树林地的地形穿透率不高，无法得到真实的地面地形数据点云，从而无法获取该区域的真实地形，需要采用传统仪器设备加以补测，工作效率和测绘精度大打折扣。

采用背包式三维激光扫描系统进行扫描测量，其仪器设备成本尽管比常规全站仪相对贵一些,但相较其他三维激光扫描技术,成本最为低廉。为提高地图创建的精度,扫描时需建立数据集的闭合环,即在一个数据集内重复经过已扫描区域而形成的闭合路线。因此,采用背包式三维激光扫描系统进行地形测量对技术人员的要求较高,技术人员必须经过成熟的技术培训才能对不同地形特征的河段开展有效观测,防止测区数据不全的情况发生。同时,尽管可以采取分区块或分段式扫描来减少数据冗余现象,但为防止或减少测区数据不全这种情况的发生,势必会造成观测数据量大。

背包式三维激光扫描系统利用经典的基于卡尔曼滤波的 SLAM 算法,可实现即时定位与模型构建。金沙江下游流域属于室外开阔区域,地物特征比较单一,尤其是消落带区域,在此类环境下进行数据采集,往往只能采集到地面数据,而周边立面和天顶方向的数据十分稀少。当周边环境特征较少或十分雷同时,定位精度会显著下降,主要是因为长时间对弱特征物的扫描会导致 SLAM 算法受限,造成点云拼接误差或者错误的问题。同样,随着测量范围的增大,背包式三维激光扫描系统角度与距离的测量精度都会明显下降。单纯依靠 SLAM 技术进行定位,甚至可能会导致计算无法收敛,从而无法获得合格的点云成果。

不同的数据采集环境会对背包式三维激光扫描系统的数据质量造成不同程度的影响,从而间接影响到测绘成果精度。金沙江下游流域库岸带主要为山地和高山地,技术操作人员普遍采用测船作为交通工具,到达目的地后从水边线沿坡向向上采集地形地貌数据,技术操作人员很难长时间保持身体平衡,有时甚至需要伸手攀缘周围的树木、石块以保持平稳,这样就会在一定程度上造成传感器的突然前倾;同理,当技术操作人员从最高范围界线往水边线下行时,会降低行进速度,放低重心。不管是从哪个方向进行数据采集,地形的特性限制了技术操作人员对仪器设备的平衡性保持,难以避免的设备晃动会导致所收集数据的密度不一,大大增加传感器的测量误差。

当前主流是采取修改算法,引入更多的限制条件,如控制点、固定长度等,或是进行多传感器、多算法的融合,将 GNSS、IMU、SLAM、ICP 等多种定位方式结合到一起,实现联合解算来降低背包式三维激光扫描系统的测量误差,扩大该技术的应用范围。但上述技术短板在水文泥沙监测的应用中仍然不可避免。

船载三维激光扫描系统是一个多传感器集成的数据采集系统,多种传感器在一个动态条件下工作。同时,测量系统中各个传感器具有各自不同的测量启动时刻、测量结束时刻、测量数据的输入输出频率及时间精度。为使这些不同的传感器在动态条件下的测量结果反映同一个客观世界的状态,必须使多种传感器具有统一的时间和空间基准。试验采用自有的三维激光扫描仪、姿态仪等关键设备集成,需特制安装平台,且集成系统需进行系统校正,保证各个传感器在统一的时间和空间基准中工作,从而确保多传感器在数据配准和融合中具有一致性和准确性。

船载三维激光扫描系统作业成果和船舶、水面环境有很大关联。在船舶无法靠近达到的区域,点云数据肯定无法获取。因此在库区的码头区域、泊船区域,它具有一定的局限性,需要采取其他手段加以补充;在变动回水区等急流险滩河段,测船无法通行,不能采用该系统作业。

金沙江下游河谷狭窄,常年有大风大浪天气。水面起伏会影响测船姿态,使传感器产生一定幅度的波动,导致点云数据质量下降,如点云数据中库岸地形点云密度分布不均,则会导致后续计算的特征向量无法准确描述地面特征,从而影响分类精度。

船载三维激光扫描系统在测船顶部,激光发射角度为被扫测地物的侧面正方向,在平坦地形扫测时,扫描角度过小会造成点云密度不足,在平坦码头、护岸带之间的平坦地形尤其明显,会造成点云缺失现象。此外,密集的灌木丛、低矮密集树林的库岸带,船载三维激光扫描系统很难获取到真实的地形点云数据,或者点云特征的区分性不明显,无法判断分类真实地面的点云数据。

无论是有人直升机抑或是无人机机载三维激光扫描系统,航空飞行安全是首要问题。金沙江下游河道属于干热河谷,往往会有强风切变,风力最大可达 16 级,有人直升机机载三维激光扫描系统是较为安全的首选手段。采用机载三维激光扫描系统进行测绘,需按规定进行空域申请报备,涉及民航局、飞行所在地部队战区等多个部门,程序并不复杂,但一般要一个月左右的时间,如测区涉及多个战区,时间会更长。因此,应充分留足空域申请的准备时间。

有人直升机机载三维激光扫描系统作业成本普遍比前述几种三维激光扫描系统要高。一是要求搭载的激光雷达、姿态传感器等设备精度指标更高,价格更为昂贵;二是飞行成本高昂,测绘资质单位一般不具有直升机,通常会向专业的通航公司进行飞机租赁或寻求飞行租赁服务,业内通常以小时计算,普遍在 2 万元/小时左右,以白鹤滩库区地形观测为例,飞行成本高达 60 多万元。

机载三维激光扫描系统是由激光测距、GPS 定位、IMU 姿态三个子系统组成的。在测量过程中,这些传感器中的各种误差会在不同程度上歪曲测量结果,而且它们对结果的影响不是相互独立的,而是系统性的,主要表现在安置角、扫描角、姿态角误差,激光测距误差,GNSS 误差,偏移量误差,时间同步误差,延时误差,飞行高度等引起的测量误差。其中飞行高度引起的误差会随着飞行高度的增大而增大,因此飞行高度越低,点云质量越高。但是飞行高度过低可能会撞上高山、城区建筑物等,且扫描视角受限,增加了外业飞行测量的工作量,从而增加飞行成本。

采用机载 LiDAR 在山地、高山地地形尤其是地物复杂区、桥梁等悬空遮挡区、植被密集区、地势陡峭区(坡度大于 50°)等特殊区域作业,存在以下技术难点:一是脚点反射率导致测距仪的不同表现和斜坡会引起二类高程误差;二是在山地陡峭区域,点云精度会因点云平面误差引入高程误差;三是悬空遮挡区、植被密集区因激光无法穿透,需采用其他技术手段补充测量;四是地势陡峭区(坡度大于 50°)以及城镇人工斜坡与陡坎重复复杂地形区域,其点云结构特征呈现多样化,滤波处理难度较大,结合航空摄影影像人工处理仍然不能满足精度要求,需要增加现场调绘工作量或采用其他技术手段进行补充测量。此外,在军事禁飞区、水电站近坝敏感区域,不得进行机载激光扫描系统作业。

如何避免各激光雷达技术的不足、充分发挥三维激光扫描仪的优点并将其更好运用到水文泥沙监测项目中,项目团队进行了大量的研究工作,将三维激光扫描仪与定位设备、姿态测量设备进行集成,开展了地面三维激光扫描系统、背包式三维激光扫描系统、船载三维激光扫描系统、机载三维激光扫描系统的大量组合试验,以及精度验证、数据融合分析等工作,实现了三维激光扫描仪在不同动态平台(测船、无人机)上的观测,开展各类方法的点云获取处理、匹配、融合技术与方法研究,对给出的组合测量和数据处理方法开展实验验证,评估组合测量技术;开展研究适用于复杂库岸地形的点云分割方法、点云滤波数据方法,建立联合碎部点、断面、地形等基础资料的点云质量综合评价体系,最终确定适用于长江流域河道库岸地形"多测合一"测量方案。

7.6.2 不等精度的多源地形点云数据融合方法

针对多传感器获得的点云数据,首先进行单独数据处理,获得各自符合精度的点云数据。然后,将多源地形数据统一到同一基准框架下,先将激光脚点坐标统一到 WGS-84 坐标系,再将测量成果从 WGS-84 坐标系转换到当地坐标系,接着进行垂直基准转换。最后,进行多源数据的融合处理,由于不同测量系统的精度不同,可采用按精度加权平均方法实现公共区域测量成果的融合。

数据融合是指在多种信息集成过程中的任一步骤,将不同数据源的数据或信息融合成一种更好的表达形式。数据融合的作用是将单一传感器的多波段信息或不同类传感器所提供的信息加以综合,发挥各自的优势,并消除多传感器信息之间可能存在的冗余和矛盾,加以互补,降低不确定性,改善处理的精度和可靠性。目前,机载激光扫描系统的硬件比较成熟,而数据处理算法相对滞后,单一依靠 LiDAR 数据进行地物提取还有相当长的路要走。如果能融合影像数据、多光谱数据、InSAR 数据和地面 GIS 数据,相互补充,充分利用各自的优势,将会取得满意的效果。

由于不同系统或不同方法所测量的三维点云数据精度不一致,在公共测量覆盖区容易出现地形不一致的情形,具体表现为相邻拼接区域地势陡变,等高线出现拐点或复杂化,三维激光扫描系统测得的点云成果和 RTK 测量成果相差较大等情况,因此需要在公共测量覆盖区进行多源点云数据的融合。目前有两种融合方法:一种是低精度点云数据向高精度点云数据校正,另一种是根据精度进行定权,通过加权平均的方法实现公共区域测量成果的融合。

7.6.2.1 点云坐标精度估计

由多传感器集成的三维激光扫描仪测量结果所产生的误差主要包括激光测距误差、扫描角测量误差、GNSS/IMU 组合定位定姿误差、系统集成安置误差、时间同步误差、数据内插误差、坐标转换误差等,这些影响因子综合影响点云数据的精度。常采用点与点对比分析法、统计分析法、几何分析法、误差传播定律分析法和间接评价法等对点云精度进行评定。

7.6.2.2　精度校正法

当三维激光扫描系统得到的点云成果和 RTK 测量成果相差较大时,若确定 RTK 测量成果没有问题,可以认为 RTK 测量成果精度较高,应该以 RTK 测量成果为参考,校正点云成果。对于局部区域,认为地形变化平缓、连续。基于此,选用二次误差曲面模型法进行多源数据融合,并计算其标准偏差。

$$\Delta D(x,y)=f(x,y)=a_0+a_1x+a_2y+a_3xy+a_4x^2+a_5y^2 \qquad (7.6\text{-}1)$$

为了提高精度,将模型改进为

$$\Delta D(\mathrm{d}B,\mathrm{d}L)=f(\mathrm{d}B,\mathrm{d}L)=a_0+a_1\mathrm{d}B+a_2\mathrm{d}L+a_3\mathrm{d}B\mathrm{d}L+a_4\mathrm{d}B^2+a_5\mathrm{d}L^2$$

$$(7.6\text{-}2)$$

其中:D 为需要校正的点云高程与参考高程的差值,为位置的函数;$(\mathrm{d}B,\mathrm{d}L)$ 为位置点 (B,L) 与区域中心点 (B_0,L_0) 的坐标差。

根据如下原则校正低精度测深点:

$$\begin{cases} |D_i-D_M|\leqslant k\sigma,\text{保留} \\ |D_i-D_M|>k\sigma,\text{替换} \end{cases} \qquad (7.6\text{-}3)$$

式中:k 为标准偏差的倍数,区域地形变化平缓时,$k=2$;区域地形变化复杂时,$k=3$。

最后融合时根据距离进行加权平均,通常定权公式为

$$P_i=1/d_i^2 \qquad (7.6\text{-}4)$$

7.6.2.3　加权融合法

数据融合时不考虑高精度和低精度点云数据的差别,直接依据它们的精度和距离一起进行加权平均,通常权值公式为

$$P_i=\sigma_0^2/\sigma_i^2d_i^2 \qquad (7.6\text{-}5)$$

7.6.2.4　数据融合的基本流程

(1) 对不同源点云数据进行预处理,消除各项误差因素的影响,使其具有内部一致性。

(2) 构建平面基准转换模型和垂直基准转换模型,实现不同源点云数据平面和垂直测量基准的统一。

(3) 选择区域中心点坐标,将区域内所有点位坐标中心化处理,获得其相对中心点位的相对坐标。

(4) 对区域格网化,搜索格网点半径 R 内的测量点,同时获得测量点到格网点的距离 d_i。

（5）根据测量系统确定测量点先验精度 σ_i。

（6）依据上述两种方法确定测量点权值 P_i。

（7）加权平均计算格网点高程值 H，即

$$H = \left(\sum_{i=1}^{n} P_i H_i\right) / \sum_{i=1}^{n} P_i \tag{7.6-6}$$

其中：H_i 为每个测量点的高程；n 为参与内插的测量点个数。

7.6.3　长江流域河道库岸地形组合测量方案

针对水库库岸地形特点及三维激光扫描移动平台的适用性，项目团队进行了大量精度试验和实际运用，形成了一套适用于长江流域河道库岸地形测量的三维激光扫描组合方案，旨在最大效能地发挥出三维激光扫描技术的优点，提高河道观测工作效率，降低技术人员作业安全风险，保障水文泥沙监测成果精度。

7.6.3.1　按河段与观测内容划分

1. 固定断面观测

断面布设在不连续、跳跃性、间距规律性分布的地形上，宜采用背包式三维激光扫描系统、地面三维激光扫描系统进行观测。

2. 长程本底水道地形

对于水电站全库的长程水道地形，尤其是蓄水前的本底地形观测项目，宜采用有人直升机机载三维激光扫描系统进行观测。根据乌东德水电站库区、白鹤滩水电站库区蓄水前本底地形观测资料，采用有人直升机机载三维激光扫描系统进行全库地形测量大约在一个星期时间内即可完成外业观测。

蓄水后的库区库岸为沿河道形成两岸狭窄的条带状，即使在消落状态下，其有效观测面积较小，采用有人直升机机载三维激光扫描系统不具有成本优势。因此，根据河段不同可按以下方式进行库岸地理信息数据采集。

（1）近坝区河段

考虑安全、涉密等综合因素，近坝区河段采用地面三维激光扫描系统进行观测，并用背包式三维激光扫描系统、常规测量技术加以补充，一般适用于近坝区大比例尺地形观测、近坝区专题观测、引航道地形观测等项目内容。

（2）库区河段

库区河段水流平缓，两岸既有平坦区域也有陡峭边坡。河道河宽普遍在 1 km 以上，局部河段甚至达 5 km。地面三维激光扫描系统对向观测的测程和精度不具备优势，因此宜采用船载三维激光扫描系统作业，无人机机载三维激光扫描系统、背包式三维激光扫描系统进行局部补充，一般适用于库区地形观测、库区支流拦门沙观测等项目内容。单独的库区固定断面观测不建议使用船载三维激光扫描系统作业，可以采用背包式三维激

光扫描系统结合常规测量技术进行。

（3）变动回水区河段

变动回水区河段、水电站坝下游河段水流湍急,地形普遍陡峭狭窄,峡谷内强风切变较大,植被稀疏,宜采用地面三维激光扫描系统作业,并用背包式三维激光扫描系统、无人机机载三维激光扫描系统进行辅助观测,一般适用于变动回水区水流泥沙专题观测、变动回水区支流拦门沙观测、库尾水道地形观测、水电站坝下游非恒定流专题观测等项目内容。

（4）局部河段、特殊地段

局部河段测量应机动灵活、快速响应,宜采用背包式三维激光扫描系统、地面三维激光扫描系统作业,一般适用于码头港口区域、滑坡泥石流地带、施工区域等的观测项目内容。跨河桥梁、架空构筑物空间位置投影正下方主要采用地面三维激光扫描系统作业。

针对支流尾端的地形和断面观测,由于交通条件极差,车辆难以到达测区,上游小型电站发电放水亦带来诸多不确定的安全因素,可以采用无人机机载三维激光扫描系统进行远程操控观测。

7.6.3.2　按地形地貌特征划分

根据各三维激光扫描系统的优缺点与长江流域河道库岸地形特点相匹配的研究可得出:在坡度陡峭的库岸区域,适宜采用地面三维激光扫描系统、船载三维激光扫描系统作业;在地形平坦的库岸区域,适宜采用机载三维激光扫描系统、背包式三维激光扫描系统作业。具体如图 7.6-1 所示。

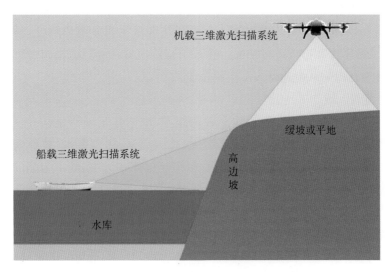

图 7.6-1　动态激光扫描系统适用作业环境

长江流域河道库岸具有坡度大、地形狭窄且破碎、植被覆盖度高和地形复杂等特性,形成了开阔区域、植被覆盖区域、峭壁区域等特征地形。水道区域包含水下地形和近岸地形,长江流域水库水位调节河段水位变化复杂,扫测范围变化大。借助船只、无人机、背包和测站等移动平台和激光扫描仪、GNSS、IMU惯导等定位定姿设备,对库岸地形开展组合式测量;测深平台搭载单/多波束测深仪、声速剖面仪等水下测深设备,形成水陆一体化测量方案,具体组合路线如图7.6-2所示。

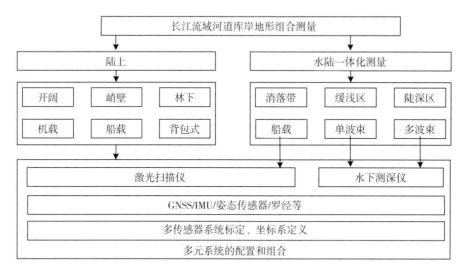

图7.6-2 长江流域河道库岸地形组合测量方案

（1）开阔区域

在库岸开阔区域,建议采用无人机进行机载LiDAR测量。机载LiDAR具有扫测范围广、稳定性和安全性好等特点。开阔区域无明显地物遮挡,GNSS信号接收良好,尤其适合采用机载LiDAR进行大范围扫测。由于开阔区域无明显地形特征,易造成数据冗余,可以借助点云密度和特征进行抽稀。在开阔特殊区域,如码头、港口、城镇等,也可采用背包式三维激光扫描系统进行人工走测作业。

（2）植被覆盖区域

金沙江下游河道属于干热河谷,生态较为脆弱,季节性干旱明显,天然植被稀少,故库岸植被覆盖区域较少,自然植被以草丛为主,杂以灌木、稀少乔木,被称为南亚热带干热河谷半自然稀疏灌草丛。草地植物群落是以多年生草本为主、灌木为辅的群落结构类型,主要以扭黄茅种群、香茅种群、蔓草虫豆种群、茅叶草种群为主。测区零星有人工播撒的泡桐树以及沿江村民种植的花椒树、玉米等经济作物。

在植被覆盖区域,宜开展背包式三维激光扫描系统、地面三维激光扫描系统及其与RTK组合式测量。因植被覆盖区域遮挡严重,机载LiDAR无法拍摄遮挡地形,同时部分区域GNSS信号接收异常,只能借助IMU进行匹配式定位,精度较低。背包式三维激光扫描系统操作简单、覆盖范围较广,但精度较低;测站式地面三维激光扫描系统覆盖范围较少,联合RTK测量后精度较高。

因此,在GNSS信号正常区域,宜采用背包式三维激光扫描系统联合RTK测量,少部分区域采用测站式地面三维激光扫描系统测量,利用部分高精度点云校正低精度点云信息。在 GNSS 信号异常区域,采用背包式三维激光扫描系统测量,并时常走回信号正常区域进行精度校正。

同样地,跨河桥梁、架空构筑物空间位置投影正下方主要采用地面三维激光扫描系统测量。

（3）高陡边坡区域

在库岸高陡边坡等人迹难至的区域,建议使用无人机机载 LiDAR 测量。无人机适用性强,适合测量大部分地形,可以到达船只、人员难以到达的区域作业,但须及时关注天气和电池用量,减少风力影响和电量不够而坠落情况的发生。如有架站条件的,可采用地面三维激光扫描系统对向扫测作业或将其作为补充技术手段。

（4）水陆一体化测量

水陆一体化测量技术是将多波束测深系统和船载三维激光扫描系统相结合,通过集成实现水上水下一体化测绘,同时在同一坐标系统下完成水下、岸上的点云采集工作,提高测绘工作的效率和点云合并的精度。水陆一体化测量技术需要解决多传感器的空间配准和数据融合的时间一致性问题,才能实现多波束测深系统和船载三维激光扫描系统的综合应用。

对于水库库区测船能够航行到的区域,可采用水陆一体化测量模式同时采集陆上库岸带地形和水下地形。测船搭载的船载三维激光扫描系统进行沿岸地形扫描测量,搭载的多波束测深系统同时采集水下地形。

第八章
复杂地形下的点云滤波及精度综合评定关键技术研究

8.1 概述

三维激光扫描技术集光、机、电等各种技术于一身,它是从传统测绘计量技术并经过精密的传感工艺整合及多种现代高科技手段集成而发展起来的,是对多种传统测绘技术的概括及一体化,具有效率高、精度高、非接触测量、信息获取大、植被穿透性强等优势,在基础测绘、工程测量、变形测量、数字城市、铁路、公路、考古研究等领域得到广泛应用。三维激光扫描技术的兴起,使得测量数据获取方式发生巨大改变,将传统单点测量模式推进至面扫描模式,在数据获取效率、数据采集范围、数据源的准确性、测量作业安全性和自动化等方面实现全面提升。

三维激光扫描技术是摄影测量与遥感领域具有革命性的成就之一,它是继 GNSS 定位技术之后的又一项伟大发明。随着 GNSS 定位技术、惯性导航技术、数字摄影测量技术、激光扫描技术的快速发展,高精度移动测量技术得到了快速发展。在这样的背景下,移动测量系统应运而生。按照搭载平台的不同,移动测量系统可分为星载移动测量系统、机载移动测量系统、车载移动测量系统、船载移动测量系统及背包式移动测量系统。为获取隐蔽、植被遮挡区域全覆盖的点云数据,研究三维激光扫描组合测量技术具有重要意义。

8.2 点云数据预处理

为提高点云滤波效率,一般要先对点云数据进行预处理。点云数据预处理通常只完成对点云数据的有序组织、规模控制以及明显粗差的剔除,而其他类型的噪声需要依靠其他算法处理。

8.2.1 点云数据拓扑关系的建立

激光扫描仪所得的点云数据是表征扫描目标表面的海量点集合,与图片等传统的网格类数据不同,点与点之间没有严格的拓扑关系,因此点云数据在虚拟空间中的展示通常呈现出无序性、不均匀性。而点云数据的许多后续处理,例如特征计算、滤波、分割等,都依赖于一定的拓扑关系,因此在进行滤波前,要先对点云数据建立拓扑关系。建立点云数据拓扑关系的手段为对点云建立空间索引结构,以在点云中快速查询点邻域,提高邻域查找效率。

常用的索引结构有空间栅格结构、八叉树结构和K-D树结构等。

(1) 空间栅格结构

点云占据了一定的空间,将该空间划分为一个个规则有序的子立方体,形成类似图片栅格的空间栅格结构,每个子立方体包含零个、单个或多个点。利用规则分布的空间栅格的邻接性可建立点云拓扑关系,如图 8.2-1 所示。

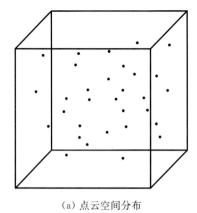

(a) 点云空间分布　　　　　　　　(b) 点云的空间网格化

图 8.2-1　空间规则网格划分

通常以点集的最小 x 坐标 x_{min}、最大 x 坐标 x_{max}、最小 y 坐标 y_{min}、最大 y 坐标 y_{max}、最小 z 坐标 z_{min}、最大 z 坐标 z_{max} 表示其最小包围盒 B:

$$B = \{x_{min}, x_{max}, y_{min}, y_{max}, z_{min}, z_{max}\} \tag{8.2-1}$$

点 (x_i, y_i, z_i) 所在子立方体的索引号 $N(i, j, k)$ 为

$$i = \frac{x_i - x_{min}}{x_{max} - x_{min}} \tag{8.2-2}$$

$$j = \frac{y_i - y_{min}}{y_{max} - y_{min}} \tag{8.2-3}$$

$$k = \frac{z_i - z_{min}}{z_{max} - z_{min}} \tag{8.2-4}$$

与索引号为 $N(i, j, k)$ 的子立方体相邻的其他子立方体(包括该子立方体本身)的索引号 $N(I, J, K)$ 为

$$\begin{cases} I = i - a \\ J = j - b, \quad a, b, c \in \{-1, 0, 1\} \\ K = k - c \end{cases} \tag{8.2-5}$$

设子立方体边长为 r，为避免索引号产生负值，向外扩展最小包围盒，扩展后的最小包围盒 B' 为

$$B' = \{x_{min} - r, x_{max} + r, y_{min} - r, y_{max} + r, z_{min} - r, z_{max} + r\} \qquad (8.2\text{-}6)$$

在查找某点 P 的 k 邻域时，先根据 P 的坐标计算出其所在子立方体的索引号，从而获取与此子立方体相邻的其他子立方体索引号，然后计算这 27 个子立方体中所包含的点到 P 的欧氏距离，最后取最近的 k 个点作为 P 的邻域点。

（2）八叉树结构

八叉树结构对点云占据的空间划分使其具备八叉树节点。八叉树的父节点和子节点由点的坐标来确定，构建起层次结构后便建立了点的拓扑关系。

划分空间首先要构造点云最小外接正方体，并将其作为根结点，然后将其划分为 8 个一样的子立方体，并将这些子立方体作为根结点的子结点，对子立方体重复划分的操作直至到达最大划分等级 n，最终整个点云最小外接立方体被划分为 2^n 个子立方体，如图 8.2-2 所示。

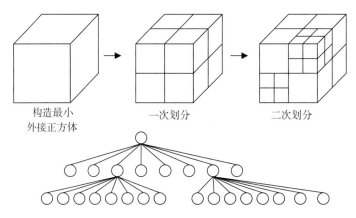

图 8.2-2　八叉树空间划分示意图

八叉树的空间划分规则：将包含点的非空子立方体记为实结点，如图 8.2-3 中黑色结点；将不包含点的空子立方体记为虚节点，如图 8.2-3 中白色结点；对实结点做进一步划分，重复进行至最大划分等级 n。

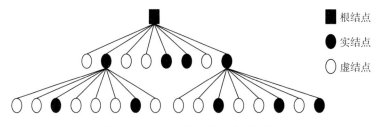

图 8.2-3　八叉树虚实结点示意图

（3）K-D 树结构

K-D 树按层次划分空间，每一层在不同维度上将空间划分为两个部分。在此划分模式下，用 K-D 树查找距离最近的两个点十分便利，适用于空间点搜索。

K-D 树的划分：首先计算初始空间中全部点的 x 坐标平均值，找到 x 坐标中最接近此平均值的点，以其 x 坐标把空间划分为两个部分，然后对各自空间在 y 轴上进行类似的划分，再对划分后的子空间在 x 轴上进行划分，依此递归进行，直至满足设定的树深度，就完成了点拓扑关系的建立，如图 8.2-4 所示。

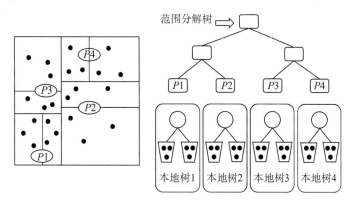

图 8.2-4　K-D 树划分示意图

8.2.2　离群点剔除

离群点为典型点云粗差之一，将其剔除是点云预处理的关键步骤。离群点通常较为明显，与目标观测主体点云距离较远。在点云数据采集的过程中，因为各种因素的干扰，往往会存在很多错误的离群点。离群点一般与主体点云联系非常小，通常不属于被扫描对象，会影响滤波算法的效率和精度。为了提高点云数据的质量，方便后面数据处理的进行，首先需要对原始数据的离群点进行剔除。在本次数据处理中，主要使用欧式聚类的方式进行离群点剔除，即分别计算每个点一定半径范围内所包含邻近点的个数，当个数少于一定数目时，即认为该点为离群点，并对其进行剔除。其算法如图 8.2-5 所示。

8.3　结合点云 RGB、反射强度和高程信息的植被滤除

8.3.1　点云 RGB 信息

航空影像有着丰富的纹理信息，可以大大提高地物的识别能力。将这些信息融合到点云数据中，将显著提升点云数据的分类滤波能力。航空影像是具有位置信息的，因此可以根据点云数据的坐标，得到每个点在影像中所对应的位置，再内插出其对应的 RGB 值。

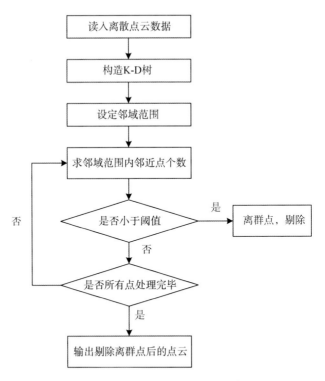

图 8.2-5   根据邻域点数量剔除离群点算法流程图

由于 RGB 由三维数据组合来描述颜色信息,不便于数据处理及其与后面其余信息的融合,因此将点云数据的颜色空间由 RGB 空间转换为 HSV 空间。HSV 是用色调 H、饱和度 S、明亮度 V 来描述颜色的变化。H 取值范围为 $0°\sim360°$,从红色开始按逆时针方向计算,红色为 $0°$,绿色为 $120°$,蓝色为 $240°$;饱和度 S 越高,颜色则深而艳,通常其取值范围为 $0\%\sim100\%$,S 值越大,颜色越饱和;V 表示颜色明亮的程度,通常取值范围为 0%(黑)到 100%(白)。在点云数据的植被滤除过程中,只需要考虑色调的不同,色调 H 由下式计算所得:

$$
H = \begin{cases}
0°, & \max = \min \\[2mm]
60° \times \dfrac{G-B}{\max-\min} + 0°, & \max = R, G \geqslant B \\[2mm]
60° \times \dfrac{G-B}{\max-\min} + 360°, & \max = R, G < B \\[2mm]
60° \times \dfrac{B-R}{\max-\min} + 120°, & \max = G \\[2mm]
60° \times \dfrac{R-G}{\max-\min} + 240°, & \max = B
\end{cases}
\tag{8.3-1}
$$

其中:$\max$ 为 RGB 中的最大者;$\min$ 为 RGB 中的最小者。这样就将三维数据描述的信息转换成一维,大大方便了后续数据的处理。

8.3.2　反射强度信息

点云回波强度是激光扫描仪接收到经地物反射后返回的激光束所产生的电压,经过放大、计算后形成的数值。这个数字随反射激光束的物体表面的成分而变化,不同物体表面对激光形成的反射不同,激光在粗糙表面易产生多次反射且各反射波强度较小;激光在光滑表面通常只发生一次反射,反射波强度较大。

假设目标表面为理想朗伯体,通常用激光雷达方程来描述激光发射和接收功率的关系,如式(8.3-2)所示。

$$P_R = \frac{P_E D_R^2 \rho \cos\alpha}{4\pi r^2} \eta_{\text{sys}} \eta_{\text{atm}} \tag{8.3-2}$$

式中:P_R 表示激光扫描仪接收的功率;P_E 表示激光扫描仪发射的功率;D_R 表示激光扫描仪接收孔径的大小;r 表示激光发射中心到目标表面的距离;η_{sys} 表示系统传输因子;η_{atm} 表示大气衰减因子;ρ 表示目标表面的反射率;α 表示激光束入射角。特定型号仪器的 P_E、D_R、η_{sys} 已确定为常数,而三维激光扫描属于中短距离扫描,η_{atm} 在此类场景中可忽略不计,则可将上式简化为

$$P_R = \frac{C\rho \cos\alpha}{r^2} \tag{8.3-3}$$

由此可见 C 为常数,则

$$I \infty P_R \infty f(\cos\alpha) f(r) \rho \tag{8.3-4}$$

式中:$f(\cos\alpha)$ 表示入射角函数;$f(r)$ 表示距离函数。当前的仪器大多能在测量时根据特定的回波强度纠正公式,对距离和入射角两方面进行纠正。

由式(8.3-4)可知,经过距离和入射角纠正后,激光回波强度差异主要由目标表面的反射率 ρ 引起。不同性质的目标物表面的反射率不同,不同类别的地物点强度差异较大,但同一类目标物表面反射率相同或接近,其回波强度在数值上也是相似的。

因此不同地物的特性在一定程度上可以通过回波强度反映出来,回波强度可应用于点云数据的分类。

植被中有树木,但树木的叶片分布较为散乱,且各叶片间存在缝隙,看似整片的树叶实际上并不连续,激光束在这种传播环境中容易产生多次回波。个体叶片对于激光的反射面积极小,且叶片含水量较高。

上述两种情况导致树叶的光反射能力较弱,所反射的激光束能量较低,在点云中记录的回波强度数值较小。

而裸露出来的地面分布紧凑、连续,且比较光滑、含水量较少,这部分目标光反射能力较强,其点云回波强度数值较大。

8.3.3 高程信息

在经过预处理剔除掉大量离群点之后的点云中,点云数据中主要包含地面点、植被点以及其他一些地物对象点。一般来说,在局部区域,相对于地面点,植被点云往往具有更高的高程。因此可以根据点云中每个点与周边邻域内各点的高程关系辅助判断该点是否为植被点云。

在依据高程关系对植被点云进行判断时,由于各个区域的地形起伏是不一样的,为了防止大的地形起伏对判断结果产生影响,需要去除点云数据中的地形大致趋势。首先将点云数据分块,然后根据最小二乘的方式对每块点云进行平面拟合,其模型如下式所示,计算出每块点云的地形大致趋势。

$$Q^2 = \min \sum_{j=1}^{k} [z_j - (ax_j + by_j + c)]^2 \qquad (8.3\text{-}5)$$

接着计算出各点去除地形大致趋势之后的高程,再求出每块点云的平均高程值,最后根据各点高程与平均高程值的差值来为点云赋权。如果差值为正,则赋予大于 1 的权值,差值越大,权值越大;如果差值为负,则赋予小于 1 的权值,差值越小,权值越小。

这样权值越大的点,其为植被的可能性就越大,权值越小的点,其为地面的可能性就越大。

8.3.4 植被滤除

色调信息和反射强度信息均能反映出不同的地物种类,将其联合在一起能发挥出这两种信息的各自优势。

对于色调信息,需要剔除的植被主要为 120°左右的绿色部分,为了方便与后面数据的融合以及植被剔除,将色调 H 为 120°~360°的那部分反向压缩至 0~120°,如下式所示。

$$H = \begin{cases} H, & H \leqslant 120° \\ 240° - H, & 120° < H < 240° \\ 0, & H \geqslant 240° \end{cases} \qquad (8.3\text{-}6)$$

这样,色调信息的范围为 0~120°,越靠近 120°,是植被的可能性越大,越靠近 0,是地面的可能性越大。

而点云的反射强度值通常用一个无量纲的正整数表示,且在不同仪器下可能是百、千或万的数量级,远大于色调信息的数量级。若要联合色调信息和反射强度信息进行点云分割,反射强度值必须被压缩到与色调信息相同的量级。因此,首先要统计点云强度的最大值 I_{max} 和最小值 I_{min},并按下式进行压缩。

$$I_{new} = \left(\frac{I_{old} - I_{min}}{I_{max} - I_{min}} \right) \times 120 \qquad (8.3\text{-}7)$$

式中：I_{new} 表示压缩后的新反射强度值，用浮点数表示；I_{old} 表示原始反射强度值。然而在实际的强度数据中，可能会出现少量强度值特别大或者特别小的噪声点，这使得大部分点的强度值变得不明显，其强度分布直方图如图 8.3-1 所示。

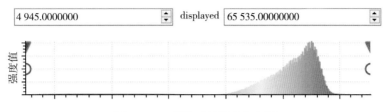

图 8.3-1　原始反射强度直方图

由上图可以看到，绝大部分点的强度在 40 000～60 000，而最大强度值达 65 535，最小强度值却为 4 945，这使得不同物体的强度变化变得不明显。因此在压缩处理前，可将大于 60 000 的强度值全部设置为 60 000，小于 40 000 的强度值全部设置为 40 000，这样就可以清楚地看到不同物体的强度变化。因此，在利用反射强度数据之前需要设置合理强度极值。目前主要有两种方式可以设定合理的强度极值。

（1）直方图法：直接获取点云数据强度的频率（频数）分布直方图，根据直方图中强度的分布情况人工确定极值点。例如，从直方图中可以看到绝大部分的强度值分布在 40 000～60 000 的范围内，因此将极值设为 40 000 和 60 000。

（2）阈值法：只统计每个强度的频率（频数），不需要得到直方图，设定频率（频数）阈值 f。对于强度极小值，按由低到高的顺序依次判断当前强度值的累计频率（频数），若小于 f，继续判断下一个强度值，直至当前强度的累计频率（频数）大于 f 后将 I_{min} 设置为当前强度值；对于强度极大值，按由高到低的顺序依次判断当前强度值的累计频率（频数），若小于 f，继续判断下一个强度值，直至当前强度的累计频率（频数）大于 f 后将 I_{max} 设置为当前强度值。

一般来说，直方图法的效果显然是最好的，但是没有做到自动化。在实际数据处理的过程中，考虑到点云数据中地面以及植被点云占了大部分的比例，为了自动化获取最大最小的阈值，可统计整个点云强度值的分布，按照一定的比例来获取阈值，再按式（8.3-6）将强度值压缩到 0～120° 的范围内。

这样色调信息和反射强度信息的数量级达到完全一致，就可以加权平均对二者进行联合。然后将前面由点云高程信息得到的权值赋予色调信息和反射强度信息联合后的值，进一步精确植被点云数据的滤除。植被滤除的总体流程如图 8.3-2 所示。

8.3.5　实验及分析

（1）实验数据

本次实验主要是对机载 LiDAR 数据进行处理，点云数据已经根据航拍影像进行了 RGB 颜色赋值，如图 8.3-3 所示，其中也有反射强度信息。原始点云数据包含

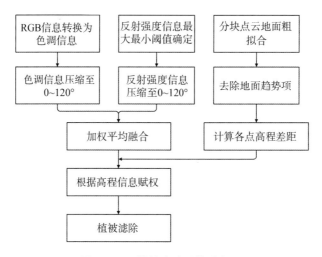

图 8.3-2　植被滤除总体流程图

100 435 095 个点,为了简化运算,对其进行了 1‰ 的降采样,然后进行后续的各种处理。针对原始数据中部分没有赋予 RGB 值的点云,在后期的处理过程中也进行了裁剪。

图 8.3-3　原始点云数据(RGB)

（2）植被滤除

将点云由 RGB 颜色空间转化为 HSV 颜色空间之后，只取色调信息的点云，如图 8.3-4 所示，可见不同地物之间的颜色区分也非常明显，植被点云的显示反而更为清晰。

图 8.3-4　色调信息

点云的反射强度信息如图 8.3-5 所示，可见植被和地面点云之间的区分非常明显。

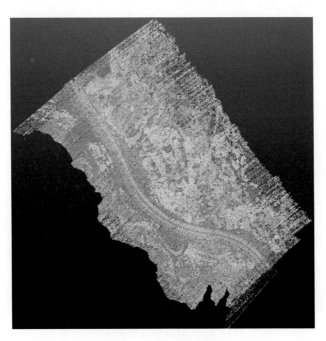

图 8.3-5　反射强度信息

点云的高程信息如图 8.3-6 所示,可见 z 轴方向上的植被点云和地面点云之间的区分非常明显。

图 8.3-6　高程信息

结合各种信息之后的点云如图 8.3-7 所示,融合高程信息之后的点云如图 8.3-8 所示,滤除的植被点云如图 8.3-9 所示,滤除植被之后的点云如图 8.3-10 所示。可见植被点云的滤除效果比较好,滤除的植被点云几乎不包含地面点信息。

图 8.3-7　融合 RGB 信息与反射强度信息

图 8.3-8　融合高程信息之后的点云

图 8.3-9　滤除的植被点云

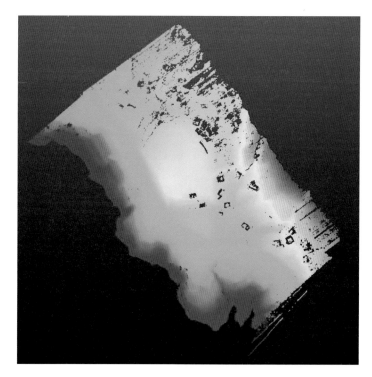

图 8.3-10　滤除植被之后的点云

8.4　高、低异常点处理

在滤除植被之后,点云数据中往往还存在着不少很高或者很低的异常点,这些异常点尤其是低异常点对于布料模拟滤波来说,其后续的其余处理往往会产生比较大的误差,需要对其进行处理。地形一般是连续变化的,尽管有坡度,但是不会过于突兀地出现,因此可以通过曲面拟合的方式将异常点找出。

首先以点云各点为中心,以 r 为半径,找出半径 r 内的所有点,对其进行二次曲面拟合,二次曲面拟合的模型如下式所示。

$$Q^2 = \min \sum_{j=1}^{k} [z_j - (ax_j^2 + by_j^2 + cx_jy_j + dx_j + ey_j + f)]^2 \tag{8.4-1}$$

式中:(x_j, y_j, z_j) 为邻域半径内各点在局部坐标系中的地理坐标;多项式拟合参数 a、b、c、d、e、f 由最小二乘算法得到。为了使拟合的曲面足够准确,减少粗差点的影响,采用加权平均迭代的方式进行最小二乘求解。第一次迭代,设置所有点的权值为 1,之后则根据每个点与拟合曲面上点的高程距离的倒数来设置权重,如式(8.4-2)所示,以减少甚至消除部分粗差点在拟合计算中所占据的比重。迭代终止的条件为前后两次计算出的拟合参数相差足够小或者达到迭代的最大次数。

$$P_i = \begin{cases} 1, & v_i \leqslant g_1 \\ \dfrac{1}{1 + a(v_i - g_1)^b}, & g_1 < v_i < g_2 \\ 0, & g_2 \leqslant v_i \end{cases} \tag{8.4-2}$$

式中:v_i 为各点高程与拟合出来的曲面对应点高程值的残差值;a、b 控制着权重函数的陡度。

二次曲面拟合结束后,计算曲面内各点对应曲面上高程的平均值以及标准差 σ_H,如式(8.4-3)所示。

$$\sigma_H = \sqrt{\dfrac{\sum\limits_{j=1}^{k}(H_j - \overline{H_j})^2}{k-1}} \tag{8.4-3}$$

式中:H_j 为点云的测量高程值;$\overline{H_j}$ 为拟合后二次曲面内点云对应高程的平均值;k 为局部拟合范围内水底点个数。计算各点高程与 $\overline{H_j}$ 的差值,若该差值的绝对值大于 $2\sigma_H$,则认为该点是可疑异常点。将所有可疑异常点的高程归算到拟合的二次曲面内,进行改正,实现对高、低异常点的处理。其处理流程如图 8.4-1 所示。

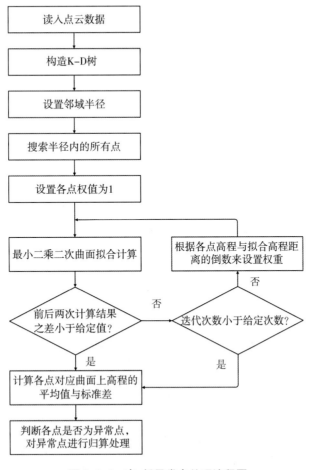

图 8.4-1　高、低异常点处理流程图

8.5　地形特征提取

不同的地形特征参数反映了不同的地形变化程度，为了准确刻画地形的复杂程度、起伏程度以及褶皱程度等几何特征，方便后续点云自适应滤波的进行，本次实验选取了多个参数来描述地形的特征，包括表面曲率、坡度、高斯曲率、平均曲率以及高程标准差。其中，表面曲率可由主成分分析（PCA）计算得到，其余各项参数主要基于二次曲面拟合方式得到的拟合曲面提取得到，其主要拟合模型如式（8.4-1）所示，通过最小二乘算法求出二次多项式的拟合参数 a、b、c、d、e、f。

8.5.1　表面曲率

表面曲率描述了地形曲面的起伏变化，主要由 PCA 计算得到。对于点云中的每个扫描点 p，搜索其一定半径范围内的 k 个相邻点，构建协方差矩阵 $\boldsymbol{M}$，如式（8.5-1）所示。

$$\boldsymbol{M} = \frac{1}{k} \sum_{i=1}^{k} (p_i - p_0)(p_i - p_0)^{\mathrm{T}} \tag{8.5-1}$$

式中：p_0 为这 k 个点的质心，可分别求取其 x、y、z 方向的平均值来获取。然后对协方差矩阵进行特征值分解，求得 $\boldsymbol{M}$ 的各特征值，$\boldsymbol{M}$ 的最小特征值对应的特征向量即为 p 的法向量。若特征值满足 $\lambda_0 \leqslant \lambda_1 \leqslant \lambda_2$，则 p 点的表面曲率如式（8.5-2）所示。

$$\delta = \frac{\lambda_0}{\lambda_0 + \lambda_1 + \lambda_2} \tag{8.5-2}$$

表面曲率越小，表明邻域半径范围内的地形越平坦；表面曲率越大，则表明邻域半径范围内的地形起伏变化越大。

8.5.2　坡度

坡度反映了地形的倾斜程度，是地形曲面在表面点处的切平面与水平面的夹角。对于坡度 φ，可将其分为 x 和 y 方向，则有

$$\varphi = \arctan\sqrt{\tan^2\varphi_x + \tan^2\varphi_y} \tag{8.5-3}$$

$$\begin{bmatrix} \tan\varphi_x \\ \tan\varphi_y \end{bmatrix} = \begin{bmatrix} p \\ q \end{bmatrix}, \begin{cases} p = \dfrac{\partial z}{\partial x} = 2ax + cy + d \\ q = \dfrac{\partial z}{\partial y} = 2by + cx + e \end{cases} \tag{8.5-4}$$

其中：p、q 分别为对应于 x、y 方向的坡度；a、b、c、d、e 为二次曲面的拟合参数。

8.5.3　高斯曲率、平均曲率

地形曲率是地形曲面在各个截面方向上的形状和凹凸变化的表达,反映了地形的结构和形态,是地形特征表达的重要因素。

对于一个点的曲率,一定存在最大曲率 $C_{\max}$ 和最小曲率 $C_{\min}$,对应的曲率半径分别为 $R_{\max}$ 和 $R_{\min}$,这里 $R_{\max}$ 和 $R_{\min}$ 则为式(8.5-5)关于曲率半径 R 的两个根:

$$(rt-s^2)R^2+h[2pqs-(1+p^2)t-(1+q^2)r]R+h^4=0 \tag{8.5-5}$$

其中: $r=\dfrac{\partial^2 f(x,y)}{\partial x^2}=2a$, $t=\dfrac{\partial^2 f(x,y)}{\partial y^2}=2b$, $s=\dfrac{\partial^2 f(x,y)}{\partial x \partial y}=c$, $h=\sqrt{1+p^2+q^2}$, p、q 分别为对应于 x、y 方向的坡度。

通过求解上述公式便可以得到 $R_{\max}$ 和 $R_{\min}$,根据微分几何的原理,高斯曲率 C_G 为最大曲率和最小曲率的乘积,即

$$C_G=C_{\max}C_{\min}=\frac{1}{R_{\max}R_{\min}}=\frac{rt-s^2}{(1+p^2+q^2)^2} \tag{8.5-6}$$

平均曲率 C_m 为最大曲率和最小曲率的算术平均值,即

$$C_m=\frac{C_{\max}+C_{\min}}{2}=-\frac{(1+q^2)r-2pqs+(1+p^2)t}{2(1+p^2+q^2)^{\frac{3}{2}}} \tag{8.5-7}$$

8.5.4　高程标准差

高程标准差可以衡量局部区域内高程误差分布的离散程度,能够综合反映局部地形的起伏变化情况,在进行二次曲面拟合之后,其计算公式如式(8.5-8)所示。

$$\sigma_H=\sqrt{\frac{\sum_{j=1}^{k}(H_j-\overline{H_j})^2}{k-1}} \tag{8.5-8}$$

式中: H_j 为拟合后二次曲面内点云对应的高程值, $\overline{H_j}$ 为拟合后二次曲面内点云对应高程的平均值;k 为拟合半径内点云的个数。

8.5.5　适用性分析

点云分块之后计算得到的表面曲率、坡度、高斯曲率、平均曲率和高程标准差分别如图 8.5-1 至图 8.5-5 所示。可见不同的地形特征参数对于地形的描述虽有各自的侧重点,但是整体的描述趋势还是具有很大的相似性。各种参数值与实际地面的情况也具有很大的相关性,因此将其组合用于描述地形复杂程度具有可行性。

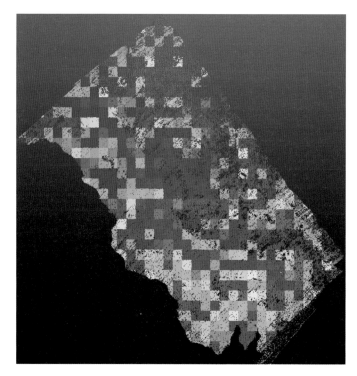

图 8.5-1　表面曲率

图 8.5-2　坡度

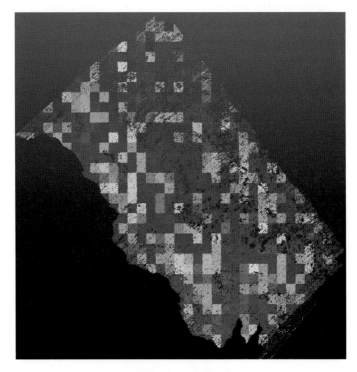

图 8.5-3　高斯曲率

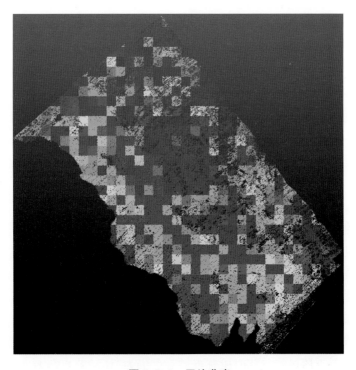

图 8.5-4　平均曲率

图 8.5-5　高程标准差

8.6　自适应布料模拟滤波

8.6.1　布料模拟滤波基本原理

布料模拟滤波算法的基本思想是模拟一块硬度一定的布料下落到上下翻转后的点云上,根据布料点间的力学作用调整布料节点的位置,最终将模拟的布料作为拟合地面。然后计算原始点到拟合地面的距离,通过与设定的阈值进行比较区分地面点和非地面点,如图 8.6-1 所示。

布料模拟滤波算法的流程如下。

（1）上下翻转点云。

（2）初始化布料格网。布料由二维网格节点表示,网格边长设为 S。布料的初始位置设置在点云最高点的上方,且为所有布料节点设置相同的高程,此时每个布料节点均为"移动节点",如图 8.6-2(a)所示。

（3）确定布料节点下落的极限高程。在 X-Y 投影平面内搜索布料节点的最邻近点,以此点高程作为布料节点下落所能到达的最小高程,每个布料节点都对应一个极限高程。

（4）模拟布料下落过程。此时所有布料节点仍为"移动节点",真实布料受到重力影响产生下降,所有"移动节点"的高程统一减小 H_d,如图 8.6-2(b)所示。高程发生变化

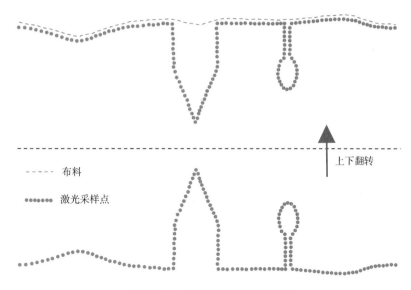

图 8.6-1　布料模拟滤波原理图

后,如果"移动节点"的高程小于或者等于其对应的极限高程,则说明该"移动节点"已经到达地面,此时将其对应的极限高程设置为其高程,再将其标记为"固定节点",后续该节点的高程不再发生变化,如图 8.6-2(c)所示。

(5) 真实布料具有一定的硬度,掉落后的布料会产生一定的张力作用。因此,剩余的未到达地面的"移动节点"受到其附近节点的内力作用,会产生一定的回弹上升,此时需要将这部分"移动节点"的高程增大一定距离值 H_u,如图 8.6-2(d)所示。

(6) 重复(4)、(5)步骤,其终止循环的条件为:"移动节点"前后的最大高程差值小于阈值 H_c 或者循环的次数到达阈值 N。循环结束后,每一个"固定节点"都紧贴地面,由于受到内力作用,每个"移动节点"位置稳定下来,从而与"固定节点"形成了相对平滑的布料形状。

(7) 如果是陡峭地形,需要进行后处理进一步调整布料节点高度。若存在陡坡地形,上述过程可能无法将布料节点完全贴合到地面上,如图 8.6-3(a)和图 8.6-3(b)所示。为了将"移动节点"贴合到地面上,如图 8.6-3(a)所示,对于与"固定节点"A 相邻的"移动节点"B,若这两个节点的极限高程(即对应的点 A' 和 B' 的高程)的差值小于阈值 H_s,说明该局部区域 B' 也属于地面点,因此将"移动节点"B 的高程改为 B' 的高程,并设为"固定节点"(即将 B 贴合到地面点 B' 上)。经过后处理之后,"移动节点"可以贴合到地面上,如图 8.6-3(c)所示。

(8) 将原始点云和模拟布料节点一同上下翻转,最终用这些模拟布料节点表示拟合地面。

(9) 获得拟合地面后,计算原始点到拟合地面的距离,若该距离小于阈值 H_t,则认为该点属于地面点,否则认为该点属于地物点。

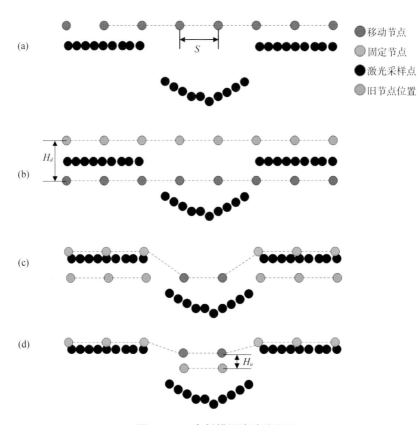

图 8.6-2　布料模拟滤波流程图

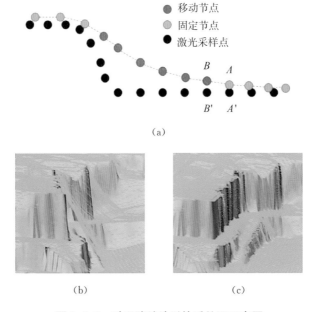

（a）

（b）　　　　　　　　　（c）

图 8.6-3　对于陡峭地形的后处理示意图

8.6.2　布料模拟参数设置

在布料模拟滤波中,需要设置以下参数:

(1) 布料网格边长 S

S 的大小会对地面模拟的时间和模拟结果精度产生较大影响。如果 S 设置过大,会导致拟合不足,模拟地面细节粗糙,由于产生的布料节点较少,计算量较小,计算时间较短;如果 S 设置过小,会导致拟合过度,产生的布料节点增多,计算量增大,计算时间变长,但模拟地面细节更丰富。

由各种论文研究结果得到,S 的经验值为 0.5 m 比较合适,这样既能满足精度的要求,又不至于拟合时间过长,对于平坦地区,S 可适当增大。

(2) 布料下降高度 H_d

H_d 的大小也会对地面模拟的时间和模拟结果精度产生影响。如果 H_d 设置过小,会导致布料节点到达地面前需要进行多次下降,增加了计算时间;如果 H_d 设置过大,布料节点下降次数减少,计算时间减少,但过度下降可能导致在地面点稀疏区域的布料节点贴合到地物上。根据布料模拟滤波方式提出者的多次实验结果,通常将 H_d 设为默认值 0.084 5 m,可以取得比较好的结果。

(3) 布料回弹高度 H_u 及选择是否进行后处理

H_u 越大,说明布料越硬,为更好覆盖地面,需要针对地形起伏程度来确定布料的硬度。越平坦的地形需要的布料硬度越大,反之,越陡峭的地形需要的布料硬度越小。一般可将地形划分为三类,分别为特别陡峭、有一定起伏、平坦,并提出硬度 1、2、3 分别对应这三种地形,陡峭地形的后处理只对前两种地形进行。

引入硬度 x,则"移动节点"的回弹高度 H_u 可表示为

$$H_u = \left(1 - \frac{1}{2^x}\right)\Delta_H, x \in \{1,2,3\} \tag{8.6-1}$$

$$\Delta_H = |H_{\text{current}} - H_{\text{neighbor}}| \tag{8.6-2}$$

式中:Δ_H 为节点间高差;H_{current} 为当前"移动节点"的高程;H_{neighbor} 为其相邻节点的高程。

由式(8.6-1)可知,硬度 x 的值分别对应着回弹高度 H_u 为节点间高差 Δ_H 的 $\frac{1}{2}$、$\frac{3}{4}$、$\frac{7}{8}$,如图 8.6-4 所示。

(4) 终止拟合的条件:高程差阈值 H_c 和循环次数阈值 N

在布料节点不断逼近地面的过程中,重复着下降、回弹的步骤,通常设置两种循环终止方法。

一种方法是计算布料节点前后两次高程 H 和 H' 的差值 δ_H,并找出最大高程差

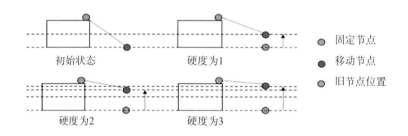

图 8.6-4　布料硬度与节点反弹关系图

$\max(\delta_H)$，如果

$$\max(\delta_H) \leqslant H_c, \quad \delta_H = H - H' \tag{8.6-3}$$

则说明布料形态已稳定，应终止拟合。

　　另一种方法是设置循环次数阈值 N，当实际循环次数达到该值时即终止拟合。根据布料模拟滤波方式提出者等的经验，通常将 H_c 设为 0.005 m，N 设为 200。

　　（5）对陡峭地形后处理中的极限高程差阈值 H_s

　　以图 8.6-3(a) 为例，节点 A、B 的位置分别对应采样点 A'、B'。此时 A 和 A' 已贴合，说明 A 已经到达地面，A' 属于地面点；但是 B 和 B' 并未贴合，又因为 A' 和 B' 高程非常接近，说明 B' 也属于地面点，因此 B 也需要贴合到 B' 上。由此可知，极限高差阈值 H_s 本质上是出于对采样点 A'、B' 之间坡度大小的考虑。布料模拟滤波方式提出者等将 H_s 设为默认值 0.3 m，当布料网格边长 S 为 0.5 m 时，对应坡度约为 30°，也就是说，当已知 A' 为地面点，A' 与 B' 之间的坡度小于 30° 时，认为 B' 也为地面点，如图 8.6-5 所示。

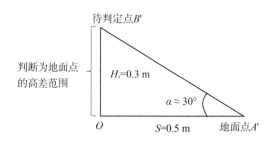

图 8.6-5　判断已知地面点的相邻点是否为地面点示意图

　　（6）原始点到拟合地面的距离阈值 H_t

　　H_t 可作为将点区分为地面点和地物点的根据。若 H_t 设置过小，高程较大的地面点容易被错分为地物点；若 H_t 设置过大，判断为地面点的高程范围更大，容易将地物点错分为地面点。

　　通常 H_t 的设置需要根据地面起伏程度而定，当地面非常平坦，地面拟合效果较好时，H_t 可设置得较小；当地面存在起伏，为尽可能保留地面点，应考虑将 H_t 设置得大一些。

8.6.3　自适应阈值确定

由前面的介绍可知,布料模拟滤波需要设置的主要参数包括:布料网格边长 S、布料下降高度 H_d、布料回弹高度 H_u、是否进行后处理、终止拟合条件(高程差阈值 H_c 和循环次数阈值 N)以及原始点到拟合地面的距离阈值 H_t。其中绝大多数参数已经确定好了,不需要进行调整,只有布料回弹高度 H_u、是否进行后处理以及原始点到拟合地面的距离阈值 H_t 对最终滤波结果产生较大的影响,需要根据实际地形情况来进行调整。

由 8.6.2 节分析可以看出,布料回弹高度 H_u 和原始点到拟合地面的距离阈值 H_t 的确定均与地形的复杂程度相关,而前面已经有了关于地形特征参数的计算方式,因此可以通过组合的方式来描述地形复杂程度。

首先将整体点云按照设定的格网大小划分为 $i \times j$ 个子区域,如图 8.6-6 所示。

PB_{11}	PB_{12}	...	PB_{1j}
PB_{21}	PB_{22}	...	PB_{2j}
⋮	⋮	⋮	⋮
PB_{i1}	PB_{i2}	...	PB_{ij}

图 8.6-6　分区化参数设置

紧接着计算每块点云的平均表面曲率、坡度、高斯曲率、平均曲率以及高程标准差;然后按照前文所述的融合色调信息和反射强度信息的方式分别计算每种地形特征的最大、最小阈值,并将其压缩至 0~1。再将各种地形特征参数加权平均进行融合,用于描述地形的复杂程度,并按照从大到小依次排序。将排序后的区域地形复杂度分为三类,分别为特别陡峭、有一定起伏、平坦,并赋予一定的布料回弹高度 H_u 和原始点到拟合地面的距离阈值 H_t,进行布料模拟滤波。其主要流程如图 8.6-7 所示。

8.6.4　实验及分析

将各种地形特征参数加权平均进行融合之后的结果如图 8.6-8 所示,直方图如图 8.6-9 所示,蓝色描述地形平坦的地区,红色描述地形陡峭的区域。将描述值大于 0.6 的点云块设置为特别陡峭区域,将描述值为 0.2~0.6 的点云块设置为有一定起伏区域,将描述值小于 0.2 的点云块设置为平坦区域,并设置对应的硬度 x 与 H_t。

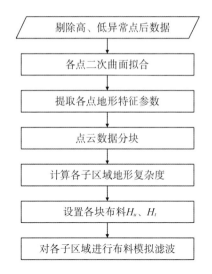

图 8.6-7　自适应布料模拟滤波流程图

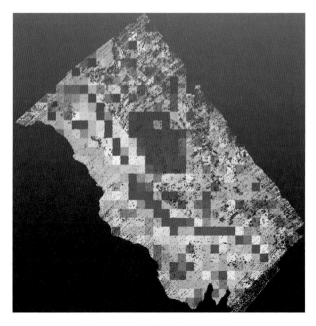

图 8.6-8　各种地形特征融合

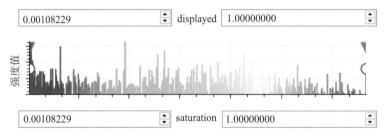

图 8.6-9　各种地形特征融合后的直方图

将已经设置好滤波参数的点云块分别进行布料模拟滤波,其最终结果如图 8.6-10 和图 8.6-11 所示,可见滤波效果比较好,保留了绝大多数的地形,除了个别的建筑物点云,其余的地物点基本上被滤除干净。

图 8.6-10　最终滤波结果(正视)

图 8.6-11　最终滤波结果(侧视、根据高程赋色)

8.7　点云数据的精度计算及分析

8.7.1　精度计算

通过测量激光信号从发出到返回的时间差(或者相位差)可以得到三维激光扫描仪仪器中心到目标点的距离 S,同时记录由角度编码器获取的被测目标的水平角度 φ 和垂直角

度 θ,即可基于下式计算出目标点相对于内部坐标原点 O 的空间三维坐标 $P(X,Y,Z)$。

$$\begin{cases} X = S\cos\theta\cos\varphi \\ Y = S\cos\theta\sin\varphi \\ Z = S\sin\theta \end{cases} \tag{8.7-1}$$

根据地面三维激光扫描仪的工作原理,对上式每项中的 S、θ、φ 分别求偏导,根据误差传播定律可得

$$\begin{cases} \sigma_x^2 = (\cos\theta\cos\varphi)^2\sigma_S^2 + (S\sin\theta\cos\varphi)^2\sigma_\theta^2/\rho^2 + (S\cos\theta\sin\varphi)^2\sigma_\varphi^2/\rho^2 \\ \sigma_y^2 = (\cos\theta\sin\varphi)^2\sigma_S^2 + (S\sin\theta\sin\varphi)^2\sigma_\theta^2/\rho^2 + (S\cos\theta\cos\varphi)^2\sigma_\varphi^2/\rho^2 \\ \sigma_z^2 = (\sin\theta)^2\sigma_S^2 + (S\cos\theta)^2\sigma_\theta^2/\rho^2 \end{cases} \tag{8.7-2}$$

式中: σ_S 为测距中误差; σ_θ 为竖直角中误差; σ_φ 为水平角中误差; $\rho = 206\ 265$。则地面三维激光扫描仪的理论点位中误差 σ_P 为

$$\begin{aligned} \sigma_P &= \pm\sqrt{\sigma_x^2 + \sigma_y^2 + \sigma_z^2} \\ &= \pm\sqrt{\sigma_S^2 + S^2\sigma_\theta^2/\rho^2 + (S\cos\theta)^2\sigma_\varphi^2/\rho^2} \end{aligned} \tag{8.7-3}$$

8.7.2 精度分析

8.7.2.1 三类误差分析

目前一般采用国际摄影测量与遥感协会(ISPRS)委员会专门制定的滤波算法精度评定与分析方法作为点云滤波精度的评价参考。该方法将点云滤波误差分为三类:

Ⅰ类误差,表示为 E_{I},也叫拒真误差,即被错分为非地面点的地面点数 n_o 在真实地面点总数 N_g 中所占比例;

Ⅱ类误差,表示为 E_{II},也叫纳伪误差,即被错分为地面点的非地面点数 n_g 在真实非地面点总数 N_o 中所占比例;

Ⅲ类误差,表示为 E_{T},即总误差,指错分点总数 (n_o+n_g) 在点总数 (N_g+N_o) 中所占比例。

各类误差计算如下式所示:

$$\begin{cases} E_{\mathrm{I}} = \dfrac{n_o}{N_g} \\ E_{\mathrm{II}} = \dfrac{n_g}{N_o} \\ E_{\mathrm{T}} = \dfrac{n_o+n_g}{N_g+N_o} \end{cases} \tag{8.7-4}$$

对于自适应布料模拟滤波,与人工滤波相比,其精度如表 8.7-1 所示,三类误差均小

于10%。

表 8.7-1　自适应布料模拟滤波的精度

$E_I/\%$	$E_{II}/\%$	$E_T/\%$
3.84	8.35	5.19

8.7.2.2　碎部点精度分析

利用全站仪、RTK 观测点与机载 LiDAR 点云最近点进行碎部点精度统计,其较差分布见图 8.7-1。

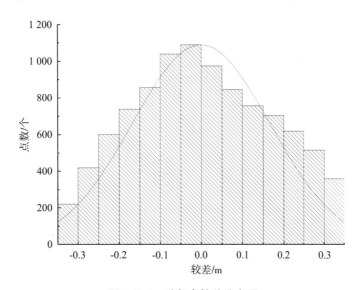

图 8.7-1　碎部点较差分布图

针对不同地表覆盖类型进行碎部点精度统计,精度统计见表 8.7-2。

表 8.7-2　碎部点不同地表覆盖类型精度统计

类型	点数/个	中误差/m
总体	9 732	±0.12
草地	3 077	±0.12
耕地	1 908	±0.11
建筑区	259	±0.12
裸露地表	1 865	±0.11
树林地	2 623	±0.12

针对不同坡度进行碎部点精度统计,精度统计见表 8.7-3。

表 8.7-3　碎部点不同坡度精度统计

坡度(°)	点数/个	中误差/m
0~30	4 710	±0.11
30~60	4 529	±0.12
60~90	493	±0.13

8.7.2.3　断面提取分析

对北门码头试验场点云数据进行传统滤波和自适应布料模拟滤波,并对所截取断面与实测断面进行比较,得出:采用结合点云 RGB 信息、反射强度信息和高程信息的植被滤除方法,对原始点云数据进行自适应布料模拟滤波和传统滤波,自适应布料模拟滤波后的点云较传统滤波后的点云更接近真实地表,如表 8.7-4 及图 8.7-2 所示。

表 8.7-4　断面面积差统计表

断面	滤波方法	点云面积/m²	实测面积/m²	面积差/m²	面积差百分比
JC040	传统滤波	1 497.3	1 502.1	4.8	0.1%
	自适应布料模拟滤波	1 503.0	1 502.1	−8.8	−0.6%

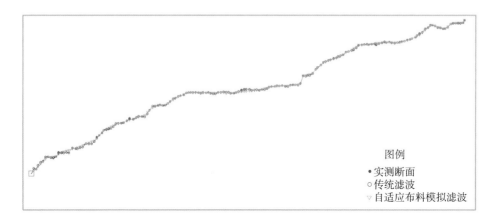

图例
• 实测断面
○ 传统滤波
▽ 自适应布料模拟滤波

图 8.7-2　截取断面滤波结果

8.7.2.4　联合基础资料的点云数据精度评价

联合现有的碎部点、断面、地形等形式的基础资料,并基于实测数据构建碎部点、断面、地形 DEM,计算实测数据和已有资料的碎部点、断面、DEM 差值,即可得到现测数据的外部不符值。在对应区域,可通过理论分析获得点的理论误差模型。然后在理论误差模型和外部不符值建立经验模型关系。在其他无基础资料区域,结合理论误差精度和建立的经验模型,即可对整个测量区域的点云精度进行评估,如图 8.7-3 所示。

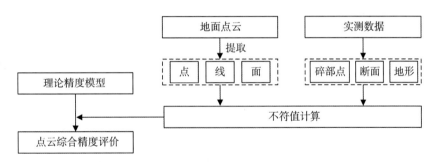

图 8.7-3　点云滤波及质量评价体系建立

第九章
结语

针对大水深复杂地形水下测量精度不高，测深影响因素复杂，陆上测量困难，无统一的点云滤波精度评定体系，坝下水位呈非恒定无序变化，利用传统水位站监测水位效率、精度低等问题。通过紧跟前沿技术发展，与国内相关科研院所及仪器设备研发单位开展了调研与合作，本书全面系统地收集资料，制定了科学的研究方案，开展了成体系的研究工作。经过探索、实践、总结，在空间多维信息方面取得了一系列技术突破。

1. 单波束-多波束耦合岸坡复杂地形测深技术

针对水下岸坡复杂地形下单波束测深、多波束测深成果精度偏低问题，项目研究提出了一种单波束-多波束耦合岸坡复杂地形的测深数据综合处理方法，并研制了软件系统，解决了单波束、多波束测深异常问题，提高了复杂岸坡地形的测量精度。

提出在水库蓄水前置期建立测深基准场方法，在长江流域梯级水库各水库深水区建立真实物理环境测深基准场，为测深设备精度检测提供可靠的基准场；在测深仪安装方面，首次提出换能器垂直安装成套方法，实现换能器声轴垂直安装，保障测深平面位置与水深值精准匹配；研制新型宽带单波束测深仪，彻底解决测深时间延迟、姿态改正等难题，削弱波束角效应的影响；提出基于声线跟踪、顾及水深的单波束测深系统误差改正等方法，对测深数据进行基于测深原理的数学模型改正。通过上述测深技术的突破，提升了高坝大库测深数据质量。

外业数据采集时的规范性与合理性是内业数据处理的前提与保证，与最终数据成果质量好坏息息相关，建议在进行多波束数据采集时，测线设计要更加合理，实际航行时尽量与设计航线重合，并注意相关文件的整理与归档，在计算点云数据时，使用正确的船文件、声速、水位等文件。

单波束数据部分存在测量错误导致斜坡处地形测量结果为水平的情况，因此，对单波束测深时的姿态要求较高。建议在单波束测量时应稳定船速，禁止急加速减速，提高测深采样频率，并且尽可能减小单波束开角。

针对长江流域梯级水库陡峭复杂的河床特点，为解决水库重点水域高精度、高分辨率监测难题，引进高精度、高分辨率的多波束测深系统，全面真实反映水域真实地貌，解决了复杂水域地形监测技术难题。

2. 山区复杂库岸地理信息在激光扫描系统组合下的获取、滤波及融合

三维激光扫描技术具有精度高、穿透性能强、数据获取效率和分辨率高等优势,为长江流域河段复杂库岸地形的高精度、全覆盖获取提供了条件。为解决复杂地形下高精度、高分辨率地形点云的获取问题,项目提出了联合多元系统的复杂环境下点云数据获取、滤波以及融合方法,实现了复杂库岸地形的获取。

由于金沙江下游库岸地貌主要为稀疏覆盖植被及桥梁等少量人工构筑物,点云中所包含的主要是植被与地面对象,项目提出的滤波算法主要用于滤除植被以及保留地面点云,因此对于其余建筑物等的点云数据分割处理可能存在不足。在未来有了更多这方面的点云数据之后,可以尝试着联合其他的滤波算法,进一步提升滤波算法对于建筑物点云的滤除能力。

3. 点、线、面要素的点云质量综合评价体系

三维激光扫描测量获取的点云数据及其衍生产品是水库泥沙冲淤分析的基础数据,全面准确评价点云数据质量是三维激光扫描技术应用于水文泥沙监测的根本保障。提出了联合点、线、面要素的点云质量综合评价体系,实现了以点、线、面为表达的地理信息三要素,克服了现行技术规范高程仅从点、面或仅从点、线进行精度评价,评价的要素不全面等问题。

以三维激光扫描技术及水库大水深精密测深技术为代表的现代化观测能力将有力促进复杂地形空间观测精度及成果时效性的进一步提升。因此,建议适时将现代化的复杂地形空间多维信息监测能力建设纳入日程,通过引入新的观测技术与设备,提升海量数据处理能力,采用信息化、智能化手段,强化生产前端的现场合理化分析及质控能力,提升内业资料处理的效率。

参考文献

[1] 罗懿宸,高也,武晓忠,等. 利用超声光栅研究声速与液体性质[J]. 大学物理, 2017,36(8):76-81.

[2] 肖安琪,刘烈. 超声光栅研究声速与溶液浓度及温度的关系[J]. 实验室研究与探索,2012,31(3):44-46+67.

[3] 岑敏锐. 超声波在液体中的传播速度与温度的关系[J]. 物理实验,2008(5): 39-41.

[4] 刘艳峰. 水中声速与温度关系的实验研究[J]. 科技信息,2011(9):515+518.

[5] 孙革. 多波束测深系统声速校正方法研究及其应用[D]. 青岛:中国海洋大学,2007.

[6] 刘伯胜,黄益旺,陈文剑,等. 水声学原理[M]. 3版. 北京:科学出版社,2019.

[7] 申家双,王瑞,谢锡君. 回声测深仪的声速改正[J]. 海洋测绘,1995(1):47-51.

[8] 叶久长. 声速计算公式比较[J]. 海洋测绘,1988(1):17-20.

[9] 管铮. 在我国使用声速改正公式的精度分析[J]. 海洋测绘,1990(3):32-37.

[10] 孙剑雄,张文祥,史本伟,等. 高频声学仪器底床高度野外测量及室内验证[J]. 海岸工程,2022,41(2):105-114.

[11] SCHULKIN M, MARSH H W. Errata:Sound absorption in sea water[J]. The Journal of the Acoustical Society of America,1962,35(5):864-865.

[12] 田红. 不同性质的球体对超声波散射的有限元分析[J]. 广东石油化工学院学报,2015,25(1):50-55.

[13] 苏明旭,蔡小舒. 超细颗粒悬浊液中声衰减和声速的数值模拟——4种模型的比较[J]. 上海理工大学学报,2002(1):21-25+30.

[14] URICK R J. The absorption of sound in suspensions of irregular particles[J]. The Journal of the Acoustical Society of America,1948,20(3):283-289.

[15] 方彦军,唐懋官. 超声衰减法含沙量测试研究[J]. 泥沙研究,1990(2):1-12.

[16] 胡博. 超声波测量河流泥沙含量的算法研究[D]. 郑州:郑州大学,2005.

[17] 黄建通,李黎,李长征.浑水中超声波传播特性研究[J].人民黄河,2010,32(8):43-44.

[18] 贺焕林.声波在高含沙水流中的传播特性实验[J].人民黄河,1986(3):65-66.

[19] 孙承维,魏墨盦.高浓度悬浮液声学特性的探讨[J].声学技术,1983(1):1-6.

[20] 张小峰,刘兴年.河流动力学[M].北京:中国水利水电出版社,2010.

[21] 王景强.海底底质声学原位测量技术和声学特性研究[D].北京:中国科学院研究生院(海洋研究所),2015.

[22] HAMILTON E L. Elastic properties of marine sediments[J]. Journal of Geophysical Research,1971,76(2):579-604.

[23] HAMILTON E L. Geoacoustic modeling of the sea floor[J]. The Journal of the Acoustical Society of America,1980,68(5):1313-1340.

[24] HAMILTON E L,BACHMAN R T. Sound velocity and related properties of marine sediments[J]. The Journal of the Acoustical Society of America,1982,72(6):1891-1904.

[25] ANDERSON R S. Statistical correlation of physical properties and sound velocity in sediments[M]//HAMPTON L. Physics of sound in marine sediments. New York:Plenum Press,1974:481-518.

[26] 卢博,梁元博.中国东南沿海海洋沉积物物理参数与声速的统计相关[J].中国科学(B辑 化学 生命科学 地学),1994(5):556-560.

[27] STOLL R D. Acoustic waves in saturated sediments[M]// HAMPTON L. Physics of sound in marine sediments. New York:Plenum Press,1974:19-39.

[28] 张俊,顾亚平,查雨,等.双频测深仪对淤泥层测定的研究[J].仪器仪表学报,2002(S2):492-493.

[29] 王宝成,左训青,车兵.不同频率回声测深仪测量水库淤泥的初步研究[J].人民长江,2006(12):84-88.

[30] 李振鹏,涂进.智慧无人船在丹江口水库水文泥沙监测中的应用[J].水利水电快报,2020,41(5):20-23.

[31] 张振华.单波束测深仪硬件设计与实现[D].哈尔滨:哈尔滨工程大学,2012.

[32] 冯传勇,胥洪川,冯国正,等.顾及水深的单波束测深系统误差改正方法[J].海洋测绘,2021,41(3):19-23.

[33] 冯国正,张世明,马耀昌,等.一种顾及水深值的水深测量综合延迟改正方法:CN110081864A[P].2021-07-02.

[34] 冯国正,马耀昌,董先勇,等.一种单波束测深仪换能器垂直安装装置:CN212567594U[P].2021-02-19.

[35] 孙振勇,冯国正,樊小涛,等.新型单波束测深仪及其姿态补偿方法:CN114488162A[P].2022-05-13.

　[36] 孙振勇,冯国正,樊小涛,等. 一种用于测深杆的固定和调节装置：CN210774259U [P]. 2020-06-16.

　[37] 马耀昌,张世明,冯国正,等. 一种单波束测深仪换能器状态测定仪：CN210689770U [P]. 2020-06-05.

　[38] 马耀昌,惠燕莉,冯国正,等. 大水深测量校正方法研究与应用[J]. 人民长江,2015,46(18):52-55.

　[39] 王俊,马耀昌,欧应钧,等. 利用回声测深进行大水深测量的校正方法：CN104569988B[P]. 2017-12-12.

　[40] 冯国正,刘世振,李艳,等. 基于 GNSS/INS 紧耦合的水陆地形三维一体化崩岸监测技术[J]. 长江科学院院报,2019,36(10):94-99.

　[41] 赵建虎,张红梅,吴猛. 一种基于常梯度模板插值的声线跟踪算法[J]. 武汉大学学报(信息科学版),2021,46(1):71-78.